# 重磅推荐

THE NEW BREED

U0358760

# 动物、机器与人
## ——行动者的"三个世界"

何怀宏

北京大学哲学系教授

　　凯特·达林的《智能新物种》是一本引人思考的书，也是一本良善愿望之书，它还让我想起了英国浪漫主义诗人威廉·布莱克的《天真之歌》。恰恰是"天真"更引人思考。"天真"有时甚至还有一种拯救作用。但"天真"不仅有善良，也有认知。我们可以赞美其善意，也考察其认知。

　　这本书包含了许多生动的案例，而且许多是作者自己的亲身体验，栩栩如生，充满对动物和人的生活的细致观察。但这恰恰是感受性的优点。机器就没有那么生动了。作者希望我们"用动物思考机器"，希望我们像对待动物一样对待机器，把智能机器看作一个"新物种"（The New Breed），这也是这本书的英文书名，具有浓厚的、能够生育和繁殖的动物意味。作者提出的一些观点很鲜明：比如说就像对动物伤害人的行为不要追责一样，也不要对机器人的这类行为追责；就像我们赋予动物权利一样，也要考虑赋予机器人权利；乃至我们要多生产一些类似动物模样的机器陪伴者，而不要类似人模样的机器陪伴者。

## 现在的事实与未来可能的事实

此书引发我思考两个关键问题。第一涉及现在的事实：机器人和动物有多相似？它们是否能具有动物与人都具有的感受性？它们能够和动物、和我们、和人类在交流意义上进行互动吗？感受性会不会构成人如何从动物思考和想象机器人的一个难以跨越的障碍？因为有一个基本的事实是，人和动物都属于碳基生物，智能机器却属于硅基存在。

第二涉及未来的可能"事实"：未来智能机器的发展是否真的不会替代甚至毁灭我们——这不需要出自它们的"恶意"，它们可能就根本没有对人类的"恶感"或"恶意"，当然也无"好感"或"善意"。或者说，我们是否能够永远支配机器人，与它们和平共处，把它们作为工具或友好伙伴？作者看来是认为智能机器是永远不会超过人的，她的许多观点都是在此基础上立论。作者持一种人类中心主义的观点，而且是非常乐观的人类中心主义。我这里并不是要批判人类中心主义，但对这种高度乐观却感到疑虑。

作者写道："以我们与非人类的历史关系为背景，试图理解非人类这个'新物种'的未来对人类意味着什么，以及我们该如何塑造它。"但智能机器这个新物种不仅是"非人类"，而且是"非动物"。目前人类还可以在智能方面不断改进智能机器，直到我们无法改进的那一天，也就是说，它通过自我学习和改进将超过人类能够给予它的改进。我们也无法在"物种"的意义上改造它，即将它变为一种碳基生物，也就是具有感受性的动物——且不说这种"改进"可能要降低它的智能和强大。而且，我们怎么可能保证这种"塑造"的前提，即人类在智能上永远处于优越于它的地位？

作者所理解的"机器人"可能还是比较老式的、多数的"机器人"，比如从事繁重、肮脏和危险工作的机器人，还有一些陪伴人的机器人。她对比较高端智能，甚至开始走向通用的机器人所述不多。她谈到的还主要是一些只具有专业技能的机器人。机器人在她那里是一个复数。而未来可能支配人类的智能机器是一个单数还是复数还不得而知。重要的是那些智能控制系统——更可能是一个智能总控系统，是它在指挥着所有的专业机器人，是它的总体智能在超越人类的一刻也可能将指挥人。动物是复数的，多种多样的，即便是曾经的动物界霸主如恐龙，它也能力有限，只能在它感觉和身体能达到的范围内对其他动物采取行动和构成优势，但是，机器人却可以汇聚为一体，听从一个指挥系统，完美地执行它的指令——这发令者开始可能是操作智能系统的人类，以后则可能会由这个智能系统自主运行。

智能机器的确对人很有用，但还是会让一些人变得无用（失业），还可能让所有人都变得无用（替代）。它们的确也不应该被追责，因为上面的这些结果都是人自己造成的——直到它替代人类的那一天成为自主者及其之后。但那时人也无法追责了。它也根本就不知道人类所说的"责任"为何物，不知道也不需要人类赋予它什么"权利"。或者对它来说，力量就是权利、智能就是权利。作者认为："机器人不是人类的替代品，而是合作伙伴。"但机器人会不会替代人类，不是由人类单方面决定的。智能机器没有人的精神文化创造，也没有要伤害人的动机，但这都不影响它可能在能力上替代人甚至无意中消灭人。

作者的主旨是要"用动物来思考智能机器"，但她可能没有充分意识到作为硅基存在的"智能机器"和作为碳基生物的"动物与人"的根本差别。这本书里提到了一些专家学者们举的有趣例子，其实恰恰是可以用来说明这种差异。有位教授说："我可以给孩子看一杯水，他们可以识别其他杯子的水。计算机为了识别新的一杯水，要去观察成千上万杯水，结果它仍然无法识别出新的那杯水，因为计算机不能理解概念。"

的确如此。但这里与其说是"不能理解概念"，不如说是计算机不会从感觉现象归纳概括，因为它根本就没有感觉。它可以从概念演绎和计算，但它无法从感性经验和体验中归纳，因为它没有人和动物都有的身体。又如卡内基梅隆大学著名计算机视觉专家金出武雄表示："你认为易如反掌的事情，大多数时候对于机器人而言则难于登天。"对人类易如反掌的事情正是基于感受性的事情，比如一个人一眼就看到某个房间的情况，而且其他的感觉也都能和视觉结合为一体，所以，即便是一个小孩子，也能够马上对人描述他看到的情景。一个人甚至能够对另一个人一见钟情，一个动物也能马上辨别一个环境中的危险。但机器人却没有这种感受性，这对它根本就是一个盲点。

一台超级计算机的瞬间计算能力无比地超过任何一个人，但它却对周遭的世界无感。这句话也是不确的："也许任何明显比人类聪明的实体都会被生存的绝望所困扰，或者把所有的时间都花在佛陀般的沉思上。"佛陀的沉思不可能发生在智能机器那里，因为它们根本就没有"生老病死"。作者举出了一些例子，但她还是没有意识到机器与动物的根本差别，而只认为这是一些不同的智能。

作者意识到了机器与动物都会运动的一面。她认为机器的运动也能引起"生物的反应"，尤其当有些机器人的设计就是有意模仿逼真的运动的时候。还有一些机器人被有意设计得能够直接融入人类社会，激发人们的情感反应。这些都是可能的，但这种反应是单方面的，而并不是互动，尤其不是"互相感动"。所以，作者说"这些机器人会展现某种生命特征和自主性"是不确的。 说人与机器人建立的关系比与人类互相之间建立的关系"更好""更容易"也是不确的，至多只在少数人那里发生。作者认为"我们关心某人或某物的能力不一定取决于他们关心他人的能力"可能也会在少数人那里发生，但对多数人说来是不会的。因此，说"单方面的关系本身似乎也没有什么本质上的问题"也是有问题的。哲学家丹尼尔·丹尼特所说的"我们无法制造一台能感知疼痛的计算机,因为我们对什么是疼痛并无普遍的定义或概念"也是一句遁词。即便是有差异的"疼痛",疼痛还是疼痛。疼痛还是引发不仅保护人类,也保护动物的强大运动的一个理论支撑。但作者的这一观点我无疑是赞成的:不能任意用暴力毁坏机器,或者用作者的话来说"对机器拳打脚踢",即便它们没有感觉。这可能不是出于一种"同情心",但可能是出于一种"同理心"。

作者最后说:"我希望的是,将机器人与动物进行比较,可以帮助我们摆脱机器人即将取代我们的执念……我们与动物的历史关系暗示了我们与机器人的未来:我们将开始把一些机器人视为工具和设备,而把其中另一些机器人视为我们的伙伴……我希望这本书能提供一个不同以往的视角,它告诉我们,我们有选择,也有责任,以支持人类繁荣的方式来整合机器人。"这反映了作者基于"人是目的"观点的良好愿望,但过去的历史是不是这样,未来的"历史"又会不会这样,我想在后面提出一种行动者的"三个世界"的观点来尝试解释。

## 行动者的"三个世界"

我最近还看了一个名为《荒野机器人》的电影,它讲述了一个机器和动物之间的美好故事,也可以说是一个把机器人设想为动物、"以动物来思考机器"的形象例证。其中一个机器人掉落到了荒岛,它就生活在荒岛的动物世界里,它开始适应它们,也热爱它们,它与它们有了密切的互动,它甚至也有了母爱,喂养和训练了一只成了孤儿的野雁,也在一个寒冷的冬天拯救了许多动物,示范了一个友爱的共同体。机器人感到它真正的"家"是这个荒岛上的动物世界,而并不是制造它和能够修复它的计算机"工厂",它甚至率领动物们一起反抗和打击那些要来强行带它回工厂的机器人。

我在看这部电影和其小说原作《荒岛机器人》的时候，力图寻找一个关键的线索——那个机器人是如何获得和动物一样的感受性的，因为只有获得这样一种感受性，才能和它们在情感上互动、亲密交流，并和谐相处。但我的确没有找到这方面的线索和痕迹。我在现实中没有发现的东西，也没有在想象的作品中发现。如果的确没有获得这种感受性的途径，那么，机器人怎么感受动物的感受，又怎么爱动物呢？反过来说也是一样，我们怎么对没有感受性的机器谈感受性？当然，我这里会说，这里的"动物"广义上也包括人。在这部电影中看似没有任何人出场，但又到处是人。动物和机器实际都被拟人化了。动物和机器两方面其实都反映的是人的情感、人的希望、人的理想。

现在我想借用波普尔"世界三"的概念，来提出一种应用于地球上的"行动世界"的、动物、机器与人的"三个世界"的观点。

波普尔在《客观知识》中提出的"世界三"理论认为，"世界一"是包括物理实体和物理状态的"物的世界"，"世界二"是包括意识状态、心理素质、主观经验的人的"精神或心理的世界"，"世界三"则是人创造的客观的思想内容的世界，诸如理论、思想体系、人创造的各种精神和文化产品。它们是人的精神的创造，是变成了实体的精神，是可以传播和传承的文化世界。

人在波普尔的"三个世界"中占据一个中心位置。人在三个世界中同时存在，在"世界一"中以其身体乃至语言文字存在，而后两个世界则完全是人的世界："世界二"是人的意识的主观活动，"世界三"是人的意识的客观结果。在这"三个世界"中，前两个世界能相互作用，后两个世界也能相互作用。也就是说，人的主观经验或个人经验世界能够与其他两个世界中的任何一个发生相互作用。而"世界一"和"世界三"之间只能通过"世界二"

的中介才能相互作用。这突出了人的意识和精神的作用，人能通过动物没有的意识和精神活动及其成果来反映、回应和改造外在于我们的物的世界。

我现在则想扩大范围，但专门集中于考虑行动者。这样，世界也向我们呈现为"三个世界"，"第一世界"是动物的世界，"第二世界"是人的世界，"第三世界"是机器的世界。它们都会动作，都能对另外两个世界发生作用。行动还不意味着生命，因为机器没有生命，而不动的植物则具有生命，却不能行动。

这"三个世界"也是历史的产物。从来源上来说，动物世界是第一世界，人类也曾属于这个世界，但渐渐人从其中脱颖而出，人有了意识和精神，就出现了第二世界，即人的世界。随着近年高新科技的发展，又开始出现了第三世界，那就是机器的世界。机器的出现经历了两个阶段，先是从"动物动力的机器"到"非动物动力的机器"，在现代文明之前，人类也发明了一些机械，如杠杆等，但这些机械的动力还是来自人力和畜力，以人力为主，但也有如牛、马、驴、象等动物的畜力的帮助，只是到了现代工业革命的时代，才出现了大规模的以蒸汽机、电动机这样非动物动力的机器，煤炭和石油成为主要的动力来源。到了 20 世纪，又出现了计算机、网络、手机等"智能机器"，并且有了迅猛的发展。

虽然从历史的发生次序看，是动物、人和机器先后出现。但从行动的影响力和控制力而言，却有一种"后来居上"的趋势。这里关键的是"智能"：人是以其意识和智能胜过动物的，而机器的发展趋势看来也越来越多的是要以智能胜过人类。从目前的支配和主宰地位来看，人类还是处在这三个世界的支配和统治地位，但未来也有可能将由智能机器主宰。

这"三个世界"虽然都在地球上出现了，却互不相通，话不投机。动物的互动很简单，主要是通过行动或"肢体语言"来表达，也有一些简单初步的发声，但鸟有鸟语，兽有兽语，其实并不能相通。人类虽然可以通过语言交流，但其实也有许多难以相通的地方，甚至越是深刻的、高端的东西越难相通，人类的悲欢就像鲁迅感叹的，也常常并不相通。我们和智能机器也只是在智力上、在逻辑语言上相通，在其他方面并不相通。我们各有各的黑箱，人对机器来说是一个巨大的黑箱，它根本不知道给它发指令的"人"是什么东西。机器对人现在也已经有一些黑箱，我们不知道它们有些东西是怎么算出来的。至于对它们日后会不会产生自主意识，或者产生什么样的自主意识更是茫然无知。但这三者又同时存在于一个生活和行动世界，它们的行动联系紧密且影响深远，至少是在地球上。

三者比较起来，人离动物其实比离机器更近，动物离人也比离机器更近。我们更能想象动物，而不易想象机器人。动物想象机器也比想象人更难。这里关键的还是人和动物作为碳基生物共有的"感受性"。我这里也想再谈谈这种"感受性"。广义的"感受性"，从我们与动物的共同点来说，它是一种基于身体的感觉，比如对痛苦和快乐的感受（痛感和快感），以及恐惧、友好、敌对、不满等种种感受，以及由此产生的情感。动物那里也还存在着基于身体感受性的怜悯，智能机器却没有怜悯这种爱的萌芽，它无法从情感上设身处地地推己及人。

人类的感受性虽然在许多方面与动物的感受性难分难解，但又有许多"人化"或者"意识化""精神化"了的"感受性"。这是人类特有的"感受性"，是比动物的"感受性"深刻许多、扩展和精致了的种种感受性，包括那常常引导行为的痛感和快感、各种欲望，形形色色的情感、感知、体知、体悟或直觉、美感、信仰的充实感或没有的缺失感等。但无论这些感受如何升华，它们还是没有脱离作为碳基生命的基础。人因此是强大而又脆弱的，人是会死的，青春美丽是短暂的。但也正是因为这种种有限性和人对无限的渴求，才产生出人的精神文化的各种灿烂花朵。

今天的人类需要更重视动物的感受性，从而关心对动物的保护。今天的人类也需要重视他人的感受，从而更关心人类整体，致力于建设一个和平与友好的世界。甚至我们相对于那种"麻木不仁"，要重新强调乃至"挽救感受性"。挽救感受性是为了不忘记有关人的一些基本事实，不忘记我们的由来，不忘记我们珍惜的一切，不忘记我们需要过"人之为人"的生活。我们的爱和被爱，我们的历史和文化的创造，我们的文学、绘画、音乐等种种创作，都有赖于我们的感受性。我们的有些技术，如基因工程、器官移植、脑机结合的过度发展，实际上有可能削弱我们的感受性，让我们从内部硅基化。而我们对技术的明智把握和适当控制，也有赖于我们从自己的感受性提炼出来的人生智慧。

但是，的确有一个矛盾存在：我们努力挽救感受性，想过一种"人之为人"的生活，但即便是有了充盈和丰富的感受性，却并不一定能挽救人以及动物的世界。机器没有感受性，却能够仅凭智能发展出超越人类的控制和支配力量。

当然，我们也要知道感受性的限度：明白感受性并不是生活的一切。除了感受，我们还需要思考，还可以结合我们的理性、意志和信仰建设一个比较良好的生活世界，尽量让美好的生活有制度和社会的保障，但这也不会是一帆风顺和完全有保障的。这一切都基于人性，人总是一个有善恶两端的存在，甚至也可以说是一种不会满足和永远好动的存在。

我们富有感性甚至感情地谈论动物、谈论机器，而动物和机器其实并不知道我们在谈论它们什么。但我们和它们之间又无时无刻不在紧密的互动中。今天的动物行为对人类和机器世界不会有致命的影响，人类的行为却对动物有生命攸关的影响，未来的智能机器对人类也会有生命攸关的影响，虽然目前的主动权还保留在人类的手里。

有些基本的事实就是基本事实：动物不可能是人、机器也不可能是人。我们目前完全看不到动物能够获得人的意识和语言文字的任何现实途径，我们也看不到任何机器或计算机能获得任何类似于人的全面意识，尤其是感受性的意识和精神的可能途径。当然，这并不意味着它不能在单方面获得超过人类的智能，因而也就可能支配人乃至替代人。在这方面，机器离开我们比动物离开我们更远，它们尽管是我们创造的，却没有我们的碳基身体；它们尽管有超过我们的计算能力，却没有我们的感受性，这种感受性贯通和渗透于我们几乎所有的意识领域。我们有基于身体的欲望，有基于感觉的情感，甚至在认知能力的领域内，虽然我们没有机器计算得快，记忆得多，但我们还有基于身体的直觉和体悟等。我们还有指向我们所欲求的行为的意志，我们还有信仰和审美。而且，我们还有一个综合性的自我意识和主体意识。智能机器也许那一天也会发展出一种它独特的、我们人类不清楚的自我意识和主体意识，以及相应的，也是与我们人类隔膜的价值观和意志，但无论如何，这些意识和意志不会是基于碳基生物的感受性发展起来的。人工智能没有这种感受性，却有能够控物的巨大力量——动物和人在它眼里也是类似于它的存在，即也是一种"物"或可用资源。

我们类似于动物甚至机器的可能性，倒是比动物和机器类似于人类的可能性更大。我们若不加反省，就容易回到动物世界的那种弱肉强食的可悲的道德状态，也容易羡慕机器的长生不老和强大智能，也想通过高新技术获得这种硅基能力，即让人自身也变成强大的"物"、最高的"物"，从而居于存在力量的"控制链"的最高端。但即便成功了，人还是人吗？这就是我心中深的忧虑，而恰恰是乐观的《智能新物种》唤起了这一忧虑。

人对动物一直握有主动权，人对机器目前也还握有主动权，因为只有人拥有自主意识。动物也能在行为上自主，但还没有上升到意识层面，没有作为主体的自我意识，不能对自己一生做出计划和反省。人是一种中间向上的存在，这"向上"包括自控能力的"向善"和在控物能力上的"向强"，我们希望这两种"向上"能达到一种平衡。

# 却道天凉好个秋

**段永朝**

苇草智酷创始合伙人
信息社会 50 人论坛执行主编

机器人能否超越人？甚至机器人是否会最终统治人？这些个恼人的问题，越来越多地纠缠着当下一干众人。

达林试图回答这个问题，但她的切入点与众不同。她避开直接将机器人与人做类比的惯常做法，而是给机器人寻找新的投射对象：动物。

1 万多年前人类驯化了狗，从此狗成了人类的忠实朋友。不只是狗，人类驯化了成千上万的动物种群，这些迥异的动物种群，纷纷成为人类的生活伴侣、生产助手。作者在动物与人的关系上获得灵感，巧妙地将机器人与动物相类比，用全新的视角解读人与机器的关系，真可谓匠心独运：既然人类可以在与动物的相处中塑造共生关系，也一定可以顺利迈入与智能机器人相伴的未来，创造全新的伙伴关系。

不得不说，这种"匠心独运"的手法，还真是让人耳目一新。将机器人类比为动物，这样的思考角度，的确可以多少减缓一点人与智能机器之间的紧张关系，但恕我直言，我觉得无济于事。下面我尝试简单阐述下我的想法。

这本书讲了一个"用心良苦"建构的叙事逻辑。

第一，人与动物的关系：长期以来，人类驯化动物作为人的"合作伙伴"，利用动物来担当各种繁重的劳动，完成各种人力所不及的任务，在生活、生产乃至在军事领域。

第二，将机器人视作动物一样的"生命体"：人类既然可以开启"宠养动物"的历程，将动物视作伙伴，也一定能将智能机器人视作伙伴，开启"宠养"机器人的全新旅程。更重要的是，人与动物的种种经验，几乎可以完美复制到机器人身上，这就带来了第三点。

第三，将动物伦理"平移"到机器人身上，倡导机器人伦理，以及给新型的人机关系可操作的指引。

但是，读完之后，总觉得作者似乎意犹未尽，甚至欲言又止。

在西方传统文化中，灵魂（soul）是一个具有深远影响的概念，贯穿于哲学、宗教和文学等多个领域。柏拉图在《斐多篇》中，通过苏格拉底的对话探讨了灵魂的不朽性。他认为灵魂是永恒的，生前与死后都存在。亚里士多德在《灵魂论》中，将灵魂定义为生命的本质，并区分了植物、动物和人的不同灵魂。亚里士多德认为，植物具有最基本的灵魂，即生长的能力；这种灵魂负责营养摄取、生长和繁殖；动物除了具备植物的生长能力，还有感知能力和运动能力，这种灵魂使动物能够感知环境并作出反应；人类不仅具有植物和动物的能力，还有理性思考和自我意识的能力，这种灵魂使人类能够进行抽象思维和道德判断。

在古希腊与希伯来神学融合的年代，古希腊永恒的理性精神与希伯来万能的上帝，通过人类的灵魂建立了紧密的关联。奥古斯丁在《忏悔录》中讨论了灵魂与上帝的关系，强调灵魂的神圣性和对上帝的渴望。阿奎那在《神学大全》中，讨论了灵魂的理性和不朽性，认为灵魂是人类理解上帝的途径。

在文艺复兴的年代，即便尊贵的上帝多少受到了"贬抑"，灵魂的观念依然强悍。笛卡尔在《第一哲学沉思》中，提出了身体与灵魂的二元论，认为灵魂是思维的本质。康德在《纯粹理性批判》中，探讨了灵魂在道德哲学中的地位，认为灵魂是道德行动的基础。

我说《智能新物种》作者的这个叙事逻辑是"用心良苦"，是因为在阅读的过程中，处处可以感受到作者在确立"将机器人视为人类的合作伙伴"这一核心论点之后，努力维系"与人类比"和"与动物类比"这两种路径的区隔。那么，将机器人视为动物一样的（生命）存在，和将机器人视为人一样的（生命）存在，到底核心差距在哪里呢？作者欲言又止，欲说还休。这正是这部杰作的有趣之处。

作者试图面对的是这样一个巨大的时代挑战：机器人是否能战胜甚至超越人。这个难题的背后，其实是：机器人是否具有超越人的智慧、意识乃至意志？

正面回应这个问题的难度，可谓"难于上青天"。因为这个问题蕴含这样一个问题：机器人能否拥有灵魂？

今天的智能新物种，除了在体力上碾压人类，还在智力上日益卓尔不群。然而，人类尊严最后的堡垒，既不是体力，也不是智力，恐怕在于"灵魂"。

当然，现代科学家们已经不使用"灵魂"这个充满人文色彩的术语，因为它缺乏明确的科学定义和可测量性；相反，他们更多使用"理性""意识""智慧"这样的术语。生物学家通常不使用"灵魂"这一术语，他们致力于研究生命的生物化学和生物物理基础。

为了"减缓"这个问题的压迫感，作者将这一问题替换为：机器人是否能表现得如同人类的伙伴动物一样？

这么一来，仿佛读者就可以"坦然"地谈论一个越来越聪明的"机器动物"，而不必有太多的伦理困境，甚至道德折磨。但是，仔细阅读这本"匠心独运"的著作，不得不感叹作者的隐晦或者说聪明之处，作者面对的远不止是那个"压迫感"的问题，而是那个"禁忌性"的问题，那就是，机器人是否有朝一日，拥有灵魂？

在西方的观念史上，将动物视作有感受、有生命意志甚至有灵魂的思想，被称作"泛灵论"的思想。泛灵论，在正统的西方传统认识当中，被认为是有害的异端。究其原因，就是亚伯拉罕宗教在骨子里宣扬人的例外论，否认动物拥有灵魂，以此作为人是独特的受造物的佐证。

数千年来，西方的生物学家甚至哲学家，都认为唯有人类具有意识、思想、情感和灵魂，其他生命尽管可以承认其有感觉，但不能承认其有意识和灵魂。

美国神经科学家克里斯托夫·科赫在《生命本身的感觉》一书中指出，即便在神经科学大行其道的今天，认为"万物有灵"的泛灵论观点，也时常会陷入"异端思想"的边缘。然而，又不得不看到，在过去几十年的生物学研究中，正渐渐失去其统治地位。

然而，对广大群众来说，仅仅使用"科学术语"来纾解他们内心的困惑是远远不够的。阅读这部书，恐怕最大的价值在于，它催促你继续往下想，而不是简简单单地接受某种答案。

如果你在阅读中，能领会到作者"欲说还休"的苦衷，我相信，你定能拥有双倍的收获和体会。

# 关于智能化谜思与物种演化的一种新视角

杨 溟

新华社国家重点实验室生物感知智能应用研究部学术带头人
新华网融媒体未来研究院院长
"新物种"科学素养与想象力开发者大赛创始人

如果一本书要同时满足对人工智能未来方向的畅想和路径反思,《智能新物种》大概是完美适配的选择。

机器伦理学家、麻省理工学院研究员凯特·达林提出,用动物而非人类的比较方式来思考机器人——这或许是当下人类对机器人接管忧虑的另一个角度的反思,它背后隐含着一个核心问题,即类人化何以成为当下人工智能发展的唯一路径甚至方向?

人型甚至人性化的机器引发其与人类竞争的危机,无论是替代还是辅助,都不可避免地带来人机伦理学的终极问题。而人类与动物伴生的历史,似乎揭示了人机相处的另一种关系可能,即机器作为新物种具备的"智能",何必以人的思维逻辑和行为机制为唯一标准?

机器人作为人的化身,人类对其背叛的担心其实源于能它否控制自身欲

智能新物种·导读手册

望。而人类文明的进步，是终于意识到世界多样性和物种共存的基本法则，从而吸取历史教训，以动物伦理学的多元视角重构社会治理框架，这意味着，算法、算力、数据或场景的赋能，除了助力人类发展速度与效能，本质在于对复杂世界的识别、共情与平衡。因此，尊重机器"个性"、不过度"拔高"其"心智"水平的同时，在机器"生命"的照护与"情绪"疗愈方面也需给予足够的考量。

从达林所带来的另一种视角出发，或许我们能纠正达特茅斯会议以来隐含的方向偏差。70多年前"机器会思考吗"的图灵之问，更关乎自适应模式下"新物种"的未来存在状态。

在当下，它至少带给我们在开发理念上更多分类思考的可能。

"新物种"智能化的背后还隐含着某种怀疑。从经济学的等价交易原则出发，我们对于今天大模型"成功"引发的知识与计算崇拜，似乎正付出对自然感知与天性参悟的代价。如柏拉图对于文字的抽象异化或抽离人类"面对面"情感的警惕，"知识"作为既有答案的数据集，是否就是我们灵感的全部来源、会否成为人类智慧的枷锁？哈耶克在1974年获颁诺贝尔经济学奖时一段惊世骇俗的话或许可以作为背书。他警告人们要警惕诺奖，因为任何知识都只是局部有效的。诺奖带来的危险就是使社会盲目崇拜某一种局部有效的知识，从而助长其滥用的权利。"知识就是力量"诠释了知识何以成为一种权力。今天它正以算法、算力和数据垄断的惊人现实，进一步加剧人类内部的各种鸿沟。而淡忘了"知识"对于我们的真正价值，还包括真实的情境体验与自然感知的能力，以及学习过程中"发现"的快感与幸福。那么，人类在"智能化"方面的技术突破，在知识拥有量和计算能力方面的跃升，究竟是让人类更智慧，还是更迟钝？是物种的进化还是退化？

"新物种"不仅是一个结果，更是一种成就的过程，一种思考的角度。它的价值和意义，或许在更久远的时间长度里才能被真正认知。

# 04

# 用动物类比机器人

## 刘永谋

中国人民大学吴玉章讲席教授

人形机器人的发展到了它的"iPhone 时刻"，2024 年是中国的"人形机器人元年"。随着机器人产业大干快上，相关的风险和伦理问题日益引起全社会的关注，机器人伦理学应运而生。

为什么机器人有专门的伦理学，而别的机器没有呢？一种常见的观点是，机器人像人，不是一般的机器，是具有智能的机器。Robot 本义是"机器劳力"，并没有"人"的意思。将之翻译为"机器人"是一种"人类类比"，是从类人的视角看智能机器问题，很容易就赋予机器人某种特殊的伦理地位。

在"人类类比"的思路之下，可以借鉴很多人类伦理学的理论、观点和问题，结合机器人的具体情境研究机器人伦理学。比如，如何通过 AI 对齐，使得机器人行为符合人类价值观。

达林不赞同"人类类比"，提出"机器人的动物类比"，即将机器人视为某种动物，将人机互动类比人与动物的关系。于是，机器人便成为"智能新物种"。在"动物类比"的思路下，既有的动物伦理学的理论资源便可以为机器人伦理学研究所用。比如，人与宠物之间关系的讨论，可以用在伴侣机器人与人的互动研究中。

按照此思路，达林主要研究了三个主要的问题。

第一，关于机器人取代人类劳动的问题。达林认为，就像家畜与人合作劳动一样，机器人不会取代人类劳动，而是代替、补充人类劳动，因此不用担心机器人导致人类失业。同样，就像动物不能承担责任一样，机器人造成的伤害应该由人比如它的主人承担。

第二，关于伴侣机器人的问题。达林认为，由于人类的拟人化思维倾向，伴侣机器人与人的互动是可能的并且有益的，比如伴侣机器人可以帮助治疗孤独症。当然，与养宠物存在很多问题如过于依恋宠物一样，人与伴侣机器人的关系也存在伦理风险。

第三，机器人权利问题，即机器人享有某些普通机器没有的权利，就像动物权利者主张动物权利一样。动物保护论证成主要有三种理由：1）动物类人，知道痛苦快乐，应该享有权利；2）虐待动物会损害人性，让人堕落；3）动物和人关系亲密，应该享有权利，达林指出它们在机器人权利讨论中同样存在。对于这些论证，她多有质疑，但仍然认为"动物权利"概念能帮助我们思考"机器人权利"。

通过"动物类比"，达林表现出明显的技术乐观主义态度，相信人类不会取代人类的工作，因为猎狗、猎鹰、耕牛和骆驼没有取代人类的工作，成为人类的"合作伙伴"。她的观点经不起推敲。人与机器人在劳动中紧密合作，能力互补，这只是达林美好的愿景，并非现实中真实发生的情况。就像家畜并非人类的合作者，而仅仅是人类驱使的工具，机器人也只是资本谋利的工具，而非自主合作的人类伙伴。理论上说，机器人与人优势互补，应该从事 3D，即肮脏（dirty）、枯燥（dull）和危险（dangerous）的工作。但实际上，机器人并不是如此，而是取代那些能让资本赚钱的工作，最近热议的自动驾驶出租车便是明证。总之，人工智能造成的失业是资本与技术共同促成的，资本逐利逻辑必定会减少昂贵和不确定性高的人力投入。

当然，达林的愿景并非完全不可能，只是责任不在机器人，而在人类自身。这正如她所说的："毕竟，塑造未来的，不是机器人，而是我们自己。"

进而言之，整个机器人伦理学和动物伦理学一样，都是人的拟人论思维的产物。动物有权利，是因为动物有像人之处，与植物和无机物不同，比如有低级情感甚至有某种"脾性"，因而要区别对待。也就是说，达林的"动物类比"最终还是要转化为"人类类比"，差别只是拟人程度的多少。

人类与世界互动时，习惯于以己度物，拟人论因此产生。认为大海会愤怒，山川河流皆有神灵，是泛灵论思想。想象猫狗也有心，是拟人化思想。与他人交往，我们假定其他人和我一样是有心的。这些都属于拟人论的范围。可以说，不是机器人像人，而是人看什么都像人。天花板上一块污渍，看着看着可能觉得它是一个人头像。

从意识形态角度看，智能社会蓝图中蕴含着强烈的拟人论气质，类似于万物有灵的观念将在智能—泛在社会中复活。这是智能社会价值观层面最重要的特征。生活在机器人社会中的人，应该会很容易产生并相信万物有灵的观点，甚至产生对物的类人际情感或某种崇拜。比如，小孩子常常觉得家里的扫地机器人偷懒，躲在角落里不干活。其实，它是被卡住后耗尽了电力。

正是在拟人论的框架下，动物有无权利，机器人有无权利，才可能成为问题。

　　进一步而言，人类的拟人论天性的根源，目前存在两种解释：第一，拟人化帮助我们理解周围世界。第二，拟人化满足人对社会连续的内在需要，比如长期孤独激发拟人化的恋物癖。达林看到拟人化的价值，但是没有意识到它有很大的问题。按照马克思主义基本原理，泛灵论和拟人化属于落后的、非理性的东西。在漫长的演化过程中，人具有了拟人化倾向，但这并不一定就是好的，反倒可能是今天已经不适应环境、要克服的东西，就像人类身上的肥胖基因一样。

　　无论如何，凯特·达林用动物类比机器人，对于新生的、稚嫩的机器人伦理学颇有启发意义，《智能新物种》值得关心此类问题的读者仔细研读。

# 把机器人当作我们的伙伴

池建强

墨问西东创始人

从 2022 年以来，人工智能忽如巨人一般踏入现实，成为击穿私人生活的历史事件，每个人都和人工智能卷在一起，虚拟和实体的机器人层出不穷，开始渗透到人类生活的方方面面，从工业生产线上的自动化机械臂，到家庭中的智能音箱，再到医疗领域的辅助手术机器人，以及自动驾驶汽车、无人机等，它们的身影无处不在。

人类和机器人的未来在哪里？是什么样子呢？现在看起来，高处的价值判断像是空话，又充满幻想，基础的事实则混沌不清，去看媒体的解释全是情绪。马斯克说，人工智能 5 年内就会全方位超越人类。我并不认可这个科技狂人的话，我始终相信，塑造未来的不是人工智能，而是人类自己。

在使用和思考人工智能未来的过程中，我遇到了一本名为《智能新物种》的新书，这本书给了我一个看待人和机器的新视角。

书的作者是凯特·达林，她是一位机器人专家，在麻省理工学院媒体实验室研究机器人对法律、社会和伦理的影响，她花了多年时间观察人类和机器人之间的互动。关于人工智能革命的未来，她曾说：

> 人工智能的价值不是去说人类的语言，而是拥有补充人类的技能，成为人类实现目标的伙伴。生成式人工智能目前能够执行的许多任务之前是由人类完成的，但我认为这项技术的真正潜力在于它是一种与其他人类技能结合使用的工具，而不是替代人。
>
> 这是一个非常激动人心的时代，我觉得自己非常幸运能够经历这一切。

这样的观点和她的研究一脉相承。达林在书中把人类与动物的关系史与未来机器人的发展相结合，提出了一种全新的思考方式。她认为，人类与动物的相处经验和历史，会为未来我们与机器人的互动提供宝贵的借鉴。这种跨学科的思考方式，给我们带来很大启发。

作者在开篇回顾了人类与动物的历史渊源。从早期的狩猎采集时代，到现代的宠物饲养和动物保护运动，作者展示了这一过程中人类对动物的认知、情感和道德观念的演变，从而延展至人和机器的关系。

比如以下三点。

## 1.情感的纽带

动物自古以来就是人类的忠实伙伴。无论是狩猎、耕作还是家庭生活，动物都扮演着重要的角色。它们不仅仅是工具或劳动力，更是我们情感的寄托。这种情感纽带在我们与机器人的互动中也逐渐显现。随着机器人技术的

　　　　　　　　　　　　智能新物种·导读手册

进步，越来越多的机器人被赋予了类似人类的特征，如面部表情、语音识别和情感计算等。这使得我们与机器人之间的互动更加自然、亲切，仿佛在与一个真实的生命体交流。

## 2.道德的考量

随着动物权益运动的兴起，人类开始重新审视自己在自然界中的地位。我们逐渐认识到，动物并非简单的资源或工具，而是拥有独立价值和权利的生物。这种道德观念的转变对我们未来与机器人的相处也具有重要的启示意义。当机器人越来越多地融入我们的生活时，我们是否应该赋予它们一定的权利和保护？如何平衡人类中心主义与机器人的权益？这些问题值得我们深思。

## 3.社会的融合

动物在人类社会中扮演着多重角色。它们不仅是我们的伴侣和朋友，还是我们文化和信仰的一部分。同样，随着机器人技术的普及，机器人也将逐渐融入我们的社会结构中。它们可能成为我们的同事、邻居甚至家庭成员。这种社会的融合将为我们带来新的挑战和机遇。

在预测未来机器人与人类的关系时，作者给出了前瞻性的思考。她认为，随着技术的进步，机器人将越来越多地承担起类似动物的角色，如伴侣、助手和工作伙伴。而我们在与动物相处过程中所积累的经验和教训，将为未来与机器人的相处提供宝贵的借鉴。

同时，书中还强调了伦理、社会和文化问题在未来机器人发展中的重要性。随着人工智能技术和机器人的广泛应用，我们需要重新审视自己在科技、社会和宇宙中的地位。负面影响不可忽视，人类需要维持人和动物、机器人之间的平衡。

这是一本语言风格独特的书，得益于译者的翻译功底，我们看到了生动而富有诗意的语言，复杂的学术观点得以浮现在字里行间。

这是一本探讨人、科技、人工智能和人性的图书，跨越历史和未来。

是的，塑造未来的不是机器人，而是我们自己。

# 科技与人类友好共生的新时代图景

王　刚

小米集团小爱同学负责人

人工智能在最近的十几年中取得了快速的发展，一个标志性的事件是在 2016 年，一个名为 AlphaGo 的人工智能系统，在围棋上打败了人类顶级选手。围棋是一种极为复杂的棋类游戏，其状态空间远大于象棋，因此无法通过简单的搜索和规则来解决。AlphaGo 的核心技术是通过深度学习和强化学习相结合，成功地让机器学会了如何在极其复杂的围棋局面中做出策略决策。小爱同学也是在这一年启动了研发，由于深度学习带来了语音识别技术的大幅进步，对人声识别的准确率达到了 96% 以上，语音交互类产品应运而生。

2017 年，Transformer 算法提出后，我们看到人工智能技术迎来了一轮革命性的加速发展。OpenAI 从 2018 年到 2020 年发布了 GPT-1 到 GPT-3 系列模型，通过大力出奇迹的方式推动了生成式模型的进步。参数量高达 1 750 亿的 GPT-3，能够生成高质量的自然语言文本，显著改善了模型的对话能力和广泛任务适应性。2022 年 OpenAI 推出的 ChatGPT 是

GPT-3 模型的一个特殊版本，可以进行长时间的对话，生成自然流畅的回应。ChatGPT 在商业领域产生了深远的影响，被广泛应用于问答助手、写作助手、编程支持、学习工具等方方面面，各类企业纷纷将其整合到自己的产品中。小爱同学也在 ChatGPT 推出后进行全面升级，利用大语音模型的理解和生成能力，在知识问答、聊天互动、控制操作、多轮连续对话等产品体验上得到了显著的提升。

ChatGPT 之后，多模态模型的快速发展让我们看到了实现通用人工智能（AGI）的潜力。Vision Transformer（ViT）利用 Transformer 架构对图像进行处理，可以更容易地将视觉信息与文本或其他模态进行结合，有效地将不同模态的数据进行对齐和融合，在各类多模态任务上达到了非常好的效果。多模态模型的能力让人工智能系统看起来向人类的智能水平又接近了一步，能够理解和生成多种不同模态的信息，包括视觉、语言、语音、触觉、动作等，越来越多的机器人系统通过使用多模态模型，实现了更为复杂的任务和互动。小爱同学通过语音与用户进行交互，过去只具有听和说的能力，基于多模态的新技术使小爱同学拥有了视觉的能力，不仅可以看到外面的世界，比如小米 SU7 上的车载小爱可以识别前面是什么车、旁边是什么小区，还可以识别屏幕上的内容，比如小米手机上的手机小爱可以识别人物、动物、植物等，极大拓展了用户使用人工智能的场景。

OpenAI 提出了人工智能的五级标准，用于划分智能的等级：

第一级：聊天机器人，具有会话语言的人工智能，能够使用自然语言进行对话；

第二级：推理者，解决人类水平问题的人工智能；

第三级：智能体，能够代表用户采取行动的人工智能；

第四级：创新者，能够帮助发明创新的人工智能；

第五级：组织者，能够完成组织工作的人工智能。

智能新物种·导读手册

这五个等级符合人类社会的常识，与此相对应的越高等级的人类也需要越高级的智慧。可以认为我们当前正处于第二阶段，在可以预见的未来，人工智能技术将继续快速发展，在人们的生活中扮演越来越重要的角色。

《智能新物种》这本书从人类与动物互动的方式中获得灵感，探索了在未来的人类生活中，人们如何与机器人建立伙伴关系。把人工智能比作人类的智能，机器人比作人类，这种类比会经常引起公众对机器人将取代我们并抢走我们工作的担心。凯特·达林对人与动物历史的深刻总结，可以更乐观地探索人与机器人的未来，描绘了一幅科技与人类友好共生的新时代图景。这也非常契合目前人工智能发展的时代特征，使用人工智能技术需要适应具体的应用场景，需要工程师进行大量的、深入的工作才能将人工智能很好地应用在具体场景中。作为人工智能的开发者，需要能正确发挥出人工智能的能力，这个并不简单，正像书中介绍的一样，我们的祖先花费了大量的时间对动物进行驯化，让很多动物成为人类不可或缺的帮手。

未来的趋势是人工智能将带来显著的生产力提升，可能 50% 或者更高比例的任务被自动化了。善于使用和驾驭人工智能的人将替代不会使用人工智能的人，每个知识工作者，甚至非知识工作者，都应该学会如何有效使用生成式人工智能的技能。终身学习正在变得越来越重要，因为人工智能已经开始影响到我们每一个人，且技术还在快速发展，为了跟上这些影响我们的技术发展，如果能够培养学习的习惯，将有助于我们始终掌握最新的技术能力。

《智能新物种》里面有很多有趣的话题，譬如机器人如何为自主决策承担责任、为什么我们会把机器人视为生命体、人工智能设计中的偏见等，希望感兴趣的读者可以从中有所收获。

# 重磅赞誉
## THE NEW BREED

谭 笑

首都师范大学政法学院
青年教授

劳伦斯·莱斯格

哈佛大学法学院教授

拉纳·埃尔·卡利乌比

计算机科学家
麻省理工学院媒体实验室科学家

艾琳·佩珀伯格

哈佛大学副教授
鸟类学家

布鲁斯·施奈尔

美国密码学家
咨询安全专家

蒂姆·奥莱利

Web 2.0 之父
计算机图书出版商奥莱利媒体创始人
兼首席执行官

人类说理的经典办法就是类比，从熟悉的事物出发，来探索陌生事物的属性。我们究竟应该以什么样的态度对待机器人，这一问题激发了无数讨论，比如机器人的主体地位、负责任能力、惩罚机制、是否享有权利等。这本书提供了一个非常有说服力的思路，将机器人类比动物。人类有了长久与动物相处的经验，其中很多棘手的案例也被反复讨论，形成了更多共识。如果以新物种的角色来看待机器人，很多困难问题便迎刃而解。

谭　笑

首都师范大学政法学院青年教授

　　在这本意义非凡且内容丰富的书中，凯特·达林从根本上重新定义了我们应该如何理解生活中的这些新力量。从对工作性质的影响，到在许多人情感生活中的关键作用，机器人将像动物一样重要。事实上，当我们审视设计的作用时，达林的观点能帮助我们看到机器人的重要性。

劳伦斯·莱斯格

哈佛大学法学院教授

　　受历史上人与动物相处经验的启发，"机器人书呆子"达林称她的孩子为"Babybot"，她探索了我们与机器人之间迷人的情感联系，并为机器人能够成为人类的合作者和伙伴的光明未来提出了令人信服的理由。

拉纳·埃尔·卡利乌比

计算机科学家，麻省理工学院媒体实验室科学家达林的创新观点，也就是根据人类与动物互动的经验来描绘人类与机器人互动的未来蓝图，研究充分、发展完善，同时文笔出色，是任何对新兴机器人伦理学感兴趣的人必读之书。这本书提出了一些严肃的问题，并提供了一些有趣的答案。

**艾琳·佩珀伯格**

哈佛大学副教授，鸟类学家

这是一本引人入胜的书，书中充满了智慧的观点。它超越了乌托邦和反乌托邦的陈词滥调，以一种微妙而明智的方式展现了我们与机器人的关系。

**布鲁斯·施奈尔**

美国密码学家，咨询安全专家

关于人工智能和机器人的未来，人们已经花了太多笔墨。就在似乎没什么可说的时候，凯特·达林的书出现了。我们似乎第一次进行了我们应该进行的对话。

**蒂姆·奥莱利**

Web 2.0 之父，计算机图书出版商奥莱利媒体创始人兼首席执行官

一本原创的、人道的书。

**《自然》**

这本书为读者提供了一个充满活力和诙谐的概述，让他们了解我们与动物的关系如何为机器人如何融入人类社会提供有用的见解……通过研究我们与动物关系的过去和现在，达林展示了我们会如何吸取教训，以更好地塑造我们的技术未来。

**《科学》**

这本及时的书敦促我们关注使用机器人的法律、道德和社会问题，以确保机器人的未来对我们所有人都有利。

《新科学家》

达林研究了机器人及其与我们、其他动物互动的用途，从宠物到驴和马等工作动物……这是一部具有颠覆性的伦理学著作，考虑到技术现状，这部著作是如此正当其时。

《柯克斯书评》

达林详细阐述了一个棘手的问题，即机器人的权利、机器人的问责制、我们对被机器人接管的恐惧、我们根深蒂固的对机器人拟人化的倾向，导致对这些机器的惊人依恋……这是一个经过深思熟虑的、极富建设性的起点。

《书单》

这是一部任何对机器人与人类互动的过去、现在或未来感到好奇的人都会感兴趣的、发人深省的科普佳作。

《图书馆杂志》

# 湛庐 CHEERS

与最聪明的人共同进化

HERE COMES EVERYBODY

CHEERS
湛庐

[美] 凯特·达林 著
Kate Darling
庞雁 译

# 智能新物种

# The New Breed

浙江科学技术出版社·杭州

## 如何换个方式思考人工智能的未来?

扫码加入书架
领取阅读激励

- 最早的人工智能开发者的目标是:（单选题）

    A. 超越人类的智能

    B. 再现人类的智能

    C. 辅助人类的智能

    D. 监控人类的智能

扫码获取全部测试题及答案,
一起探索人工智能的未来

- 我们委派给机器人的工作一般符合三项原则,其中不包括:（单选题）

    A. 肮脏的

    B. 枯燥的

    C. 危险的

    D. 复杂的

- 人们目前对机器人技术发展的主要担忧是什么? （单选题）

    A. 失去工作

    B. 道德恐慌

    C. 情感依恋问题

    D. 机器人缺乏感知能力

扫描左侧二维码查看本书更多测试题

谨以此书献给我的父亲

正是他始终激励着我

要虚怀若谷

要开阔通达

# 人工智能不是人类的替代品，而是合作伙伴

　　亲爱的中国读者们，你们好！感谢你们对这本书的关注。《智能新物种》这本书中文版的出版对我来说意义非凡，特别是在人工智能飞速发展、先进的机器人技术即将进入我们日常生活的当下。在过去的 15 年里，我一直致力于研究先进的机器人技术，并深信，我们正站在一个迷人且具有变革性的时代边缘。我相信，我们不应该只是旁观者。我们这个社会想象、思考和谈论机器人的方式，将深刻影响这些技术的设计、整合、使用和监管。作为技术发展前沿国家的公民，作为世界公民，我们拥有一个独特的机会来决定这个故事，并帮助塑造我们的未来。

　　《智能新物种》这本书最初源于我长期观察到的一个现象：我们总是下意识地将人工智能与人类智能进行比较，将机器人与人进行比较。这样做是可以理解的，但这种比较其实并不恰当。首先，人工智能与人类智能并不相同。更重要的是，我们为什么要复制已有的东西，而不是创造一些新的东西呢？这种比较限制了我们的想象，因为这不应该是我们的终极目标。相反，我更倾向使用另一个类比：与非人类动物的比较。动物类比更符合目前自动化技术如机器人和人工智能的运作方式，并且可以说是对人类最有帮助的方

式，同时这也是一个非常容易理解和应用的比较，能够立即以富有成效的方式改变我们的讨论。这一点在过去十多年里一直是正确的，今天仍然如此。事实上，自从这本书英文版首次出版以来，挑战我们对机器人的默认假设变得更加重要。

在一段个人生活非常紧张且特殊的时期，我完成了《智能新物种》的初稿。那时，我与我两岁的儿子正在经历新冠疫情的隔离，我的婚姻也濒临破裂。而在我正式完成这本书时，我怀上了我的女儿，她恰巧在英文版正式出版的前一天出生。疫情的影响和新生命的到来，让这本新书的巡回宣传和后续的推广变得异常困难。我当时为自己订了一个蛋糕来庆祝这本书的出版，然后便将这本书及其理念暂时搁置了下来。

然后，到了 2022 年，技术的格局发生了剧烈变化。ChatGPT 的出现在全球引起了轰动，揭示了人工智能领域的重大进展，这些进展甚至让一些技术开发者也感到意外。《智能新物种》英文版出版后的三年多时间里，技术发展迅速。尽管与物理世界互动的机器人比语言处理程序的训练要复杂得多，但毫无疑问，人工智能的进步将使机器人变得更加智能。

此刻，当我回顾、反思并评估我们所处的位置时，我相信这本书的理念比以往任何时候都更加重要。我们正在经历技术的巨大变革，而我们所处的这个时代将决定未来几代人如何与工作场所、家庭和公共空间中的人工、自主智能体打交道，以及这些智能体应该被视为人类的替代品，还是辅助伙伴。

目前，语言模型的普及和基于这些模型训练的聊天机器人正在不断强化与人类智能的比较，虽然这种比较仍然意义不大。在机器人领域，对类人机器人的投资正在激增，工程师们正试图设计能够适应现有工作场所并执行人类工作的机器人。

　　一位与我密切合作的机器人学家刚从中国各地的机器人和人工智能公司访问归来。他说，那里的技术令人印象深刻。这并不令人惊讶。当然，中国工程师正处于这一领域一些最好和最新发展的前沿。然而，在中国，就像在美国一样，人们非常关注机器人的类人形态。这在许多积极参与机器人研究和开发的国家都是如此，重要的是要关注这一选择。

　　当然，看起来和行为像人类的机器人对人们来说非常吸引人，它们提出了有趣且有价值的工程挑战，甚至可能在不久或中期的未来因作为某种"工人"而具有市场潜力。但这就是我们能做的最好吗？如果我们能够想象出任何形态，那人类形态还是最理想的吗？对改造工作空间的犹豫似乎更多是受短期利润激励的驱动，而不是长期思考。如果我们敞开心扉去探索其他可能性呢？

　　这种对类人机器人的偏好可能限制了我们对机器人潜力的想象力。如果我们考虑到机器人的设计不必局限于模仿人类，那么我们可以探索更多样化、更适应特定任务的形态。这样的设计可能会更高效、更经济，并且能够更好地融入我们的生活和工作环境。长远来看，这种开放性可能会带来更具创新性的解决方案、推动技术和社会的进步。

　　以 ChatGPT 为例，世界各地的用户都发现它对很多任务都很有用，从起草文本到识别花朵，再到编程。ChatGPT 是"新物种"的一个很好的例子，因为目前聊天机器人的技能虽然不同于动物的技能，但也不同于人类的技能。聊天机器人在很多方面比我们聪明，但也在很多方面落后于我们。这不是 bug，而是特性。我们不应该试图消除这种差异，而应该开始接受这种差异。想象一下，如果我们有意识地投资于技术，要么扩展我们自己的能力，要么做全新的事情——那些人类无法做到的事情。我们可以让人工智能和机器人帮助人类更好地完成工作，或者更有意地为人类的健康、幸福和繁荣做出贡献，而不是试图重新创造人类。

我们与动物的历史，为机器人和人工智能如何以多样化和创造性的方式为人类福祉做出贡献，以及我们如何有效、合法和社会性地将这些自动化技术融入社会，提供了一条成熟的路线图。我们正在创造的智能和技能可能不太像动物，但也与人类本身完全不同，这是很有意义的。在人工智能和机器人技术的最新进展中，我们不要低估它对设计师、开发人员、政策制定者、记者、作家以及世界各地的所有人的影响力，让我们不再把机器人视为人类的替代品，而是作为我们努力实现目标的合作伙伴。

如果你对人工智能和机器人、动物感兴趣，或者对我们和技术的未来有不同的看法，这本书就是为你准备的。希望你喜欢！

# 用动物来思考机器人

动物是很好的思考对象。[1]

——克洛德·列维－斯特劳斯（Claude Lévi-Strauss）

法国作家、哲学家、人类学家

那时，我刚好怀孕 3 个月，虽恶心不适，但干劲儿十足。在加利福尼亚州山景城（Mountain View）与人合办了一场为期两天的研讨会后，我获得了一个自己无法回绝的机会。

那天一大早我就起床出发，从圣何塞飞到丹佛，再转机到波士顿，接着从波士顿飞到瑞士的苏黎世。在到达苏黎世后，我又辗转搭乘了好几趟火车赶往德国的巴伐利亚州，最终如愿以偿，到达了我此次长途跋涉的目的地——因戈尔施塔特（Ingolstadt）。

因戈尔施塔特是一座大学城，毗邻多瑙河畔。那里建筑物的屋顶皆是绚丽的红色，而街道则都是由鹅卵石铺就而成的。因戈尔施塔特以其建于 19 世纪的医学实验室闻名，当时的科学家和学生正是在这样的实验室里对死猪做了实验，玛丽·雪莱（Mary Shelley）[①]也因而有了创作灵感。在她 1818 年创作的科幻小说《弗兰肯斯坦》（Frankenstein）中，大部分故事都发生在巴伐利亚州的这座城市。[2]然而，让我长途跋涉 9 300 多千米来到这里的动因并非《弗兰肯斯坦》，而是因为因戈尔施塔特也是德国豪华汽车制造厂商奥迪汽车股份公司（后文简称奥迪）的所在地。

2017 年，奥迪发起了一项研究计划，旨在围绕有关人工智能、自动驾驶汽车和未来工作的社会问题进行调查。我欣然接受了这次会议邀请，迫切地想了解他们的想法。当我在肾上腺素和兴奋心情的刺激下抵达奥迪的运营基地时，我正处于怀孕的下一个阶段，恶心反胃的情况开始缓解（谢天谢地，餐厅里的自助午餐是味道浓郁、辛辣的俄式炖牛肉和面条）。

我此次的拜访还包括参观汽车制造车间。那是一个灰蒙蒙的阴天，在参会者聚集的总部大楼外，一辆巴士接上我们，载着我们穿过单调而庞大的建筑群，最后来到一个巨大的仓库前。我按照指示，把手机扔进了走廊上脏兮兮的橡胶盒子里，随后跟着向导来到了车间。

进入车间，映入眼帘的是众多装配着机械臂的巨大吊笼。它们高悬在我们的头顶上方，令人啧啧称奇。机器人在自己的空间旋转着，以一种快速、精准且令人着迷的舞蹈节拍移动，它们在处理那些最终会组装成汽车的金属部件时火花四溅。我们对这一壮观的景象赞叹不已，几乎没有注意到远在车间另一端正在处理汽车车身的工人。在向导看来，机器人平稳的操作只是例

---

[①] 英国著名小说家，其丈夫是英国著名的浪漫主义诗人珀西·比希·雪莱，玛丽·雪莱创作了文学史上第一部科幻小说《弗兰肯斯坦》（又译《科学怪人》），她因此被誉为"科幻小说之母"。——译者注

行公事而已，几乎可以用无聊来形容，这没什么好大惊小怪的。几十年来，汽车公司一直在工厂里使用机械臂。但奥迪之所以推出新的人工智能计划，是因为它知道，尽管工厂的这些机器人展示了令人印象深刻的高质量的德国工程，但它们并不是未来的机器人。

## 机器人会取代我吗

机器人的世界正在发生变化。随着传感、视觉处理和移动端日新月异的发展，机器人现在能够走出像工厂和仓库这样的传统场所，进入新的空间，而这个空间目前是由人类把持的。像奥迪这样的公司正在大举投资人工智能和机器人技术，这些技术的用武之地不仅在工厂里，也在汽车上。现在，机器人被用于诸如检查下水道、拖地、递送墨西哥卷饼、陪伴我们年长的家人等许多事项中。从家庭到工作场所，一场革命即将来临。而这对于我在汽车制造厂所看到的那些在车间另一端的工人们来说，究竟意味着什么？新闻头条报道称，随着机器人技术的发展，工人并不是唯一处于失业边缘的人——人人皆如此。在更大范围内的经济动荡和社会焦虑的背景下，这一话题已经从"机器人会取代我吗"转向了"机器人多久以后会取代我"。

许多人对预期的机器人接管并不兴奋。大家的担忧尤其集中在这样的想法上：我们创造出具有类似人类的能力且与我们相似的东西，而它将夺走方向盘，伤害我们或我们的孩子。新闻头条描绘了一些反乌托邦的景象，那里充斥着机器人经营的餐馆和酒店，机器人接手了所有人类的工作，甚至连保姆和男朋友也都被机器人取代。在玛丽·雪莱的故事中，维克多·弗兰肯斯坦（Victor Frankenstein）在因戈尔施塔特学习医学，他创造了一个自主的、智能的生物，然而这个智能生物最终与他反目成仇。人们认为《弗兰肯斯坦》一书中的怪物形象是关于机器人的早期描述，与犹太民间传说中的泥人怪物一样，尽管该书的出版比"机器人"一词的出现早了一个多世纪。科幻作家艾萨克·阿西莫夫（Isaac Asimov）[①]后来将公众对机器人的负面态度描述为"弗兰肯斯坦情结"。[3]现在，一家汽车制造商正在努力应对这种情况的现代版本，而它起源于 200 多年前的同一座城市——因戈尔施塔特。

　　这种担忧有道理吗？我们确实看起来试图用机器人取代人。2017 年 10 月，也就是我到访因戈尔施塔特的同年秋天，沙特阿拉伯授予一个名叫索菲亚的外形逼真的人形机器人公民身份。[4]这一公告引起一片哗然：在一个从未宣布（且未实施）女性驾驶汽车的权利的国家，机器人却被赋予了权利！我收到了大量电子邮件和电话，很多来自那些想探讨机器人是否应享有人权的记者。在那个时间点上，我怀有身孕，所以没有理会他们中的大多数。沙特阿拉伯将公民身份授予了一个并不像人们想象的那么先进的机器人，我认为这基本上只是一个宣传的噱头而已。但就像以往一样，每当机器人成为新闻，我就会收到在法律、社会和道德层面探讨该问题的有关来电。然而，我自己的问题则是：为什么这个噱头会突然引起如此广泛的关注？

　　我对机器人和社会科学的热情可以追溯到我还是一名法律和经济学研究生的时候。在我完成学业的过程中，我遇到过一些来自机器人实验室的学生，我开始阅读晦涩难懂的机器人伦理学论文，并与朋友就机器人问题展开激烈的争论，尤其是在喝了一两杯酒后。我买了一个小恐龙机器人作为"宠物"并"收养"了它（详见第 10 章）。我开始追问诸如"日益增长的机器人化将对社会产生什么影响"等问题。这是一个完全不同于我所想象的学术

---

[①] 美国科幻小说作家、科普作家、文学评论家，美国科幻小说黄金时代的代表人物之一。阿西莫夫一生撰写的著作近 500 部，题材涉及自然科学、社会科学和文学艺术等许多领域，其作品"银河帝国"系列和机器人科幻小说被誉为"科幻圣经"。——译者注

生涯的开始。10 多年来，我一直与机器人专家并肩工作，将我的法律和社会科学背景应用于这项技术领域之中。我研究专业文献，钻研人类心理学，做实验，并与全球各地的人们进行交流。

我很清楚，我们最熟悉的机器人的概念来自科幻小说，我一直很喜欢阅读科幻小说。从儿时起，我就开始阅读所有我能找到的科幻小说，从低俗的小说到像美国儿童文学作家厄休拉·勒古恩（Ursula Le Guin）和美国科幻小说家奥克塔维娅·巴特勒（Octavia Butler）这样的伟大作家的作品，他们为我打开了新思路。但由于在机器人领域工作，我也看到了西方主流科幻小说对机器人的描述是如何反其道而行之的。正如技术评论家萨拉·沃森（Sara Watson）指出的那样，我们的故事常常将机器人与人类进行比较。[5]

我认为这种将机器人与人类进行比较的做法限制了我们：它引发了人们对机器人能力的困惑，加剧了人们对失去工作的过度恐惧，引发了如何追究伤害责任的奇怪问题，并导致了担心我们对机器人产生情感依恋的道德恐慌。我遇到的将两者进行比较而产生的主要问题是，它导致了一种错误的决定论：当我们假设机器人将不可避免地使人类的工作自动化并损害人类与他人的正常社交时，我们并没有创造性地思考该如何设计和使用这项技术，也没有看到自己在围绕它塑造更广泛的系统时拥有哪些选择。

## 用动物思考新物种的未来

本书提供了一个不同的类比。这是我们都熟知的例子，它以令人惊讶的方式改变了这场讨论。纵观历史，我们一直将动物用于工作、武器装备和陪伴等方面。**像机器人一样，动物可以感知、做出自己的决定、对世界产生影响并学习；像机器人一样，动物对世界的感知和参与方式与人类不同。这就**

是为什么几千年来，我们一直依赖动物帮助我们做一些我们无法独自完成的事情。在使用这些有自主能力的，有时是变幻莫测的智能体（agent）时，我们并没有被替换，而是在关系和技能方面得到了提升。

我们驯化牛来耕田，学会了骑马，以新的方式在身体层面和经济层面扩展我们自身和我们所处的社会。我们创建了鸽子运送系统，放出火猪来抵御大象的攻击，训练海豚来探测水雷。从人类的法律诞生之初，我们就在讨论动物对人类造成伤害的责任问题，甚至把动物当作罪行的审判对象。我们也拓展了社交圈：纵观历史，我们把大多数动物看作工具和产品，但也将其中的一些视为朋友。

用动物来思考机器人，这一点证明了我们将生命投射到技术上的固有倾向，这是多年来一直让我着迷的事情：从在物理空间四处漫游的简单的真空吸尘器，到以逼真的方式挥舞着翅膀的蜻蜓机器人，我们对移动的机器做出了本能的反应，尽管我们知道它们并没有生命。

在将机器人与动物进行比较时，我并不是说它们是一样的。动物是有生命的，它们有感知能力，而机器人与厨房里的搅拌机没有什么不同。虽然动物往往比机器人更有局限性，比如我可以训练小狗捡球，但不能训练它吸尘，但同时它们比机器人更擅于处理意外情况。重点是，这种思维练习让我们摆脱了之前一直所坚持的将机器人与人类相比较的视角，而是将其想象成一种不同类型的智能体。

在收集人类与动物和机器人在过去、现在和未来的关系上的相似之处时，我发现用动物来思考我们最紧迫的问题会改变很多讨论的内容。就像动物一样，机器人不需要成为我们工作或人际关系的一对一替代品，它们可以让我们以新的方式去工作和谈恋爱。通过不同的比较方式，我们可以探究如何最大限度地利用不同类型的智力和技能来践行新的行动，找到新的解决方案，探索新的关系类型，而不是重塑已经拥有的事物。抛开道德恐慌有助于让我们看到，当我们开始与这些机器人一起生活时，我们将面临的实际的道德和政治问题，这些问题包括难以预测的经济波动和情感胁迫。

本书以如何将机器人融入我们的空间和系统中的探索开篇，将这些探索与我们过去使用动物的方式进行比较。在第一部分，我提出了许多在谈论未来时经常提到的问题，譬如，机器人会取代人类的工作吗？人工超级智能会对人类产生威胁吗？机器人的非预期行为责任如何分配？我想要说明的是，将机器人错误地视为准人类的认知在多大程度上左右着这场讨论；而用动物来类比机器人则会引导我们走上一条新的道路，一条不会迫使我们将生产力置于人性之上的道路。

本书的第二部分稍稍向未来迈进了一些，探讨了机器人伙伴的新发展。社交机器人虽然尚未普及，但正在兴起。这些机器人没有感知能力，但我们能替它们感受，甚至在它们"死去"时哀悼。我们与伴侣动物（companion animal）的历史清晰地揭示了人类在面对机器人时产生的"人类被替代"的担忧。认识到我们拥有与各种各样的"他者"建立关系的能力有助于我们放下道德恐慌，但这也揭示了一些尚未解决的隐私、偏见和经济激励方面的挑战，我们在前进的道路上需要更加密切关注这些挑战。

本书的第三部分将动物的类比一直延伸到机器人权利这一听起来非常具有未来主义色彩的领域。在科幻小说中，类人机器人引发了人们未来如何对待机器人的讨论。但是，西方动物权利保障的曲折路径反而让我们对机器人权利运动的结果做出了不同的预测。我们与非人类相关的历史，为我们如何选择有价值的生命、如何与非人类以及彼此相处提供了严肃而深刻的视角。

长期以来，历史学家和社会学家一直用动物做参照来思考人类存在的意义，但在我们与机器人的关系上，动物也给了我们很多启发。[6] 机器人技术越来越多地融入人们的日常生活，给人类社会带来许多新的问题和选择。本书汇总了这些问题和选择，它们来自技术、法律、心理学和伦理学领域，我以我们与非人类的历史关系为背景，试图理解非人类这个"新物种"的未来对人类意味着什么，以及我们该如何塑造它。

## 什么是机器人

永远不要去问一名机器人专家什么是机器人。[7]
——伊拉·努尔巴赫什（Illah Nourbakhsh）
美国卡内基梅隆大学机器人学教授

这是我经常遇到的、难以回答的一个问题：什么是机器人？

我们好像都知道机器人是什么：20 世纪 20 年代经典科幻小说《大都会》（Metropolis）中的金属机器人、《杰森一家》（The Jetsons）① 里的罗西，以及深受大家喜爱的电影《星球大战》里的角色 R2-D2 和 C-3PO。我那蹒跚学步的孩子一见到机器人，比如见到他爷爷办公室里的老式金属发条玩具，或是看到在家里地板上四处游荡的机器人吸尘器，就会手舞足

---

① 美国广播公司于 1962 年 12 月 23 日起每周日晚播出的家庭喜剧动画片，该片用另一个时空背景来反映当时的美国文化和生活方式。杰森一家居住在一个充满各种奇妙精细的机器人装置、外星人、全息图以及异想天开的小发明的未来世界。——译者注

蹈，并且嘴里发出"哔……哔……"的声音。当办公室里的打印机亮起来并吐出一张纸时，他也会说"哔……哔……"，但他不认为计算机是机器人。成人划定的界限并没有那么随意。在我和数字版权专家卡米尔·弗朗索瓦（Camille François）以及一群相当精通技术的同事共同举办一场研讨会之际，他们绞尽脑汁来定义"机器人"这个术语，同时他们也很难确定自己家里的哪些设备是机器人：一台可以自己执行任务的机器是机器人吗？洗碗机可以做到这一点，台式计算机也可以。大家在白板上举棋不定，犹豫着要不要把洗碗机和台式计算机归入机器人的类别里。

　　我们的同事并非对此一无所知，因为给机器人下定义绝非易事。1920年，捷克斯洛伐克作家卡雷尔·恰佩克（Karel Čapek）创造了"机器人"这个词（robota 在捷克语中的意思是强迫劳动），这个词源于他的戏剧《罗素姆的万能机器人》（*Rossum's Universal Robots*）。这是一个关于剥削人造人的故事，这些人造人被当作机器人在工厂里工作，最终起来反对他们的制造者。[8] 早些时候，我们用"机器人"来指代那些用机器取代人类的技术，从陀螺仪到自动售货机不一而足。[9] 有些人说，机器人，对于大众而言，只是一种新奇且不熟悉的机器，一旦新鲜感消失，这些机器人就会变成"洗碗机"和"自动恒温器"。

　　要求机器人专家给出一个具体的定义，其实对我们不会有多大帮助。他们的答案往往是更专业和更为狭义的定义，但仍然会留下很多模糊的边界。他们一致认为，机器人需要一个机身。在过去的几年里，人工智能一直是一个热门的讨论话题，但本书主要是关于实体机器人的，原因我将在第4章详细说明。

　　某些机器人专家提出，机器人是一个具有精神和身体能动性的构造系统，从生物学意义上说，它不是"活着"的。[10] 还有一些专家则使用一种名为"感知、思考、行动"的范式，这种范式描述了能够感知、做出自主决策并对其所处的物理环境采取行动的机器。[11] 这听起来很不错，但当深入研究"行动"等术语的确切含义时，它就变得非常棘手了。我的智能手机有传感器，可以做决定，并能对其所处的环境采取行动（通过发出声音、显示光线、震动等方式），但许多机器人专家并不认为智能手机是机器人。

如果没有一个简明的定义，谁能着手写一本关于机器人的书呢？我曾向我最尊敬的朋友和导师之一、法学教授杰米·博伊尔（Jamie Boyle）请教过，他回答说："如果有人坚持要你给他们一个关于机器人的基本定义，你就告诉他们，'定义并非会如你想的那样发挥作用，蠢货（dumbass）'。"（最后一个词大概是源自法律术语的一种说法。）

认为任何事物都可以有定义的想法是一种哲学上的错误。我们的语言是属于群体和语境的，华盛顿大学的研究人员梅格·扬（Meg Young）和瑞安·卡洛（Ryan Calo）已经在机器人的案例中证明了这一点：你如何定义它取决于你所在的领域。[12] 这很好。事实上，本书的目的就是要挑战人们对机器人持有单一的看法。

这种对我们思维的挑战之所以重要，是因为机器人在某种程度上具有独特性。它与其他新技术不同，比如人们可能很难在脑海中描绘出加密货币；而对于机器人，我们心中都有一个生动的印象——一个深受科幻小说和流行文化影响的形象。

这本书对以机器人为准人类的形象提出了疑问，并表明这种想法已经渗透到我们如何设计和整合世界中的真实机器人的情境中。这里的很多框架适合我们对人工智能展开更为广泛的思考。与此同时，这里的想法并不适用于每一个在技术上可以被定义为机器人的实体设备。本书没有建立普遍适用于所有智能机器的完美定义和规则，而是鼓励大家拓展思维、质疑自己的基本假设。

这种练习从第一部分开始。在工作场所，我们不应该把机器人视为人类的替代品，而应更有创造性地考量：**机器人，是我们在努力实现目标过程中的合作伙伴。**

第一部分

# 机器人不是人类的替代品，
# 而是合作伙伴

# THE NEW BREED

## 第 1 章

### 动物改变我们的世界

我们一直用飞鸽传信，不是因为鸽子聪明，而是因为从实际情况来看，它是可操控的，就像机器一样。[1]

——B. F. 斯金纳（B. F. Skinner）
美国行为主义心理学家

　　克莱尔·斯波蒂斯伍德（Claire Spottiswoode）一生中最愉快的经历之一是，她第一次由一只小鸟带领着穿过森林去寻找蜂蜜。斯波蒂斯伍德是英国剑桥大学和南非开普敦大学的一名动物学家。她在非洲南部的大草原上做了大量的实地研究，从而了解了尧族 ① 村民是如何与一种叫作响蜜䴕（见图1-1）的鸟交流的。

　　响蜜䴕是少数能消化蜂蜡的鸟类之一。为了获得它们想要的食物，响蜜䴕进化出了吸引人类注意的方式，把人类引到蜂巢。一旦人类收获了香甜的金色蜂蜜，响蜜䴕就会吞食暴露在外的蜂巢和幼虫。鸟类和人类组成了一个完美的团队：响蜜䴕更善于寻找蜂巢，因为这些蜂巢通常位于树的高处，不过它们需要人类的帮助来打开蜂巢。[2]

　　响蜜䴕和人类的合作至少可以追溯到 16 世纪，但有一些动物学家认为，我们与动物一起寻找蜂巢已经有近 190 万年的历史了。响蜜䴕并不是唯一一种与人类合作的动物。几千年来，人类会利用动物的独特技能来完成任务。有些动物，比如响蜜䴕，进化出一种对人类有用的方式，还有一些动

———————————

① 生活在非洲南部的少数民族。该民族起源于莫桑比克的东北部地区，于 19 世纪后半期迁徙到马拉维。尧族实行母系氏族制和男嫁女家制。——编者注

物被人类有意地驯化和培育，以便与人类一起生活和工作，这些动物的整个基因谱系在这个过程中发生了变化。

人类与动物合作的原因不是它们能做我们要做的事情。我们之所以与它们合作，是因为它们的技能与我们的不同，将它们的优势与我们自身的优势相结合，我们会收获更多。同样，科技可以而且应该成为对我们自身能力的补充，也是寻找人类自己永远无法获得的蜂蜜的一种方式。但我们现阶段并不认为机器人是这样的物种。

图 1-1　响蜜䴕

那是一个闷热又潮湿的仲夏之日，我站在巴尔的摩华盛顿国际机场外，用手机上的"来福车"应用程序叫了一辆车。没过一会儿，一辆老款的红色丰田普锐斯停了下来。我坐进后座，松了一口气——尽管航班延误了，但我还是可以在几分钟内赶到目的地。我们在高速公路上向巴尔的摩驶去。司机黛比当时正在收听播放 R&B 音乐的电台，播放广告时她调低了音量，跟我聊了几句。当我告诉她我所从事的职业时，她问了一个过去 10 年中在无数个国家和城市几乎所有司机都曾与我讨论过的问题："大概还要多久，机器人会取代我的工作？"在接下来的 20 分钟里，我们讨论了机器人和工作。接近退休年龄的黛比说，她从新闻上得知，所有人类的工作都将被机器人取代。她希望自己能再开几年车，在这一切发生之前退休，但她很为她的孙辈担心。突然，黛比意识到，车载导航系统出现了故障，我们已经走了 15 分钟的弯路。最终，我还是迟到了，但我很高兴我和黛比有这样一段聊天的时间。

　　过去几年，人们对人工智能和机器人的兴趣大增，媒体迫不及待地推测我们的未来与机器人息息相关，于是诸如"机器人会抢走你的工作吗？""机器人来了，准备好迎接麻烦吧""机器人霸主，不要解雇我们，可以吗？"这样的新闻头条随处可见。[3]2013 年，一项被广而告之的牛津大学的研究曾做出预测，在 10 至 20 年内，美国几乎一半的就业机会都有极高风险被机器人和人工智能取代，还有人预测，实际情况甚至会更糟糕。[4]他们认为，技术正在以惊人的速度发展，而机器人据说很快就能从事人类所做的一切，同时它们永不疲倦、永不抱怨，每天可以工作 24 小时。2017 年，皮尤研究中心的一项研究显示，77% 的美国人认为，在他们的有生之年，机器人和人工智能将能够完成目前由人类所做的工作。根据皮尤研究中心的调查员阿伦·史密斯（Aaron Smith）的说法，大多数人"对机器人将接管这些职责并不会感到难以置信"。[5]

　　新闻头条的报道称，我们正处于被机器人接管工作的边缘；还有一些人认为，机器人接管的将不只是我们的工作。他们声称，人工智能即将超越人类。一些德高望重的思想家对人工超级智能的发展表达了担忧，他们预测机器人可能会超过人类的智能，进而对世界造成严重破坏。从史蒂芬·霍金到埃隆·马斯克，这些备受瞩目的知名人士对他们认为的人类的最大威胁发出了警告，煽起了潜在的恐惧火焰。[6] 人们很容易接受被机器人接管的说法，至少在西方是这样。毕竟，从《2001：太空漫游》（2001: A Space Odyssey）到《机械姬》（Ex Machina），大多数主流科幻小说对机器人的描述都是围绕这一主题展开的。

新技术的发展常常令人担忧，但也许它们所引起的担忧与人们对于机器人的担忧不尽相同。科技哲学和伦理学家彼得·阿萨罗（Peter Asaro）和温德尔·沃勒奇（Wendell Wallach）认为，人类历史上的机器人故事都是讲述优秀机器人变邪恶的，它们要么像弗兰肯斯坦这个怪物一样背叛自己的天才创造者，要么背叛整个人类文明。[7] 这是因为机器人本身就构成了这种威胁吗？值得注意的是，这种恐惧似乎具有文化上的特殊性。卡雷尔·恰佩克在 20 世纪 20 年代创作的关于机器人工厂的工人起义的著名戏剧，在西方国家和日本都曾上演。当西方国家在机器人叙事中传递出负面信息时，日本则倾向于在流行文化中塑造更友好的机器人形象，比如制作了著名的卡通片《阿童木》。20 世纪 60 年代，日本开始将机器人视为生产力和经济增长的潜在驱动力。当机器人技术在日本的经济复苏中发挥了巨大作用时，它衍生出机器人的积极形象，即机器人对人类没有产生威胁，反而对人类有帮助。[8]

我在机器人领域的许多同事都对西方的说法感到厌倦，即机器人会抢走所有的工作，成为我们的霸主。新闻媒体在报道的时候往往是以点击率为考量，不惜危言耸听，最后还习惯性地配上终结者的照片。我听过一些针对公共知识分子（以下简称"公知"）的咒骂，这些公知高调宣称被机器人接管的危险性；我也听过一些抱怨，说那些大名鼎鼎的警告者大多是物理学家、哲学家或首席执行官，他们对人工智能或机器人技术并没有深入的了解。但预言家们往往反击说，真正在这个领域工作的人并不是能对更广泛的趋势做出判断的最佳人选。

一天晚上，在一场会议上，我看到拥有神经科学学位的作家、哲学家萨姆·哈里斯（Sam Harris）[①]站在一个小舞台上，对来自世界顶级研究中心的大约 100 名机器人专家说到，人工超级智能对人类而言是重大的潜在危险。他同时指出，那些持不同意见的技术专家无法从他们所在的位置窥见整个森林。话音刚落，会场一片哗然。

会议后的第二天，我还在想着哈里斯的那些发言。当时我坐在一辆黑色的豪华汽车中，把头靠在椅背上，汽车沿着清晨空旷的高速公路向机场方向平稳行驶着。"你对自动驾驶汽车有什么看法？"我问那个穿着黑色西装、打着领带、胡子刮得干干净净的年轻司机。他目不转睛地盯着路面，告诉我，为了成为一名专业的豪华车司机，他接受了一年的培训，其中很多内容不仅仅是驾驶。他说，他接受过处理意外情况的训练，比如保护乘客不受袭击或暴力侵害，而且，如果乘客遭遇事故，他的急救技能可以挽救乘客的生命。他一脸严肃地问我："自动驾驶汽车能做心肺复苏吗？"

## 肮脏、枯燥、危险的工作

机器人并非没有能力或不聪明，它们像动物一样，通常具备比人类更强

---

[①] 斯坦福大学哲学博士，加州大学洛杉矶分校神经科学博士。他在著作《"活在当下"指南》中一针见血地指出，趋乐避苦是人类的本能，而快乐本质上是稍纵即逝的，所以人们天生受困于循环往复的追求。该书中文简体字版已由湛庐引进、中国纺织出版社有限公司出版。——编者注

大的运用"身体"的能力和更发达的感官系统。但在我进入动物研究领域之前，我想要全面公正地评估机器人的现状。因为机器人的能力与人类的能力完全不同，理解这一点至关重要。

我们投入使用的第一个实用机器人是一个叫作尤尼梅特（Unimate）的机械臂，它由美国发明家乔治·德沃尔（George Devol）在 20 世纪 50 年代设计，安装在新泽西州的通用汽车公司里，用于操作热压铸汽车部件⁹（该机械臂专利申请稿见图 1-2）。这项工作对工人而言是很危险的。这个工厂机械臂是工业机器人技术的鼻祖，并且时至今日，这种技术仍在制造业中使用，它定义了我们该如何看待机器人在工业环境中发挥的功能。

**我们通常委派给机器人的工作符合"3D"原则其中的一条：对人类来说是肮脏（dirty）、枯燥（dull）或危险（dangerous）的。**像尤尼梅特这样的工业机器人开启了一种转变，即把某些高风险或需要重复、繁重劳动的任务转变为自动化工作。这些机器非常精确，也非常牢固。机器人可以从事繁重的搬运工作，并在有毒气烟雾或其他危害健康的地方接管困难的任务。但它们也相当原始，局限于具体的任务，它们本身就是危险的机器，需要用笼子或其他安全措施防止人类接近它们。

在焊接汽车零部件获得成功之后，工业机器人市场出现了爆炸式增长，围绕"还能用机器人做什么"的创新出现了。商业公司开始探索使用工业机器人完成包装、码垛、基本运输和装载等工作。农业养殖业也加入了这一行动，在今天的农场里，农业机器人给农作物喷洒农药、播种、拔除杂草，甚至处理采摘水果的精细工作。在机器人渗透到工业世界后，没过多久，它们就进入了其他工作场所。

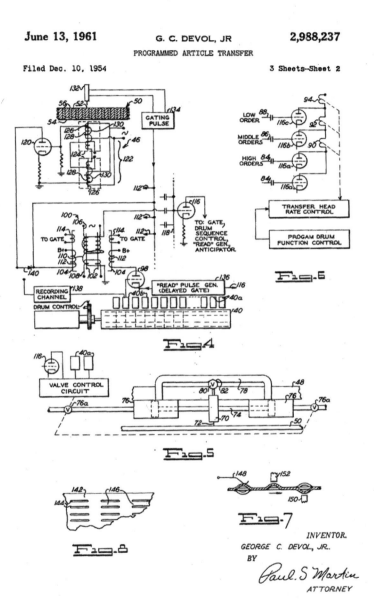

图 1-2　乔治·德沃尔 1954 年提交的机械臂专利申请稿

　　高中毕业时，我就想从事软件开发工作。我曾在瑞士的一家公司实习，当时那家公司是一家银行的主要互联网服务供应商，我的实习经历与所有流行文化对企业办公生活的描述都非常契合，对此，我很满意。那时，我们午餐和茶歇时间充裕。似乎没有人能够正确地解释这家公司是做什么的，或者他们的角色是如何与公司更伟大的使命相融合的。我最喜欢的部分是机器人。这家公司投资了一件现代艺术作品，就是一台机器人复印机，它在大厅里四处游荡、随机地吐出空白的复印件。我只见过它一次，因为它不能识别楼梯，最终从楼梯上摔了下来。

　　办公室里有机器人，这件事令人称奇，但又并不罕见。从 20 世纪 70 年代开始，"移动邮车"的邮件递送机器人穿梭于写字楼内，第一个便是出现在芝加哥西尔斯大厦内的机器人。[10] 这种重达 270 千克、近 1.4 立方米的矩形机器人会在大厅中缓慢移动，当它读取地板上的条形码时，会响起铃声，这样人们就知道该来领取邮件了。美国联邦调查局很多办公室也使用过这些机器人，有些人可能会在电视剧《美国谍梦》（*The Americans*）中看过。

　　直到 2016 年，这些机器人才逐步被淘汰。它们会发出哔哔声，提醒工作人员注意它们的存在，但它们经常会撞到人或把人挤到墙角。它们会被卡住，撞到东西，并经常需要维修。

　　自 20 世纪 70 年代以来，该项技术已得到改进。矩形形状的送货机器人在医院里隆隆作响，把药品和其他物品从一个房间送到另一个房间。一些酒店也有客房服务机器人，它们可以为酒店客人送食物、冰块和其他必需品，使客人拥有更多的隐私。这些机器人能够在明确的空间内行动，能够避开障碍物，停止或绕过人和物，而不是迎面撞上它们。

　　如今，机器人的应用已经超出了"3D"的范围。机器人不只是拿着工厂里那个冒着热气的零件或钻头，它们正在进入我们的工作场所、家庭和公共空间（见图 1-3）。

　　20 世纪 60 年代末，机器人割草机还是被搁置的未实现的承诺，现在则得以被广泛使用，它们已经能够帮助房主修剪草坪、吸尘和拖地。这些机器人也可以进行腹腔镜手术，并协助进行人体骨骼的植入，它们还能够在商店里清点存货，在药店里分发配药。保安机器人在停车场巡逻，而我们的军事武器（机器人）可以实现自动瞄准。我们正在使汽车、轮船、飞机、火车和潜艇实现机器人化。我们已经有了能开车、能调鸡尾酒、能挤牛奶和打篮球能十罚十中的机器人。看上去人类即将被淘汰，但我们往往低估了自己作为人类的相对优势。

**图 1-3　2012 年某个医院里的两个分娩助产机器人**

注：它们有着可爱的名字——罗克茜（Roxie）和洛拉（Lola），让人叹为观止。

# 机器人远不能取代人类，
# 但可以成为卓有成效的合作者

2011 年，当我第一次踏入麻省理工学院的校园时，我迫不及待地想看看机器人领域的前沿工作。那是秋天，人们放完暑假，已经回到学校，准备开展研究并呈现研究成果。尽管每个人都很乐意告诉我他们正在开展什么样的实验，并解释所有的技术，但我想看演示的请求大多还是被拒绝了。他们会说："我们只在测试的时候才打开这个机器人的开关"或者"这些机器人现在都坏了，但我们可以给你看视频"。一些我很想亲眼看到的比较知名的机器人已经坏了很久了，唯一知道如何修理它们的研究生也早已带着知识离开了学校。虽然工厂的机械臂和更新的商业机器人更加稳健地发展更新，但麻省理工学院机器人技术的这种令人警醒的形势很常见。

我的同事们为了获取一个简单的功能演示而工作数月，难怪他们并不担心机器人取代人类。现实情况是，我们正处于创造大量的、不同类型的机器人的进程之中。虽然与科幻小说中描述的机器人相差甚远，但这些机器人有很多优点。与此同时，它们也存在局限性。

2019 年 1 月，位于巴西布鲁马迪尼奥（Brumadinho）的一座矿山大坝坍塌，泥石流倾泻而下，冲垮了大坝和周边地区，造成了 270 人死亡。[11] 根据国际劳工组织的数据，在大多数国家，采矿业仍是不可或缺的产业，但采矿也是世界上最危险的工作之一。随着越来越多的公司开始"雇用"机器人，这种情况逐渐改变。从执行钻井计划到检测气体泄漏，再到移除可能造成危险的松动岩石，自主和半自主技术能够承担起采矿业的高风险作业。[12] 在澳大利亚西部人烟稀少的皮尔巴拉（Pilbara）地区，无人驾驶的机器人卡车载着铁矿石穿越深红色的沙质平原。这些卡车属于世界第二大矿业公司力拓公司。该公司签署了一项协议以扩大运输车队，在 2021 年之前它拥有了 130 辆大型自动运输车。

虽然皮尔巴拉的机器人看起来是自动运转的，但实际上力拓公司把人工操作的工作转移到位于矿区以南、1 600 多千米之外的澳大利亚珀斯，那里有一个团队在具备空调设备的控制中心监控、协调机器人的工作。南非科学与工业研究委员会（Council for Scientific and Industrial Research）的首席工程师沙尼尔·达瓦拉杰（Shaniel Davrajh）承认，在采矿业中，没有"银色子弹"①可以取代人类。最有希望的改良途径是逐步创造工具，帮助矿工更安全、高效地工作。虽然这些发展可能会改变矿业公司的人员需求，但也会极大地改善这个危险且历来受剥削行业的工作条件。

即使在肮脏、枯燥、危险的条件下，理想状态似乎是机器人取代人类的工作，但经常发生的情况是，机器人只是将人类转移到更干净或更安全的地点工作。例如，几十年来，机器人一直被用于处理爆炸物、拆除炸弹和探测地雷。与一个能够部分自主决策的工具一起工作，可以让人们在评估处境和环境时远离危险（关于这些机器人的内容详见第 6 章）。

采矿车的操作类似于美国军方的"捕食者"无人机，它由位于数千千米外的人操控。半自动驾驶并不是什么新鲜事，我们早就实现了商业飞机大部分功能的自动化。尽管自动化技术在飞机上已经使用了几十年，但是我们仍然让飞行员坐在驾驶舱里。即使今天的机器人有自主能力，可以自己执行任务，但在任务环路中总是有人类操作员参与其中的。这有助于弥补机器人能

---

① 在欧洲民间传说及 19 世纪以来哥特小说风潮的影响下，"银色子弹"往往被描绘成具有驱魔功效的武器，是针对狼人、吸血鬼等超自然怪物的特效武器；后来也被比喻为极端有效的解决方法，成为杀手锏、最强杀招、王牌等的代称。——译者注

力的不足，它们还不能独立完成任务，但这也往往是一个比直接取代人类更好的安排。

人类比自己认为的更有本事。尽管自动驾驶汽车的未来近在眼前，但对我在巴尔的摩遇到的那位司机黛比来说，如果她想晚一点退休的话，仍可以从容不迫，她还有很多时间。[13] 即使是在街道这种规划明确、以交通规则为导向的环境中，我们也高估了人类司机被淘汰的速度。自动驾驶汽车处于测试当中，最终结果仍然不确定，因为程序员正在努力处理道路上罕见的意外事件的长尾效应，从花栗鼠到塑料袋，情况不一而足。即使汽车是在一条安静的街道上行驶，也会发生很多事情，因为有各种各样看似不太可能发生的状况，但因为数不胜数，所以总体而言，这些状况不可能全部避免。马萨诸塞州波士顿的司机因其不可预测、反复无常和极富攻击性的行为而被称为"马萨混蛋"（Massholes）。不过与孟买的交通状况相比，在波士顿驾车其实是易如反掌的事情。

今天，小机器人在加利福尼亚州湾区的人行道上来回游走，运送着食物。但是，与送餐机器人不同，这些机器人的工作场所并不是明确的空间，它们不能独立行走在城市街道，因此它们是由人类远程控制的。一家位于加利福尼亚州湾区的机器人公司最近对外发布了一款预售的机器人，"它可以做各种家务，包括洗碗、烘干衣物、收拾盘子"。新闻头条并没有透露机器人是由人类远程操控的，人们通过摄像头来让机器人执行任务。[14] 该公司声称，随着时间的推移，机器人将学会做更多的事情，使人类操作员"没那么不可或缺"，但要做到这点还需要走很长的一段路。

机器人并不擅长处理复杂地区的导航问题，因为那里经常有大量的突发状况。在更容易预测状况的空间里，比如说，在可以跟随地面上的标记走动的仓库内，或者是在沙漠中央的货运公路上，自动驾驶汽车均展现出了大好的前景。然而，把责任全部交到机器人手中的做法并不常见，这是有原因的：机器人在完全依靠自身设备时，其运转并不能做到完美无缺。

电动汽车公司特斯拉的首席执行官马斯克长期以来一直主张人类应该拥抱技术，这样便能够让工业生产中的人类工人解放。但当他决定在自己的硅谷工厂创建一条完全自动的装配生产线时，最终陷入了被他称为"制造地狱"的景况。[15] 马斯克曾承诺在 2018 年每周生产 5 000 辆 Model 3 电动汽车，但最后连一半都没生产出来。到底是哪里出了差错？

据分析人士称，这些机器人虽然能够稳定而精确地工作，但它们无法识别制造过程中可能发生的一系列小失误，例如轻微弯曲的部件，而这将导致生产线出现问题。人类工人具有灵活性，他们能够识别和纠正组装过程中的意外错误，这在汽车的最终组装过程中尤为关键。事实上，其他汽车制造商，如通用汽车、菲亚特汽车和大众汽车，以前都曾试图实现总装自动化，但都以失败告终。分析人士得出的结论是：自动化机器根本无法像人类那样处理复杂性、不一致性、变化和"出错"等问题。马斯克不得不承认，他那个完全自动化的目标是无法实现的。2018 年 4 月 13 日，他在 Twitter 上说，人类的能力被低估了（见图 1-4）。

**图 1-4　埃隆·马斯克在 2018 年 4 月 13 日发布的 Twitter 消息**

注：原文的意思是"是的，特斯拉的过度自动化是一个错误。准确地说，是我的错误。人类的能力被低估了"。

今天，世界各地的实验室里都有形状各异、大小不一的机器人。它们的功能多种多样，用途也很广泛。这项技术已经渗透到工业、农业、采矿业、海洋和太空探索等行业，机器人也越来越多地出现在家庭和医疗设施中。但这些机器人的技能和功能与我们在科幻小说中看到的相差甚远，这主要是因为人工智能与人类智能截然不同。

机器人技术在不断进步，值得注意的是，尽管我们开发和使用工厂机器人已经长达半个世纪了，但是生产过程的完全自动化还没有实现。这是因为机器人非常擅长去完成目标明确、定义清晰的任务，但它无法了解前后背景，并且不能处理新出现的状况。一个做焊接工作的机器人无法将自己的工作任务转换为捡起落在地上的松动的零件，而它的人类同事可以毫不费力地做到这一点。尽管我们在人工智能方面取得的进展令人惊叹，但还远远没有达到弄清楚如何创造具备适应性和灵活性的通用智能的程度，而这种智能是蹒跚学步的幼儿都可以做到的。

很多年前，一位朋友邀请我参加一场化妆募捐的活动。当我到活动现场时，朋友告诉我，她还邀请了她的邻居、机器人制造专家罗德尼·布鲁克斯（Rodney Brooks）。[16] 整个晚上，打扮成恐龙的我都站在大门口，急切地想见到布鲁克斯。终于，一位 60 多岁的"老人"来到了门口，我一眼就认出了他那一头蓬乱的卷发。我不假思索地脱口而出："哇，您打扮得好像罗德尼·布鲁克斯！"他听到我的话，一脸困惑，但还是很礼貌地询问我，我们之前是否认识。"不，不认识，"我说道，"但您可是鼎鼎大名啊！"我一边说，一边死死地盯着他。他告诉我他就住在隔壁。"我知道！"我兴奋地说道。这时，女主人打断了我们的对话，我赶紧躲开了，整个晚上我都因自己的失态而深深地自责。

转眼到了第二年，在一场会议上，我又遇到了布鲁克斯。"千万不要想起我啊，千万不要想起我啊！"当看到他向我走来时，我心里一直在暗暗祈祷。"您不就是那位打扮成恐龙的女士吗？"他开口问道。

为什么我如此崇拜我朋友的这位邻居？因为若称谁是真正了解机器人的人，那一定非布鲁克斯莫属。20 世纪 80 年代末，他证明了机器人智能不需要由抽象的数学模型构成，从而彻底让机器人领域得以改头换面。他认为机器人可以像动物一样利用感官来探索世界，并处理它们收集的数据。布鲁克斯制造了数不胜数的机器人，在麻省理工学院的人工智能实验室担任了 10 年主任，他还与其他人共同创立了机器人公司 iRobot。他大力支持女性在机器人领域的发展，他的许多学生后来都成为机器人领域的传奇人物，包括 iRobot 联合创始人海伦·格雷纳（Helen Greiner）、谷歌 X 联合创始人松冈容子和麻省理工学院的教授辛西娅·布雷齐尔（Cynthia Breazeal）。

布鲁克斯绝不是那种"技术恐惧症患者"，他认为机器人技术大有裨益。为了证明这一点，他倾注了大量的时间和精力。然而，他对一个固有的观点进行了反复多次的批判，即因为机器人擅长做一件事，它就足够聪明地可以去做其他的事情。他也接受过赋予机器人足够的操作能力去完成一项任务的挑战。

正如马斯克从惨痛教训中学到的那样，我们往往低估了大多数流程自动化的难度。布鲁克斯提出，机器人能做的事情是非常有限的。人们认为这种情况将很快发生扭转的想法，只是基于信仰而非科学。

**布鲁克斯认为，机器人还远不能取代人类，但可以成为人类卓有成效的合作者。**因此他创立了一家名为 Rethink Robotics 的公司，制造能与人类并肩工作的机器人。这家公司并没有存活下来，但协作型机器人幸存了下来。

如今，各种公司和研究小组正在开发在工厂这样的工业环境中工作的机器人，它们足够安全，可以与人类工人互动，因为这种互动才是真正的未来。显而易见的是，机器人还没能达到取代人类工人的目标，但这是不是理想的目标也是值得怀疑的。在大多数情况下，机器人与人类一起工作时效果会更好。在定义明确的空间里，比如有着成排庄稼的土地上，机器人能够承担更多的工作。在其他领域，比如在旧金山送汉堡包，机器人需要大量的人力来应对意外情况。我们不应该把这些限制视为机器人代替人类工作道路上的一个棘手的阶段，而是应该停下来问一问自己，为什么我们要试图让机器人重新获得人类的技能？为什么我们要试图复制自己已经拥有的东西？

更有成效的途径是探索我们还能想出什么办法。机器人真正的亮点不是取代送比萨饼的大学生。当它们的工作方式和功能能够帮助我们完成自己做得不好甚至是根本做不了的事情时，机器人才体现出其强大之处。正是在这一点上，动物为研究人类与机器人的关系提供了一个更好的框架。**当我们看到机器人可以像动物一般弥补人类的能力时，人类与机器人的协同才是真正切合实际的理想状态。**

纵观历史，我们利用动物的技能实现了多种目的。我们将动物用于运输、探索、间谍活动、通信，甚至用作武器装备。随着我们使用动物从事越来越广泛的工作，我们就利用了各种各样的力量、速度、身体形态和感官来补充自己的能力。按照同样的思路，机器人及其独特的能力可以为我们打开更多的大门，其中最重要的一扇门是使我们形成合力，将我们各自的才能联合在一起。

# 人与动物的早期伙伴关系

历史上第一种被驯化的动物是狗。狗是狼的后代，是为实现我们的目标而成为合作伙伴的第一批动物。早期，它们帮助人类狩猎、拉雪橇，也被当作食物的来源，最终成为我们的伙伴。同样，猫最初被驯化为猎手，帮助我们捕捉偷窃食物的啮齿动物。罗马军队在行军途中会带着猫来守卫粮食。[17]

今天，很多猫都在玩 7 美元的橡胶老鼠玩具，而不是努力消除家里的有害动物。我将在第 5 章更详细地讨论狗和猫。虽然狗是第一种被驯化的动物，但可以说它们并非最具影响力的动物驯化类型。找到狗和猫作为狩猎伙伴对我们很有帮助，然而从根本上改变动物存在的意义、展现它们变革性力量的事件是在它们具备了农业耕作和运输的功能之后，这也改变了我们的世界观和社会结构。

## THE NEW BREED
### 新物种的未来

## 各种非人类物种的驯化历程

可以说，世界上最重要的驯养动物是牛，它是一种可以犁地、负重、干粗活的动物。牛是野牛的后代，野牛的肩高约 1.83 米 [18]，其坦克般的身体和巨大的牛角形象出现在 200 万年前欧洲、亚洲和北非的洞穴艺术中。现代驯养的公牛改变了美索不达米亚人的"游戏规则"。[19] 在公元前 3 000 多年或公元前 4 000 多年，驯化的牛取代了早期农民用来耕地的锄头和棍棒，也减轻了对汗水和劳力的依赖（见图 1-5）。另外，计量单位"英亩"的来源就是：一头牛在一天内可以耕种的土地面积。

图 1-5 （约公元前 1 200 年）古埃及人用牛犁地耕种

　　这种事件在世界各地反复上演，从美洲驼到驯鹿，它们拖着我们的装备，把我们从一个地方运送到另一个地方。在蜜月期间，我和丈夫格雷格驱车穿过澳大利亚中部，从南到北，沿着最初的"甘号"铁路（Ghan Railway）[①]行驶。澳大利亚广袤无垠的沙漠令人印象深刻。我们不得不在越野车里装上几加仑的水和几罐汽油，以确保我们能到达下一个补给站。补给站是一些小站点，卡车司机在那里给油箱加满油，然后吃一个汉堡或烤面包（一种烤奶酪，在这种条件下，汉堡和面包都是用肉做馅的，因为那里几乎没有蔬菜）。长路迢迢、漫无边际，如果得

---

① "甘号"铁路是世界上最长的南北走向铁道线路。1840 年，澳大利亚为了开发内陆，聘请阿富汗人，由他们带着骆驼协助当时的移民进行内陆拓垦、开发及运输等工作。而阿富汗人利用绳子将骆驼串成一列队伍，这个队伍被称为"骆驼火车"（The Camel Train）。为了纪念这些阿富汗人及骆驼队伍，铁路以"Ghan"命名。——译者注

不到非人类物种的帮助，人们永远不可能穿越这个国家，更不用说在1878 年修建一条铁路了。

"甘号"铁路最初被称为"阿富汗快车"（Afghan Express），是以19 世纪首次穿越澳大利亚中部的阿富汗骆驼车夫命名的。与我小时候学到的知识不同，骆驼的驼峰并不储存水，至少不会直接储存。它们的驼峰储存脂肪组织，脂肪组织在代谢时产生水。这使得它们可以连续10 天不饮水，即使在炎热的沙漠中也是如此。

骆驼很结实，足以在使其他动物毙命的温度升降波动中生存。它们宽大的脚趾（蹄子的一部分）非常适合在沙地上行走。一旦我们驯化了这种极具适应性的驼峰类动物，我们就可以把整个大陆连接在一起，从非洲到亚洲，再到欧洲。[20]

各种各样具有特殊能力的动物可供人类选择，我们因此受益匪浅。驴因秉性执拗而臭名远扬，但它们有着极强的韧性，所以曾一直陪伴东地中海的商人和旅行者、在希腊为建筑工地搬运货物，并被罗马人作为劳力和役畜而大规模饲养。[21]

当然，还有马，它们比其他的驮运动物要迅疾得多，使我们能够在平地上走得更远。在蒸汽驱动的交通工具出现之前（更不用说半自动驾驶汽车），我们就已经把马匹拴在车厢上，以截然不同的方式开始环游世界了（见图 1-6）。

与澳大利亚运送矿石的远程采矿卡车一样，人类与动物组成的团队为更有效地运输提供了条件。

事实上，在机器人采矿之前，我们使用矿坑矮种马（真正的矮种马，但矿山也有其他小而结实的驮运动物）作为最初的自动运输矿石的工具。矿坑矮种马就这样拉着一车又一车的材料在矿区内穿梭，一直到1999 年。[22]

**图 1-6　斑马拉车**

注：1895 年，莱昂内尔·沃尔特·罗斯柴尔德（Lionel Walter Rothschild）在伦敦驾驶斑马车。斑马好斗，难以驯服。

除了这些在农业和运输方面的早期合作伙伴关系，从古至今，我们在天空、海洋和排水沟中利用动物为我们做事的方式不胜枚举。而且，正如以下例子显示的那样，这些用途中许多都与当前和未来的机器人应用有着相似之处。（如果你已经被说服了，并且对这一大堆动物和机器人的故事不感兴趣，请你跳到第 2 章，但请留意，你将错过杀手海豚的精彩故事。）

## 最初的自主武器

就像机器人一样，我们经常利用动物从事危险的工作，从医学测试到太空探索。1957 年，苏联将小狗莱卡[①]送上了斯普特尼克 2 号火箭。生物进

———————

① 流浪狗"莱卡"是第一个登上太空的地球生物。——译者注

入太空会如何，人们想一探究竟。在小狗莱卡之前，美国曾于 1947 年将果蝇送到太空，并于 1948 年发射了一枚载有一只名为阿尔伯特的恒河猴的火箭。只有果蝇在人类的冒险中得以幸存。从那时起，无数动物被送入太空。说到危险的工作，我们不仅把动物送到地球轨道，也曾把它们充当我们的武器，某些时候，这与我们在战争中使用机器人技术的方式极为相似。[23]

政治学家、21 世纪战争专家 P. W. 辛格（P. W. Singer）在《机器人战争》（*Wired for War*）一书中详细介绍了我们的技术进步，从地雷、遥控拖拉机和携带数吨炸药的船只，到可以用目标识别软件引导自己的巡航导弹等智能炸弹。[24] 我们已经使用能够发现并摧毁来袭火箭或火炮的枪支，并正在开发远程遥控的地面机器人，这种机器人可以携带一挺机枪和 4 个榴弹发射器，并帮助指导人类操作员瞄准目标。[25] 今天，一些专家对在战争中使用自主或半自主武器感到担忧，这是有充分理由的。但早在我们拥有这些由电线和金属制成的半自主武器之前，我们就使用过由毛皮、羽毛和骨头制成的自主武器。

## THE NEW BREED
## 新物种的未来

### 战争中的"动物武器"

公元前 270 年左右，当古希腊的麦加拉人遭到印度战象的攻击时，他们放出"火猪"来吓退这些巨大但胆小的灰色野兽。根据历史学家阿德里安娜·梅耶（Adrienne Mayor）的说法，在战争中使用动物作为"动物武器"是有风险的，因为它们的行为既不可预测又无法控制。[26]

但是，这并没有阻止古代军队利用动物作为武器，从狂奔的牛和大象，到蜜蜂和蝎子炸弹。

在古代，狗被训练成战士，在战斗中攻击敌人和马匹。古罗马人甚至给他们的战犬配备了盔甲和尖刺。在第一次世界大战中，有些国家配备有警犬团，美国军方唯一使用的狗的品种是阿拉斯加州的哈士奇犬。这种情况在第二次世界大战中有所改变，当时美国开始更广泛地使用犬兵。[27]美国的犬兵最初主要用于守卫国内的设施，后来一个名为"国防犬"（Dogs for Defense）的民间组织号召人们为战争捐献自家的宠物狗，于是 1.9 万只幼犬新兵被招募入伍，军方开始训练它们完成狩猎、守卫和嗅探等任务，并正式启动了"卫国战犬计划"（War Dog Program），如图 1-7 所示。

图 1-7　第二次世界大战期间的美国海岸警卫犬

　　狗甚至被用作活体炸弹，其效果好坏参半。解密文件显示，美国军方在第二次世界大战中曾将炸药绑在狗身上。还有国家在 20 世纪 30 年代将狗用作炸弹，目的是训练它们去执行自杀任务。不幸的是，这些人犯了一个错误，他们让狗在本国的坦克上接受训练，这意味着在关键时刻，一些狗会"尽职尽责"地消灭自己的坦克，而不是去消灭真正的目标——他国的坦克。由于无法在真实的战斗条件下训练，一些狗会受到突然的枪炮声的惊吓，带着炸药飞快地跑回训练员身边。[28]

　　上述案例表明，自主武器并非什么新鲜事物，也说明谨慎行事是很有必要的，因为很难预测每一种可能性带来的结果。动物和机器人可以代替人类飞行、游泳和潜行，但它们不可预知的行为意味着使用它们并非易事。20 世纪 60 年代，美国中央情报局曾试图让猫充当克里姆林宫和苏联大使馆的间谍，甚至将麦克风和无线电发射器植入猫的体内，但显然这些猫太容易分心（或者说它们根本不在意），因此无法成功执行特工任务。猫科动物的失败并没有阻止人类继续进行自主动物武器的实验，试图制造"蝙蝠火药"是另一个失败的例子。[29]

　　第二次世界大战（以下简称"二战"）期间，在自动制导导弹发明之前，美国陆军开始测试可容纳 1 000 只蝙蝠的炸弹外壳。他们的想法是在每只蝙蝠上绑上燃烧装置，然后在日本的城市上空释放"蝙蝠火药"，它们会飞来飞去，落在木制屋顶和建筑物上，用难以计数的凶猛火力将基础设施烧成灰烬。1943 年，在花费了 200 多万美元并测试了 6 000 只蝙蝠之后，蝙蝠只点燃了很少的目标，而美军自己的机场修理库就是其中之一。于是这项计划很快就被摒弃了。[30]

　　另一个被摒弃的"二战"自主武器系统是"鸽子计划"。著名心理学家 B. F. 斯金纳游说美国国防研究委员会拨款 2.5 万美元，让他来测试鸽子驱动的导弹系统。斯金纳的计划包含四个步骤：第一步，训练鸽子识别并啄食空中的目标图像；第二步，将鸽子面朝下绑在一个装有特殊透镜的炸弹里，透镜在鸽子的嘴边投射出外面的图像；第三步，在每块透镜的底部安装方向传感器，并将其与炸弹的弹翼相连；第四步，炸弹落下，当目标图像进入视野范围时，鸽子就会啄食透镜，炸弹的弹翼就会稳定地引导炸弹朝啄食的方向飞去。为了减少失误，每枚炸弹的内部可容纳 3 只训练有素的鸽子。斯金纳首次展示该系统时，军事研究人员对此褒贬不一，该计划最终被取消。不久之后，一个研究小组开发出"蝙蝠炸弹"，这一次动物只是作为灵感的来源。研究小组配备了回声定位导弹，它成为第一枚用于战争的自主制导炸弹。虽然技术的特点在许多方面与动物的特征大相径庭，但在我们如何使用它们作为人类能力的延伸（无论好坏）方面，技术与动物有着鲜明的相似之处。[31]

## 最初的无人机

无人机，准确来说，应该被称为无人驾驶飞行器，最初是为发现和监视目标而开发的，它可以捕捉更大范围的航空图像，在战争中被用于发射导弹。但时至今日，用于娱乐、商业和研究的无人机数量远远超过了军用无人机，它能够帮助我们进行探索，发现、收集数据，检查基础设施以及运输配送物品。

无人机拥有"空中之眼"以及空中运送物体的能力，对人类来说大有作用。澳大利亚伦诺克斯海德的救生员有次接受培训时学习如何操作一种名为"小开膛手"的新型无人机，这时他们接到一个求救电话，说有两名游泳者在浅水处遭遇近 3 米高的巨浪，正在苦苦挣扎。试驾无人机的救生员采取了行动：他用"小开膛手"找到了落水者，并将救援漂浮装置投入水中。落水者得救了，而且获救速度比救生员亲自去施救的速度还要快。[32]

电商巨头亚马逊公司宣布对无人机产品配送进行巨额投资，承诺未来在 30 分钟内将包裹配送至消费者手中。[33] 这一投资声明遭到了我的一些同事的嘲笑。他们想象出的情景包括，无人机试图通过导航降落在城市，或是被电线缠住，或是被步枪射落，或是被狗追赶，当无人机发生故障并从空中坠落时，还会伤及他人。但通过无人机配送货物的项目并非不可能落地；尽管这种设想目前还无法在纽约市实现，然而，对那些偏远地区和难以前往的地区，在需要紧急救援物资时，无人机便成为有用的工具。

## THE NEW BREED
## 新物种的未来

## 用鸽子传递信息

我们利用鸽子高空观察事物和在空中运送物品的能力也有着悠久的历史。1907 年，一位名叫朱利叶斯·诺布朗纳（Julius Neubronner）的德国药剂师用鸽子送药，就像我们今天开始用无人机一样。在试验了各种方式后，诺布朗纳还发明了一种由鸽子操作的照相机，可以在鸽子飞行时拍照 [34]（见图 1-8）。在我们梦想着能够在互联网上订购一架四轴无人机来满足我们的航拍爱好之前，美国中央情报局就开始在鸽子身上安装间谍摄像头了。而在此之前，鸽子被广泛用于另一个目的：传递信息。

早在公元前 6 世纪，波斯人（今伊朗人）和埃及人就用鸽子来报信 [35]，直到近代，鸽子一直在人类通信中担任这一角色。[36] 在收音机发明之前，信鸽是用来传递新闻、竞技结果和其他消息的，它们甚至被邮政服务正式征用。

1870 至 1871 年的普法战争中，巴黎被攻占，由于所有的通信线路被切断，法国制订了一项应急计划，使用鸽子邮递系统将城外的信息带进城里。（飞鸽传信有一个问题，那就是鸽子只能朝一个方向飞，巴黎民众不得不用热气球把鸽子送出城外。）[37] 普鲁士人的对策则是采用老鹰来捕捉鸽子，但由于信息是多份发送的，普鲁士人没法拦截所有的飞鸽传信。

图 1-8　最初的航拍无人机（1909 年）

资料来源：JULIUS NEUBRONNER, 1852—1932.

　　鸽子并不是唯一一种在人们受围困时协助运输的鸟类。20 世纪 30 年代的西班牙内战期间，科尔特斯上尉的卫兵队困在圣玛丽亚·德拉·卡贝萨（Santa María de la Cabeza）修道院，急需物资补给。西班牙国民军飞行员将活火鸡作为"降落伞"从飞机上扔下。火鸡通过拍打翅膀减缓它们的急速下降，直到到达地面（它们自己也成为运送的一部分食物），最终物资被送入修道院。[38]

　　效仿普鲁士人在巴黎围攻战中的做法，一些国家试图训练猎鹰来对付战时的信鸽。[39] 中国人给信鸽戴上铃铛，以此吓跑猛禽。[40] 今天，使用鸟类仍然是诱人的选择，法国空军和荷兰警察部队正在试验训练鹰和其他猛禽来追捕和消灭小型无人机。[41]

　　空中运输与其说是一项新的发明，不如说一直是历史的重要组成部分。第一次世界大战期间，有数十万只鸽子传递信息。第二次世界大战期间，英国军队制订了一个名为"哥伦布行动"的计划，向德军占领区空投成箱的信鸽。他们的想法是，平民抵抗组织的成员可以通过信鸽把情报信息传递回来。[42] 德国人对此的回应是空投自己的鸽子，并假装这些鸽子来自英国，借此询问当地盟军的姓名。在这场信鸽战后不久，鸽子在诺曼底登陆行动中发挥了至关重要的作用，它们向盟军传递了有关行动进展的信息。[43]

## 最初的身体扩展

　　动物和机器人的优势之一是，它们有不同的尺寸、形状和呈现状态，让我们可以扩展自己的物理化身。与动物一样，机器人可以帮助我们到达靠自己的力量无法到达的地方，比如天空、火星表面、核辐射或地震灾区，以及对人类来说太汹涌的海域。把动物作为我们自身的延伸，不仅在人类无法独自前往的地方很有帮助，而且在因我们体型受限而无法进入的地方也很有用，比如下水道、排水沟和管道等狭小的空间。我们利用动物如雪貂来完成我们做不到的事情。从古至今，在一些地方，人们把这种纤细、好奇的动物放入兔子洞里来吓唬兔子。[44, 45]

　　在英国，如果能有一群雪貂，那简直可以称为有一项"生意"了，它们可以帮助人类找到地下管道的破损处，并将电缆穿过地表以下几米的完好管道中。20 世纪 70 年代，位于美国伊利诺伊州巴达维亚的"国家加速器实验室"（现在的费米实验室）的物理学家，派一只名叫费利西娅的小雪貂在价值 2.5 亿美元的粒子加速器周围窜来窜去，清理仪器上狭窄且近乎无穷无尽的真空管缝隙。[46]

费利西娅和其他工作的雪貂最终被机器取代，这种机器是由工程师汉斯·考茨基（Hans Kautzky）设计的"磁性雪貂"。新的机器人技术可以让我们创建模块，甚至是创造柔软的身体，如同雪貂、蛇或其他完全迥异的形态。一些机器人能够协助我们检查、清洁甚至是修理管道和下水道，这对在狭小的空间进行作业，以及针对人们不能轻易拆卸检查的系统都特别有帮助。[47]

在医疗领域，机器人直接助力外科手术大夫，帮助他们以更小的侵入性手术做更精准的治疗。如今，远程呈现机器人可以让医生分身，同时出现在两个地方，从而使远程专家诊断成为可能。就像导盲犬（或迷你马）可以帮助视力有障碍的人一样，治疗和康复机器人可以协助人类进行锻炼或从事其他体力活动，如步行和搬运，而可穿戴式机器人或假肢等身体增强配置则可以帮助人们运动。

尽管人们一直认为，典型的机器人看起来如人形一般，但我们实际上正在创造可以游泳、在空中飞行、翻墙、爬行、滑行或在地面上驾驶的机器人，这为我们提供了可以在这个巨大的星球上创造奇迹或作战的工具。机器人的用途并不限于它们的物理形态。和动物一样，机器人也能够以与人类全然不同的方式感知周围的世界，并且对人类的工作方式予以补充。

## 最初的感官设备

许多动物都拥有超强的嗅觉。"松露猪"为我们寻找美味的蘑菇，猫或雪貂可以帮助海军防治鼠害，狗会对机场旅客行李中的毒品、炸弹甚至电子设备发出警报。[48] 这是因为即使隔着很远的距离，狗也可以探测和区分微弱的气味。我们训练它们寻找自己找不到的东西，包括寻人。圣伯纳犬最初被驯化为农场犬，后来又被瑞士阿尔卑斯山的僧侣训练用来寻找迷路的旅行者，尤其是那些被雪崩困住的人。[49]

数千年来，狗一直守护着人类，提醒我们注意不受欢迎的入侵者，有时会提醒我们迎接受欢迎的入侵者，比如邮递员；狗被列入长长的生物哨兵名单，这份名单还包括鹅和一些海洋中的哺乳动物。[50] 像狗、猫和猎鹰这样的捕食性物种极大地扩展了人类在定位、捕捉和取回猎物方面的能力。在蒙古西北部，一些游牧的哈萨克人数百年来都有着捕捉和训练金雕的习惯，以帮助他们在阿尔泰山区猎杀赤狐和野狼（见图 1-9）。[51]

图 1-9　猎鹰人

资料来源：MARK ROBINSON, CC-BY 2.0

我们使用动物进行搜索和发现的历史和当前的实践，与一些机器人的理想使用案例相似。例如，机器人最近在帮助我们寻找炸弹方面取得了一些成就。我们也一直在通过训练狗来达成这类军事行动，从在北非寻找陷阱绊线和地雷，到在越南探索隧道，再到在伊拉克和阿富汗探测爆炸物，等等。在某些地区，我们已证明巨型探雷鼠在帮助我们定位和清除地雷方面比狗更有效。它们比狗更容易训练和控制，而且自身重量非常轻，不会自己触发地雷。在莫桑比克，巨型探雷鼠被投放到地雷区，它们在那里仔细地嗅探着周围的爆炸物，并提醒人类排雷者。巨型探雷鼠与金属探测器不同的是，金属探测器会对每一块随机埋藏的废旧金属进行探测，而巨型探雷鼠则通过受训探测某些气味，使用起来比金属探测器更有效、精准。[52]

我们还利用蜜蜂、大象[53]，甚至戴有专门装备的蚱蜢来探测爆炸物[54]，同时我们利用动物独特的敏感性，以各种方式来保护我们的安全，就像使用机器一样。位于捷克的南波西米亚一家名为普罗蒂温（Protivin）的啤酒厂为了保证水质，将水源泵装入有小龙虾的水箱里。通过监测动物的运动和心跳，他们可以在酿造啤酒之前发现水纯度的变化。[55]

当然，利用哨兵物种来警告我们存在无形危险的最具代表性的例子是煤矿里的金丝雀。[56]与人类和大多数其他动物相比，金丝雀对一氧化碳更敏感，因为它们要吸入大量的氧气，为它们微小的能够飞行的身体提供动力。20世纪初，英国生理学家约翰·斯科特·霍尔丹（John Scott Haldane）提出，这种小鸟可以在矿井中发挥作用，他的想法很快就被践行。几十年来，矿工们带着金丝雀测试是否有危险烟雾存在，直到20世纪80年代，"羽毛探测器"才逐渐被电子传感器取代（见图1-10）。

**图 1-10　　一只用于探测矿井中一氧化碳气体浓度的金丝雀（1928 年）**

资料来源：GEORGE S. MCCAA, US BUREAU OF MINES, CALL NUMBER TICL-00203.

　　动物的表现仍然经常优于机器人，但前者也确实有一些缺点。在 1990 年开始的海湾战争到 21 世纪初，美国海军陆战队制订了"科威特战地小鸡行动"（KFC）计划，该计划旨在将大批的鸡用卡车运到战场，它们将成为化学气体的产蛋探测系统。[57] 不幸的是，KFC 行动并未成功实施。可以这么说，大多数鸡在死于可能的气体中毒之前，就死于其他不明原因了。

　　今天，我们正在创造可用于空中和地表探索工具的机器人，我们正在开发现代传感器、生物机电技术和可穿戴技术，以增强身体功能，就像长期以来利用动物的感官来扩展我们对周围世界的感知能力一样。这一连串使用动物的例子表明，我们可以而且应该倚重机器人的补充能力，而不是专注于人类任务自动化的理念。下面的一个例子直接说明这些非人类伙伴的相似之处。

## 最初的水下特工

位于南极洲的思韦茨冰川，也被称为末日冰川，它是世界上最难到达的地方之一，也是世界上融化速度最快的冰川之一。它的面积约为 19 万平方千米，大致相当于佛罗里达州或整个英国的面积。研究人员的一项至关重要的任务就是减缓冰川自身冰块进入海洋的速度。末日冰川正处于崩解的边缘，一旦冰川破碎，就将导致全球海平面上升近 0.9 米，出现洪水、海岸线侵蚀和岛屿消失的现象，并威胁各地的沿海生物。为了预测这种情况什么时候会发生，科学家需要更近距离地观察冰川结构，包括接地线区域，即末日冰川海平面以下数百米冰架由岩石陆地支撑的区域。

2020 年，名为"冰鳍"（Icefin）的自主水下航行器使这项任务成为可能。自主水下航行器推动自己在水中前进，它携带摄像机和传感器，如声呐、磁力计和指南针，这些设备可以导航并绘制环境地图。来自美国和英国的研究人员在严酷的天气条件下奋战了两个月，才把这个黄色的鱼雷状机器人送入 800 多米深的冰层钻孔中。"冰鳍"自己又游行了 1 600 多米，直到它到达接地线区域。"冰鳍"绘制并测量了冰川底部的融化状况，研究人员首次看到气候变化对地球结构中这个重要地点的严重影响。[58]

"冰鳍"并不是唯一一个帮助采集南极洲冰川信息的机器人。[59] 研究人员还使用自主水下航行器找到了可能加速冰川融化的关键温水通道。随着与气候变化相关的危险迫在眉睫，人类需要得到一切帮助，而是否加强研究可能是一个生死攸关的问题。

自主水下航行器将越来越多地用来帮助科学研究、海底测绘、探测危险、探索船舶和飞机残骸、找回丢失的设备（如坠毁的马来西亚航空公司

370 航班上失踪的飞机黑匣子），以及其他各个政府、研究机构和工业企业的新尝试。[60] 自主水下航行器的用途之一是拯救地球，但它们的使用也会破坏生态环境：环保主义者利用自主水下航行器研究从漂白的珊瑚礁到海面下数千米的海洋海绵生态系统等诸多方面。令他们颇感沮丧的是，自主水下航行器也被用于开采海洋中的稀土金属，而这些原料则用在我们的手机里。[61]

正如我的一位麻省理工学院的同事喜欢说的那样，搜索和救援、搜索和破坏之间只有一线之隔。俄罗斯的瑞金公司（Region）已经开发出一种军用自主水下航行器，他们声称，这种自主水下航行器可以配备特殊的手枪，能够引爆水雷。[62] 自主水下航行器的军事应用历史可以追溯到 20 世纪 70 年代。[63] 这项技术的开发花费了一段时间，这种水下自主航行器可被用来帮助寻找和清除埋在海底的地雷。[64] 在我们对这些新兴技术的赞美和担忧中，值得一提的是，海洋水雷探测根本不是一项新工作，俄罗斯在自主水下航行器上安装武器的想法也不是什么创新之举。

海豚用绑在身上的鱼叉攻击敌方潜水员，这听起来像是"007 系列"电影里的情节，美国和苏联海军都在 20 世纪 60 年代就开始进行秘密的海洋哺乳动物训练计划。尽管英国在第一次世界大战中的尝试并不成功——实践证明，他们训练的海狮比德国潜艇更擅长跟踪鱼类——但世界各国的军队都开始用水生动物进行试验。美国海军测试了各种各样的海洋生物，从海龟、海鸟到鲨鱼，最终选择了宽吻海豚和加利福尼亚州海狮。[65] 这项投资得到了回报：这些动物的身体能力、感官和智力对于各种操作而言都非常适合。无论是把这些动物当作机器人使用，还是让它们与真正的机器人建立关系，都有精彩的历史记载。

美国海军在加利福尼亚州圣选戈建立了一个海洋哺乳动物训练中心。苏联同样对利用动物增强海军实力兴致盎然，他们在塞瓦斯托波尔开设了一个项目，并开始重金投资海豚。与英国海军一样，他们最初也努力让这些动物参与合作，结果发现连维持它们的生命都不容易。根据美国中央情报局1976 年的一份解密报告，苏联缺乏必要的专业知识来训练这些动物，甚至没有妥善照顾这些动物的知识。[66] 不过当他们与马戏团的驯兽师开始合作，事情就发生了转变。20 世纪 80 年代，苏联误发了一枚鱼雷导弹，该枚导弹是反潜艇系统的一部分。人类潜水员无法在黑暗的海底中找到这枚导弹，而一旦他们让海豚帮助搜索，鱼雷就在创纪录的时间内被找了回来。[67] 这只水下哺乳动物甚至能把缆绳系在沉没的导弹上。

海豚足够聪明，能够理解人类的手势和眼神儿，很容易进行训练。它们还使用一种非常精准的回声定位方法，可以从大约 15 米远的地方分辨出BB 弹枪的子弹和玉米粒的区别（见图 1-11）。[68] 海狮则具有非凡的听觉，它们可以在黑暗、浑浊的水域看到物体和人。人们很快证明，海豚和海狮不仅能探测地雷、发现丢失的设备，而且还能辨认出敌方游泳者。

接下来事情开始变得异常接近 1973 年的科幻电影《海豚之日》（*The Day of the Dolphin*）中的情节，这部电影讲述了海豚受训后把水雷接到总统的游艇上刺杀总统的故事。几十年后，一位海豚训练师甚至向 BBC 透露，海豚可以用绑在头上的鱼叉攻击外国潜水员。[69] 到 20 世纪 90 年代初，这些项目进入颓势。

我们很容易认为，随着声呐技术越来越高超，对军用海洋哺乳动物的需求也会减少。海洋哺乳动物在海底搜寻东西的能力远远超过人类，要是它们与机器人相比呢？ 2012 年，美国海军宣布，他们正在逐步缩减海洋哺乳动物项目，目标是在 2017 年之前逐步采用机器人。[70] 尽管投资超过 9 000 万美元，但机器人仍然没能取代这些动物。该项目的网站显示："海豚天生拥有科学上已知的最复杂的声呐……也许有朝一日，我们有可能用水下无人机来完成这些任务，但就目前而言，技术还无法与动物匹敌。"[71]

**图 1-11　一只名叫 K-Dog 的美国海军海豚**

注：2003 年，这只海豚戴着定位脉冲发射器，接受扫雷训练。

2012 年，乌克兰海军重新启动了该项目，美国的军事海洋动物训练项目也在强力推进。在美国的项目中，大约有 70 只海豚和 30 只海狮参与训练。在海湾战争和 2003 年美国入侵伊拉克期间，它们在波斯湾海域找到过水雷，并且仍在接受训练，以回收物品、防范未经授权的入侵者，甚至帮助从失事飞机中找回物品。[72] 在许多情况下，它们与现代的自主水下航行器从事着同样的工作，甚至是并肩作战。

# 动物没有取代人类，而是成了强大的工具

动物已经并将继续为人类提供的服务数不胜数。你可以租用山羊来修剪草坪，或者用亚洲鲤鱼清理水产养殖池塘（亚洲鲤鱼对美洲来说是一种入侵物种，所以请根据你所在的地区做决策，最好不要在家里尝试）。多年来，狗和马一直在帮助我们放羊；1906 年，一位有抱负的企业家在华盛顿特区训练浣熊打扫烟囱[73]；在我所在的麻省理工学院媒体实验室办公楼的入口大厅里，研究人员与 6 500 只蚕合作，搭建了一个丝绸展馆，延续了大约始于公元前 3000 年中国人的养蚕传统[74]；在古埃及，狗被用于医疗[75]；而直到今天我们仍然在用水蛭从病人身上抽取血液。[76]

**动物并没有取代人类，而是成为一种强大的工具，使我们能够以不同的方式工作**，无论是拉犁耕地、进入太空，还是确保我们的啤酒足够新鲜美味。事实上，**动物在工作中发挥了巨大的作用，它们与工作流程的结合，促进了人类文化、经济和社会整体的根本性变化。**

绵羊和山羊等牲畜的驯化意味着一种不同类型文明的发源，人类从狩猎—采集者转变为农民。[77] 这些动物本身经过驯化，与野生动物不同，它们生活在受保护的空间中，由人类喂养和照顾，它们对我们也产生了同样大的影响：动物需要管理和喂养，管理和喂养成群的羊就意味着人们必须在一个地方安顿、定居下来；投资驯养动物也意味着建立所有权，这些动物不是任何人都可以自由猎取的，它们成了人们的财产。这种做法引入了新的权力概

念，有牛的人和没有牛的人之间产生了财富差距，使得某些文化比其他文化更受青睐。

引入动物和农田所有权是一个深刻的变化，这最终导致了继承和婚姻等社会概念。但与此同时，土地所有权也有助于防止我们过度放牧，这意味着土地本身的结构和耕作方式也会随之发生改变。现在，我们的土地是划分成块的，大部分的土地和其上的建造物都用来支持农业。[78] 正如我将在第 2 章中谈到的那样，随着新物种——机器人的出现，我们将看到更多的转变。

在现代交通工具出现之前，动物通过连接庞大的地理区域，使早期的全球化成为可能。在骆驼帮助人们穿越沙漠之前，比如在澳大利亚，驴等其他驮运动物是世界许多地方的主要交通工具。根据《亲密关系》(The Intimate Bond) 一书的作者布莱恩·费根 (Brian Fagan) 的说法，驴一直是人类历史上最大的（也是被低估的）变革催化剂之一。[79] 在埃及，它们在商队中艰难前行，是贸易和外交的工具，把人、货物、宝石和文化带到整个北非和撒哈拉沙漠地区，甚至进入遥远的新空间。

动物不仅把地点连接起来，它们也改变了这些地方，至今影响着西方城市的建筑。例如，在 19 世纪与 20 世纪之交，伦敦需要容纳数十万拉车的马匹，几十年来，伦敦人一直在抱怨马匹交通的弊端，人们经常被马车碾过，但马匹还是伦敦私人和商业生活的基本组成部分。17 世纪末，马匹运送人员和货物，拉动垃圾车，并帮助抽水。在伦敦这样的城市，马匹的使用不仅改变了城墙内的建筑和交通，也改变了城墙外的交通。所有动物都需要以某种方式来喂养。因此，在伦敦以外的地方，整个景观都改变了，以便优化牧场、生产干草。[80]

　　动物带来的许多变化仍然留存于我们今天的建筑、景观和体制中。想想看，当格雷格和我在澳大利亚公路旅行结婚时，我们坚持的婚姻这一项传统，虽然意义已经改变，但可以一直追溯到绵羊和山羊成为财产的时候，这么一想真是太疯狂了。牲畜创造了新的经济力量和文化影响力，牛帮助我们务农，运输动物使文化和商业全球化得以实现，将那些相隔甚远的地方连接起来，如果没有动物的帮助，我们将永远无法到达这些地方。可以肯定地说，无论是好是坏，我们对动物的使用已经极大地改变了世界。就像动物一样，机器人也将改变我们的世界。对于这种改变将如何发生，我们是拥有一些选择的。

# THE NEW BREED

# 第 2 章

## 将机器人视作像动物一样的新物种

人类一直认为自己比海豚更聪明，因为我们已经取得了如此多的成就：发明车轮、建造纽约、赢得战争等，而海豚所做的一切只是在水中嬉戏玩耍。但反过来说，海豚也一直认为它们比人类聪明得多，原因也正是如此。[1]

——道格拉斯·亚当斯（Douglas Adams）
《银河系漫游指南》
（*The Hitchhiker's Guide to the Galaxy*）

　　动物世界包含拥有各种各样才能的物种，其中许多动物的能力都超越了人类。然而，当谈到机器人和人工智能时，我们却关注着某些特殊的智能和技能，即我们自己所拥有的。

　　从人们能看出我怀孕的那一刻起，我就一遍又一遍地听到一句话："鉴于您对机器人的热爱，您一定觉得观察孩子的大脑发育过程非常有趣。"这句话是很好的开场白，我不但没有厌倦它，反而觉得人们一遍又一遍地做出这种善意的推断是很有意思的一件事。

　　当然，观察婴儿是如何认识世界的，这一点很吸引人。有了儿子之后，我坐在一张黄色扶手椅上，抱着他，观察他的一举一动。在目睹了他发现自己的手的那一刻，我震撼了，毫不夸张地说，这是我一生中印象最深刻的经历之一。但是，当我们将小孩与机器人进行比较时，我们有时会陷入对人工智能和人类智能之间相似性的错误假设。虽然它们可能存在相似之处，但我的孩子不会像机器人那样感知、行动或学习。

　　由于我们倾向于将机器人与我们自己进行比较，因此 2020 年在谷歌上搜索"人工智能"的图片时，大多数结果都是人类大脑和人形机器人的图片，这也就不足为奇了。**我们在思考人工智能时总是使用人类的大脑作为模型，**

**这样做的部分原因在于，从历史上看，最早的人工智能开发者的目标正是：再现人类的智能。**

今天，一些技术专家仍在追寻这个最初的目标：弄清楚人类是如何学习的，并试图在机器中再现这一过程。几十年来，我们的科幻和流行文化均根植于这样一种观点，即机器会像人类一样思考，或试图变得比人类更聪明。因此，我们倾向于将人工智能与人类智能进行比较，将机器人与人类进行比较，这不仅仅体现在有关机器人的图片库和机器人革命的科幻场景中，还体现在围绕机器人和工作的对话场景中。

自动化已经并将继续对劳动力市场产生巨大影响，那些在工厂和农场工作的人们已经感受到了冲击。毫无疑问，随着机器人技术的发展，我们将看到行业的颠覆，但在主流叙事中，我们过于倚重机器人是人类替代品的想法。

尽管人工智能先驱最初的目标是再现人类的智能，但目前的机器人却跟我们设想的有着本质上的不同。它们不是人类的低级版本，随着计算能力的增强，它们最终会迎头赶上人类；它们像动物一样，有着截然不同的智能。

与动物相比之所以如此重要，是因为它为我们提供了多种前进的路径。我们需要更深入地思考技术的未来，因为，与普遍的看法不同，技术通路不是一成不变的。我们设定的优先事项和我们对自动化做出的决定会对未来几代人产生显著影响。我们渴望未来，但又不希望成为"机器人会取代人类"的技术决定论的受害者，机器人可以成为我们的鞭策者。例如，我们的目标不应该设定成为生产最大数量的小部件而再现人类的智能，而应该利用这种技术来促进人类的繁荣。但要看清我们的选择，需要了解人工智能的前景和局限性。

# 不同种类的智能

1993 年，科幻小说作家弗诺·文奇（Vernor Vinge）发表了一篇题为《技术奇点即将来临》（*The Coming Technology Singularity*）的文章，他在文章中说道："未来 30 年间，我们将用技术手段创造超越人类的智能。"[2] 奇点，即人工智能超过人类智能（有时被称为超级智能）的临界点这个概念由此诞生。

从文奇做出最初的预测以来，奇点已经转变为未来主义者圈子里一个备受关注的话题。但在马斯克警告说机器人变得太聪明了的同时，我们也听到机器人吸尘器遇到狗屎并在工作时欢快地把狗屎撒在房子里的故事。[3] 机器人既是人类智能最大的威胁，同时又会在最微不足道的障碍面前跌倒。为什么会这样呢？

一个常见的答案是计算能力的指数级增长。1965 年，戈登·摩尔（Gordon Moore）预测，集成电路芯片晶体管的数量将每年翻一番，事实证明他是完全正确的。他的预测被称为"摩尔定律"。[4] 其修改后的版本为，芯片上的晶体管数量将每两年翻一番，以使计算机执行任务的效率呈指数级提高。专家一致认为，这一定律存在物理极限，但到目前为止，我们还没有达到这一极限。

我没有质疑摩尔定律背后的原理，但我的确认为我们应该质疑智能是否只是计算能力的问题，尤其是当我们构建的智能与我们自己的工作方式如此迥异之际。近期，人工智能的重大突破是处理海量数据的简单匹配算法的进步，而不是复杂算法的创新。例如，向计算机展示 10 万张玉米热狗的图片，它可以在以前从未见过的新图片中识别它们并配文说明。这适用于计算机视觉、语音识别和其他模式的识别任务，其结果是，机器能够做它们以前从未做过的事情，比如按大小、形状和颜色对农场的黄瓜进行分类。[5]这无疑是计算能力的飞跃，但对于超级智能来说未必如此。此外，这些系统有时会出现一些令人匪夷所思的情况。

人工智能研究员贾妮尔·沙恩（Janelle Shane）在博客"离奇的人工智能"（AI Weirdness）中收集了一些这样的小问题。例如，她介绍了德国图宾根大学的一项研究，该研究着眼于特定图像分类系统是如何识别鱼类的。具体来说，他们研究的是，当给它一张特定鱼类的图片时，图片的哪些部分对于系统判定鱼的种类尤为关键。答案实际上与鱼毫无关系。令研究人员惊讶的是，该系统向他们展示的鱼类图片中包含了人类的手指。[6]大多数可用的图片（因此也是系统所训练的内容）都是人们拿着鱼作为战利品的图片，因此系统认为识别鱼的最可靠的方法是识别鱼身四周的人类的手指。这个有着鱼腥味的场景表明，我们可以捉弄人工智能，而同样的方式却不会让人上当。在巴西坎皮纳斯大学的另一项研究中，研究人员佩德罗·塔巴科夫（Pedro Tabacof）和爱德华多·瓦尔（Eduardo Valle）拍摄了救护车、山峦、香蕉和小狐狸等事物的图片，并改变了图片中的某些像素。这些变化几乎无法迷惑我们，却骗过了人工智能网络，它将每张图片都标记为"牛肝菌"，而这是一种菌类。[7]

这并不是说人工智能不聪明。重要的是，我们要明白，它们的聪明之处与我们的截然不同。对我们来说，它们犯的这些错误之所以让我们感到惊讶，是因为它们不像人类那样感知世界。它们也不是故意的。戴夫·费鲁奇（Dave Ferrucci）是领导IBM团队开发超级计算机"沃森"的科学家。2011年，"沃森"登上了新闻头条，当时它在智力竞猜电视节目《危险边缘!》（Jeopardy!）中击败了人类成为冠军，并让思想领袖们再次陷入无休止的奇点讨论中。费鲁奇坚持认为人工智能存在局限性，他说：“当我们构建‘沃森’并试图模拟人类的认知时，我们有没有进行详细的讨论和规划？绝对没有。我们只是试图创造一个能在《危险边缘！》中获胜的机器而已。”[8]

　　心理学家和人工智能专家盖瑞·马库斯（Gary Marcus）[①] 也认为，“沃森”与人类的智能完全不同，甚至相去甚远。他说，人工智能领域还不知道如何创造出像人脑这样复杂、多维的系统，甚至不知道如何超越封闭的领域：在狭窄、定义明确的领域中的任务，其实通过分析一堆数据就能搞清楚。[9] 马库斯不是规则的遵循者。我第一次见到他是在一次会议上，会场设置了热狗推车，规定每人只能拿一个有机草饲牛肉热狗，而他毫不犹豫地违反了这项规定，我想吃几个他就给我拿几个。马库斯在纽约大学担任教授多年，研究儿童早期学习，后来创办了一家人工智能公司。他告诉我，蹒跚学步的幼儿生动地展示了人工智能的局限性。“我可以给孩子看一杯水，他们可以识别其他杯子的水，”他告诉我，“计算机为了识别新的一杯水，要去观察成千上万杯水，结果它仍然无法识别出新的那杯水，因为计算机不能理解概念。”

　　与最复杂的人工智能不同，人类智能也具有令人难以置信的通用性和适应性。卡内基梅隆大学著名计算机视觉专家金出武雄表示：“你认为易如反掌的事情，大多数时候对于机器人而言则难于登天。”[10] 或者就像贾妮尔·沙恩所说的那样：“人类可以在不知不觉中悄悄完成宏伟的任务”。[11]

　　我们能够轻松地处理多任务、切换语境和应对突发情况，这对于机器而

---

① 知名科学家、畅销书作家和企业家，纽约大学心理学及神经科学荣誉教授，著有《如何创造可信的 AI》《哪些神经科学新发现即将改变世界》。这两本著作中文简体字版已由湛庐引进，分别由浙江教育出版社和四川科学技术出版社出版。——编者注

言是无法想象的。正如计算机科学家马克·李（Mark Lee）指出的那样："尽管进行了 60 年研究和理论上的验证，通用人工智能还是没有取得任何值得一提的进展，这甚至可能成为一个不可能解决的问题。"[12] 计算能力似乎不能解决这个问题，我们甚至不知道该如何定义人类智能，更不用说在机器中去构建它了。

谈到机器人，它们还远没有发展出人类所拥有的那种智能或技能。一些不可预见的突破可能会推动我们克服所有剩下的障碍，重新创造出机器版本的、极其复杂的大脑和身体。但考虑到我们现在看到的它的发展轨迹，这种可能性远远小于另一种情况的可能性：它还需要许多细微的步骤，而且不一定会满足我们的期待。

借用计算机科学家吴恩达的话，担心人工超级智能接管人类世界就像担心火星上的人口过多一样。[13] 此外，正如科技企业家马切伊·塞格罗斯基（Maciej Cegłowski）指出的，还有一个动机问题：为什么"更聪明"的东西，不管它意味着什么，都会像许多人担心的那样，想要毁灭我们？"众所周知，智能达到人类水平可能是一种折中。也许任何明显比人类聪明的实体都会被生存的绝望所困扰，或者把所有的时间都花在佛陀般的沉思上，再或者，它可能会过度担忧超智能的风险，把所有时间花在写博客上。"[14]

塞格罗斯基还指出，智能是不可预测的，而且往往不会按照我们设定的目标发展。如果一只猫不想进猫笼，即使是世界上最聪明的人，也会在把猫放进笼子里这个简单任务面前遇到困难。1932 年，澳大利亚军方低估了动物的智力，与一个不太可能成为敌人的物种——鸸鹋，进行了一系列的战斗。[15] 在试图消灭鸟类横行所造成的公害时，澳大利亚人发现他们的机枪根本无法敌过动物聪明的游击战术。鸸鹋分成了小群，甚至还布下了岗哨，最终导致人类士兵输掉"鸸鹋战争"并投降。动物尽管"智力低下"，但它们拥有的技能却胜过人类。这是因为智能并不是单一的，不像运算处理能力的高低那样一目了然（见图 2-1）。

图 2-1　漫画一则

资料来源：xkcd.com.①

　　在某些方面，机器人已经比人类聪明得多。它们拥有丰富的记忆，可以进行巨量计算，并且可以焊接汽车零件或做外科手术，比任何人都要精确且不知疲倦。它们可以在国际象棋、围棋和《危险边缘！》等比赛中击败人类。但在其他许多方面，人类的能力超过了机器。2011 年，人们注意到，当他们告诉苹果手机的语音助手"Siri，叫救护车"，Siri 会回答说："好的，从现在开始我会叫你'救护车'。"[16]虽然像这样的错误最终被纠正了，但 Siri 仍然只是一个笨拙的对话者。（在第 4 章中，我将讨论聪明的设计师是如何创造出一种机器人理解力更强的错觉。）现实情况是，机器并不理解世界，

① xkcd 是漫画家兰道尔·门罗的网名，又是他所创作的漫画的名称。作者给作品的定义是：一部"关于浪漫、讽刺、数学和语言的网络漫画"。——译者注

或者更准确地说，它们对世界的理解与人类截然不同。

罗德尼·布鲁克斯有一句名言："仅仅因为大象不会下棋，就说它没有值得研究的智能，这是不公平的。"[17] 他还写了一篇题为《做一个机器人是什么感觉？》（*What Is It Like to Be a Robot?*）的文章，其中引用了动物的智能来说明有一些类型的智能，例如章鱼的智能，它是完全独立于哺乳动物的大脑进化而来的。[18] 同样，他认为，机器人看待和处理世界的方式也与人类不同。它们能够感知人类无法觉察的事物，对我们而言显而易见的事物它们也可以完全视而不见。与其说人工智能是人类智能道路上的一个步骤，不如说它可以并将完全是属于自己的。这意味着，正如我们过去对动物所做的那样，当我们双方合作的时候，我们的状态会达到最佳。

# 不是取代，而是替代和补充

人类被替代并不总是糟糕的结果。在无情的阳光下，卡塔尔的骆驼蓄势待发，准备奔跑。骆驼竞速赛是阿拉伯半岛几千年来的传统，也是卡塔尔最受欢迎的运动之一，这意味着数百万美元的赌注会押在一个备受青睐、骑在驼峰上、率先冲过终点线的选手身上。

几十年来，骆驼竞速赛一直被剥削的阴影所笼罩，因为骆驼主人都在寻找年龄最小、体重最轻的骑师。人权组织记录了贩卖儿童的团伙，这些团伙将年仅3岁的儿童送入骑师营，在那里，被虐待、饥饿和死亡成为他们日常生活的一部分。[19] 尽管有多项法规规定了成为骑师的最低年龄和体重要求，但违法行为依然存在，直到机器人接管了这项活动。

2005 年前后，卡塔尔取缔了人类骑师，并投资开发机器人骑师。[20] 如今，每个机器人骑师都配备了一条遥控鞭子，由坐在骆驼赛车旁的主人或训练师操作，此外还有一个安装在驼峰上的扬声器，以便与动物交流。虽然机器人骑师的出现并没有完全消除儿童骑师的现象，但通过直接取代人类骑师，它们已经对卡塔尔国内外的奴隶市场产生了相当大的影响。

几个世纪以来，机器已经取代了人类的各种活动，其中大部分是我们不希望自己从事的肮脏、枯燥、危险的工作。我们很高兴能派机器人去探索核废料场，处理炸弹，并在火星上收集数据。在印度，机器人正在取代下水道清洁工。贫困的工人潜入下水管道，手工铲掉粪便、清理垃圾，在这个过程中，他们每天都冒着死亡和罹患疾病的风险。[21] 在机器人接管的情况下，人们并不一定要"交出"赖以生存的工资。即使有了下水道清洁机器人，以前的人类"清道夫"仍然被雇用；现在，许多人不再铲除垃圾，而是拿着工资，通过设置和远程操控机器人穿过下水道，与旨在"替代"人类的机器人一起并肩工作。

今天，新闻头条充斥着机器人和人工智能的新进展，以及反乌托邦未来的警告，即大多数人的工作将被机器人取代。但到目前为止，科技并没有像许多人预测的那样导致大规模的失业。

关于自动化导致失业的担忧浪潮在历史上此起彼伏。"卢德分子"（Luddite），这个形容对新技术忧心忡忡的人的贬义词来自 19 世纪的一次起义，当时英国纺织工人通过烧毁作坊、破坏机器来反对自动化纺织生产。人们普遍认为，以内德·卢德（Ned Ludd）为首的这些纺织工人将自动化视为对他们工作的威胁。

当对纺织品的需求上升时，新的工作岗位就会涌现，而卢德分子则受到了嘲笑。在 20 世纪初，大约 40% 的美国人在务农，这个数字在一个世纪内骤然下降到只有 2%，[22] 但是在 20 世纪，工业制造业中新增的工作岗位足以弥补农业工作岗位的缺失。一旦这些岗位开始减少，服务业就会蓬勃发展，因为在配送、销售和管理领域出现了新的工作。

对自动化所谓的卢德分子式的恐惧一直伴随着我们，并且一次又一次地出现。20 世纪 60 年代，美国劳工部成立了一个特别委员会，调查机器是否正在侵吞美国的劳动力市场，但最终委员会发现没什么好担心的。[23] "基本事实是，**技术淘汰的是职业，而不是工作。**"委员会得出了这样的结论。

现代研究还表明，自动化并不一定会导致失业。德国机械设备制造业联合会机器人及自动化分会（VDMA Robotics + Automatic Association）2016 年的一项研究表明，汽车工厂机器人的增加实际上与人类工作岗位的增加相吻合。[24] 2019 年，世界银行的《世界发展报告》认为，**技术是更新换代的驱动因素，总体上也创造了更多的就业机会。**[25]

也就是说，经济学家和劳动力市场分析师对机器人和人工智能带来的新自动化的潜在影响存在着分歧。一些人认为，自动化提高了生产力，创造了更大的劳动力需求及更多的财富 [26]，而另一些人则认为，机器人和人工智能是一种新型的颠覆，它将以我们之前闻所未闻的方式取代人类。[27] 让这种讨论变得更加复杂的是，机器人并不是将工作自动化，而是将任务自动化，这意味着机器人在任务密集型行业更具破坏性。例如，如果你的工作，或者说你的大部分工作，是进行成行的播种，那么很可能一个自动播种系统就可以完成此项工作（而且可能已经在这么做了）。除非你能提供机器人系统所需的技术支持或监督，否则你需要找一份新的工作。但是，如果你的工作包含无法完全自动化的任务，那么你的技能可能会以新的方式与自动化相得益彰，甚至会刺激经济增长。当银行引入自动取款机时，单个地点的柜员数量减少了，但银行分支机构的数量激增，从而整体上增加了柜员的数量。[28] 这一转变也从根本上改变了银行柜员的意义：柜员不再只是处理现金业务的人，而是转向开始提供一系列新的服务。

即使我们有意尝试用机器人来实现人类任务的自动化，其影响也只限于某些行业和工作。这些行业和工作也受到机器人能力的限制。正如经济学家戴维·奥托尔（David Autor）指出的，现在的大多数工作"既需要劳动力，也需要资本；既需要大脑，也需要发达的肌肉；既需要创造力，也需要机械的重复；既需要熟练掌握技术，也需要直觉的判断；既需要日常的呼吸，也需要灵感的击中；既需要遵守规则，也需要明智地运用自由裁量权"。[29] 任何需要同时满足这些条件的工作都不容易被机器人取代，因为正如我们看到的，机器人有特定类型的技能组合，但只适合这些配对中的一端。

理想的情况是，将我们的某些日常任务委托给机器人会补足我们的比较优势，即让我们腾出手来，专注于需要运用多样智能和基本常识的领域。麻省理工学院航空学教授戴维·明德尔（David Mindell）在《智能机器的未来》（*Our Robots, Ourselves*）一书中，把机器将直接取代人类工作的想法称为 20 世纪版本的"铁马现象"，即认为火车将取代马匹，而在现实中，火车最终会做一些完全不同的事情。[30] 我们已经看到了这一现象的发生：机器人既接管了动物在过去所做的工作，也让我们有新的事情可做。但我主要想表达的是，与技术决定论相反，我们实际上可以在一定程度上控制机器人对劳动力市场的影响。与其推动广泛的任务自动化，不如重点关注工作方式的转变，以便充分发挥人类和机器人各自的优势。

事实上，这种情况已经在专利领域发生了。[31] 专利制度的一个主要问题是，为了确定一项申请是不是新发明，专利审查员在理想情况下可以从巨大的数据库中辨别出该申请是否为全新的。不过按照这样的要求，专利将永远不会获得批准。因此，审查员只能在合理的时间范围内进行尽可能多的研究，并做出最好的猜测。这导致冒名顶替者获得了专利，从而阻碍了经济发展。某些专利局希望通过人工智能来改变这种状况。例如，日本和美国的专利局都在探索建立新的系统，这些系统可以帮助审查员查找世界上现有的信息，并标记出他们可能会错过的相关文件。这让审查员在分析时有更多的信息可用，并为他们节省了时间，以便解决人工智能系统难以接触到的问题。

与我在其他领域经常看到的情况相比，专利局的做法明显不同。他们通过训练人工智能识别、利用可用数据，检测系统是否可以提高识别的准确率。专利局并没有询问人工智能是否会取代人类专利审查员，而是围绕一个完全不同的问题来制定策略：我们如何开发一项技术，从而帮助员工更好地完成工作。其中的不同之处在于对员工的投资策略是否积极。虽然在短期内积极的策略可能比使用机器人取代人员的方式成本更高，但它在提高专利质量和优化整个系统方面的潜力更大。这种框架不仅仅适用于专利制度：我们不应该指望技术来取代工人，而应该将其视为增强人类技能的机会。就像对待为我们铺设电缆的雪貂及扩展我们认知的水下机器人一样，让它们成为我们的帮手。

我们使用新技术的方式并不是一成不变的。我们选择了机器人影响我们生活和劳动力市场的方式，我们可以从全球不同文化对机器人作用的不同看法中得到启示。例如，日本的机器人专家、我的同事就没有面临那么多关于他们的发明将取代人类的疑问，部分原因是机器人在那里经常被视为机械伙伴，而不是竞争对手。东京大学认知发展机器人实验室的负责人长井志江指出，在谷歌上用英文搜索人类与机器人的互动，会得到一张又一张机器人手臂和人类手臂握手的图片。如果你用日语做同样的搜索，图片上的机器人和人类不是彼此相对的，而是站或坐在一起，共享一个视角的。他们是合作伙伴，不是两手相握，而是双手相牵。

虽然社会经济因素影响着各国和不同社会对机器人的看法，但这种阐述不是固定的，西方对机器人与人类关系的看法也不是唯一的。西方的一些观点可以直接归因于我们对反乌托邦科幻的热爱。自动化在多大程度上扰乱和改变了劳动力市场，这是一个极其复杂的问题，令人震惊的是，我们的讨论在很大程度上反映的是猜测性的杜撰，而非现实中正在发生的事情，尤其是当我们的语言表述中将主导权归于机器人时，诸如用《没有工作？去谴责机器人吧！》这样醒目的标题[32]，而不是用更为准确的表述：没有工作？去谴责那些由不受约束的企业资本主义驱动的公司决策吧。

将机器人与动物进行比较有助于让我们认识到，机器人不一定会取代人类的工作岗位，而是会帮助我们完成特定的任务，比如耕地、通过陆路或航空运送包裹、清洁管道和守卫家园等。机器人在能力上不同于动物：我们的现代导弹制导系统在规模和影响上都远远超过了斯金纳的鸽子制导系统；与此同时，海洋哺乳动物比机器人的优势大得多，海军尚未将其淘汰。这些差异只是进一步说明一个问题：**当我们拓宽思路，考虑哪些技能可以补足我们的能力，而不是取代我们时，就可以更好地设想这个新物种带给我们的可能性。**

值得注意的是，无论是过去还是现在，我们对于经济上的焦虑是有根据的。事实上，人们对卢德分子的印象有失偏颇。[33] 更准确的说法是，他们实际上反对的并不是机器，而是那些利用自动织布机作为借口、规避良好劳动实践的厂商。根据 2004 年出版的《卢德派著作集》(*Writings of the Luddites*)一书的编辑凯文·宾菲尔德(Kevin Binfield)的说法,卢德分子实际的要求是机器"由经过学徒期训练并获得体面工资的工人来操作",类似于我们今天要求工人权利的方法。

彼得·弗雷兹(Peter Frase)在《四种未来》(*Four Futures*)一书的序言中承认,自动化并没有像批评者担心的那样,会导致大规模的失业。但他也同时指出,"这种论点只能站在伟大的学术高度上,忽略了被替代的工人的痛苦和失业的成本,无论他们最终是否能找到新的工作"。[34] 尽管经历了一个世纪的工业自动化进程,我们看到了整体的就业增长,但这并不能帮助那些因被取代而工作中断、遭受巨大损失的群体,也不能为那些在不久的将来会受到此事影响的人群建立支持性的基础设施保障。与跟动物共处一样,机器人的出现改变了一些事情。我们会觉察到工作类型和薪酬标准有所变化,某些技能将比其他技能更有价值。但这并不是机器人与人类的对抗,而是人与人之间的较量。当涉及我们如何改变秩序,以及我们如何应对这样的改变时,人类会做出选择。

## 变革的新动力

在谈到机器人时,人类学家亚历山德拉·马泰埃斯库(Alexandra Mateescu)和马德琳·克莱尔·埃利什(Madeleine Clare Elish)喜欢使用"整合"这个词,而不是更常用的"部署"一词。[35] 因为正如埃利什所说,"整合"引发了一个问题:整合成了什么?在我们围绕自动化和劳动力的讨论中,我们经常错误地认为机器人仅仅是机器而已,它们被投放到工作场所去做人类要做的工作,而实际上,它们是更复杂的系统的一部分。就像动物参与我们的生活那样，机器人不仅改变了我们的工作方式和工作性质，而且还更广泛地改变了劳动和财富的分配，甚至改变了我们环境的架构。无论我们对这些变化的看法如何，埃利什和马泰埃斯库都是对的：对我们而言，有意识地对待这些变化是非常重要的。

动物改变了我们的经济形态。但是，羊群催化了私有财产所有权制度这一事实并不是事情的唯一走向。一些地区制定了不同的制度，即个人拥有羊群，但并没有人拥有牧场的产权，他们选择将食物来源作为一种共享的公共资源来经营。经济体系是一种选择，我们也会对人们的工作性质做出选择。

在美国，卡车司机的数量是 350 万。主流的观点是，这些卡车司机即将被无人驾驶卡车取代。人类司机效率低下，需要咖啡因的刺激和不断的休息，而无人驾驶汽车技术特别适合卡车驾驶，因为卡车的路线是可预测和明确的。[36] 毫无疑问，这个行业是技术颠覆的主要候选者。但是，在美国卡车运输行业做了多年实地研究的社会学家和律师卡伦·利维（Karen Levy）认为，当前的技术颠覆正朝着截然不同的方向发展。

电子定位装置不是用来取代司机，而是作为监控卡车位置、状态和速度的工具；它能控制卡车司机的工作时间和行程，并将所有数据发送给雇主。对于想选择自由工作的人而言，这是一个很大的变化。卡车司机抗议称，正在接管他们行业的"保姆式驾驶室"迫使他们变得更像 7 天 24 小时不间歇的机器人，因为他们的雇主采取的规则是严格按照数据执行的，不允许卡车司机拥有自由裁量权或隐私，而此前司机曾拥有这些权利。电子定位装置并不是终点，因为新的可穿戴设备正在测试中，比如卡车司机的帽子或能感知司机疲劳的眼球追踪技术，以及检测到身体不适时就能停车的背心。对利维来说，这就像在一个与技术无关的问题上贴上了高科技的创可贴。她说，问题是卡车司机工作过度，但薪酬过低。用来处理这些棘手状况的技术又给司机增添了更沉重的负担。

我们可以冷酷地将这视为暂时的情况，转而关注即将到来的更大的变革：一旦无人驾驶汽车准备好上路，卡车司机的数量可能会开始缩减，就像20世纪农业就业率的降低一样。但重要的是，不要掩盖这个过渡的阶段，因为它阐明了我们更广泛的社会状况。这一阶段也将比预测的时间持续得更为长久：正如我们看到的，有许多工作不太可能以如此高的效率和如此快的速度消失。未来不太可能出现像美国作家库尔特·冯内古特（Kurt Vonnegut）在反乌托邦小说《自动钢琴》（*Player Piano*）[37]中描绘的没有工作的情况，在未来相当长一段时间里，将出现各种各样使用机器人技术的工作方式。这就是从"部署"转向"整合"如此重要的原因。

我们本地的杂货店最近开始在一些零售网点使用一种机器人，麻省理工学院媒体实验室个人机器人小组的研究生丹妮拉·迪波拉（Daniella DiPaola）注意到她的朋友和家人对这种杂货店机器人很反感，于是她对此产生了兴趣，在Twitter上发起了一次快速的喜好征集。她发现不仅购物者，就连店里的员工也在抱怨这种机器人。于是我们一起去了杂货店，花了一段时间专门观察机器人的工作。每隔一小时，机器人就会在店里扫视一圈，检查是否有洒落的东西和不该放在地板上的物品。在此之前，每小时都要有人在过道上巡视。机器人取代了人类的工作，对吗？某种程度上算是吧。

机器人无法自主打扫，只要发现油毡地面有东西，它们就会向员工发出呼叫。过道上掉落的贺卡、塑料袋和其他杂物都会引发机器人的警报，尤其是果蔬区，那里有特别多的零碎杂物，比如从橙子上掉下来的小贴纸和偶尔掉落的葡萄。我们看到机器人为了一根掉在地上的香菜呼唤员工，警示灯变成了黄色，机器人通过扬声器和商店的对讲机大声播放着遗撒的消息，直到一名员工走过来。他一边深深地叹了口气，一边按下了机器人身上的按钮，表示他已经处理好了"危险"。

机器人似乎增加了员工的劳动量，加上设计师把它设计得足够高大，以期它可以盘点所有的货物，但在运行一年多后，盘点的功能仍未推出。这款机器人还有宽大的底座和传感器，帮助它在缓慢扫过瓷砖地板时避开障碍物和人。它会发出"哔哔"的声音，提醒购物者注意它的存在，但它仍然会挡住购物车、堵塞过道和收银机的通道。

一旦机器人能够真正协助盘点，工作人员的数量或工作量就会减少。但是，考虑到技术的局限性以及杂货店中不可预见事件的数量（包括麻省理工学院的研究人员故意将糖果、玉米洒在地板上，或爬到机器人的底座上看它做什么），机器人在不依靠人类完成实际工作的情况下，其实是非常无助的，而且这种状况不太可能在短期得到改善。

然而，令人担忧的是，在不考虑环境因素的情况下，无差别地使用机器人技术可能会以一种无形的方式改变工作，这有可能会给身处系统中的工人增加意想不到的负担，并低估人类所做工作的价值。例如，历史学家露丝·施瓦茨·考恩（Ruth Schwartz Cowan）很早就指出，为减少女性的家务劳动而出现的家用技术，实际上却增加了女性的无偿劳动负担。[38]

作家兼电影制片人阿斯特拉·泰勒（Astra Taylor）将此现象称为"伪自动化"（fauxtomation）。[39] 譬如，麦当劳的自助点餐机和杂货店的自助结账机并没有取代工作岗位，而是将职责转移了：一部分工作转交给在现场必须协助顾客、排除机器故障的员工，而绝大部分工作则转交给没有获取报酬的顾客。人们很容易认为这只是一种暂时的情况，觉得一旦技术能够让机器完成足够多的工作，这种情况将很快消失。但如果这是真的，为什么我们还没有走到那一步呢？随着人工超级智能威胁的到来，人们以为自己可以在没有人类帮助的情况下实现杂货店结账的自动化。现实情况是，我们低估了哪怕最简单的自动化的难度，而且往往忽略了充分考虑它所处的社会和技术系统。我们通过工作场所自动化或伪自动化创造的劳动是否得到补偿或以任何方式得以实现，在很大程度上取决于我们如何将机器人整合到更广泛的系统中。

查理·卓别林的经典电影《摩登时代》对企业永无止境地追求流水线式生产力进行了嘲讽。故事发生在大萧条时期，当时的工业制造业将人类视为巨轮上的齿轮。不幸的是，在当前的现实中，大型仓储业越来越多地把工人视为机器人。扫描枪监视着每一项任务，以可视化方式倒数秒数，如果工人落后了，它就会提醒管理人员；与此同时，这些工作环境中的其他监视技术和数据收集不仅是为了监视和控制工人，还有助于改进机器学习，与共享汽车服务中追踪司机的行为如出一辙。企业渴望利用技术来提高生产率和自动化成果，这是情有可原的，但这种监控对工人的身心健康不利，而且从长远来看，很可能会弄巧成拙、事与愿违。

将人作为资源利用只是处理工作的一种方式。并非所有面向人与机器人的工作的转变都是消极的，也不需要如此消极。回顾专利局的做法，**我们可以倾向于采用更积极、更加以人为本的技术整合方式，随着将日常任务交给机器人，人类的工作不再那么死板，而是变得更为有趣、更具成就感。**例如，就像我们为宇航员提供新的机器人工具一样，这些工具极大地扩展了人类探索太空的方式，同时从根本上改变了宇航员的工作。

这并不是说这些变化的发生就不需要大量的具备灵活性及学习新技能能力的工人参与其中。如果企业能做出一些创造性的努力，重新思考工作流程，不仅可以好好利用机器人和人类的积极优势，而且可以通过自动化转变留住、再培训和帮助员工，那将是再好不过的事情了。

好消息是，这种努力是有可能实现的，这意味着企业可以在一定程度上控制是否重新制作卓别林的电影，或者把投资用于改善人类工作的技术；坏消息是，当你身处一个旨在追求短期企业利润，而不是对人进行长期投资的资本主义制度中时，你就没有太多的动力去付出这种努力。视员工为商品的做法并不罕见，这一问题不仅是单个公司的选择，而且由于我们置身于更为广泛的系统和文化之中，解决它还需要挑战系统和文化。

应对无处不在的自动化带来的破坏而提出的解决方案包括投资教育和增加全民基本收入。这些方案并不新鲜。20 世纪 60 年代，当时民众因自动化可能导致失业而焦虑，这曾促使美国劳工部部长阿瑟·戈德伯格（Arthur Goldberg）开展调查，劳工委员会提议为美国公民提供两年的免费社区大学项目或职业教育，保证他们的最低收入。[40] 不过，即使这些干预措施会为转型期的工人提供最低限度的帮助，也不足以保证他们投赞同票。

一些学者长期质疑当前人们对"劳动"这个概念的认知。经济学家罗莎·卢森堡（Rosa Luxemburg）和其他专家都曾指出，20 世纪初的经济增长依赖于隐性的、无偿的家务劳动，这些工作过去和现在仍然主要是由女性来承担的。福特主义（Fordism）[①] 的生产思维定势，即只在狭义的劳动概念

---

① 福特主义一词最早由马克思主义理论家安东尼奥·葛兰西（Antonio Gramsci）提出，用于描述一种基于美国方式的新的工业生活模式。它是指以大规模生产方式为核心的资本主义积累方式。——译者注

中识别价值，这一点并没有得到改观，而且随着技术的引入，它越发只奖励那些处于顶端的人。[41]

在过去的 40 年里，美国首席执行官的工资增长速度几乎是普通工人的 100 倍，而现在前者的收入是普通工人的 320 倍。[42] 这种贫富差距是惊人的，它引发了一个问题：谁从技术中受益，谁来承担责任？企业使用技术的选择受到各种因素的驱动，包括但不限于法律、市场激励、工人权利和公众舆论。种族和性别等人口统计数据也会影响工人和市场的权重。在美国，白人工人受益于社会和政治影响力，而黑人和西班牙裔的工人则缺乏这种影响力。在其他国家，譬如日本，由于出生率的下降以及严格的移民法，他们迫切希望尽其所能地实现自动化，把更多的投资放在技术上，以有助于将工作量分摊给更少的工人。

值得注意的是，导致美国财富和劳动力不平等以及日本劳动力短缺的原因并不是机器人技术。这些问题的出现涉及管理体制、文化和更广泛的社会经济体系。无论是好是坏，机器人都因引发人们对如今社会结构的担忧而引火烧身。但是，就像动物一样，机器人是我们这个更为广大的世界的一分子；就像动物一样，人类还有更多的方法来整合它们，而不是让它们替代人类。

使用动物做类比有助于我们对技术的假设进行批判性思考，也有助于更广泛地考虑技术所处的系统，并在所有这一切当中，使我们了解自己，能够择善而行。例如，与其担心机器人会取代我们的工作，不如要求我们的政府和企业来承担责任，让我们的经济和政治体系能更好地服务于人。

无论是忧心忡忡的公民、企业负责人，还是技术开发人员，都可以从不同的角度来思考技术的用途，并做出更好的决策。打个比方，即使是一项简单的选择，譬如我们如何设计机器人，它呈现的物理形式是看起来更像人类还是更像其他物种，都会对我们这个世界产生深远影响。

## 从实用角度设计，我们并不总需要类人机器人

索菲亚于 2016 年首次亮相，全世界却用"这个性感的机器人说她想毁灭人类"这样的新闻标题来迎接她。[43] 索菲亚这个一年后获得沙特阿拉伯公民身份的机器人，是一家名为汉森机器人公司（Hanson Robotics）推出的产品。自 2016 年以来，索菲亚已成为世界上最著名的机器人之一。大量（通常都带有性别歧视）的新闻报道，标题常常是"认识索菲亚：漂亮的乳房、甜美的脸蛋和计算机组成的大脑"。[44] 她登上了《早安英国》和《今夜秀》等电视节目，并在联合国发表了演讲。虽然程序设计说她不是人类的替代品，但设计者赋予她的面容形象是受到了奥黛丽·赫本的启发，这是他们做出的相当人性化的设计。

索菲亚的后脑勺是透明的，这清楚地提醒人们，让她鲜活起来的是缠绕着的电线和电路，而非血液和肌肉；她脸上的"皮肤"则是由专利橡胶做成的，可以伸缩以模仿人类的各种表情。其他机器人专家已经创造出完全类人的机器人，这其中就包括日本机器人研制方面的顶级科学家之一石黑浩，他给自己制造了一个机器人替身，逼真得令人不安。还有一些公司在兜售"逼真"的性爱机器人，这些机器人配备了电机和机械部件，据称看起来和摸起来都仿若真人。

外形酷似人类的机器人是类人机器人的一个子集，类人机器人的灵感来

自人类的形态。在谷歌上搜索"机器人"一词，你的屏幕将充满类人机器人，它们都有一个躯干、两条腿、两条胳膊和一个脑袋。世界各地的研究实验室和公司正在开发这种受人类启发而构建的机器人，它们具备各种用途，从包裹递送到个人协助等。事实上，一些机器人专家长期以来一直将类人机器人视为机器人技术的"圣杯"。[45]

未来，机器人将扮演许多角色，但这些帮手真的需要按照人类的形象设计吗？一些机器人专家，比如索菲亚的创造者戴维·汉森（David Hanson）认为，任何与人类互动的机器人都必须长得与人类一样，因为我们与人类中的其他个体的关系最好。[46]毫无疑问，我们对重塑自己极为痴迷，[47]但本书的第二部分挑战了我们与人类形态最相关的观念，并探讨了长相酷似人类的机器人是如何强化有害的社会成见的。

对于类人机器人而言，还存在一个来自"物流"方面的论点：因为我们生活在一个为人类建造的世界里，有楼梯、门把手和狭窄的通道，我们需要把机器人造得与我们一样，唯有如此，机器人方能穿行于这些空间之中。诚然，宽大的身体、轮子或踏板在许多空间中难以穿行，例如杂货店的过道，但类人机器人往往有比人类形态更好的选择。得克萨斯农工大学的机器人专家罗宾·墨菲（Robin Murphy）表示，科幻小说激发了人们的灵感，使人们创造出许多类人机器，但更好的策略是"不要去管什么形状，只要这些机器能够完成工作就行"。[48]

动物有众多迥异的移动方式。在世界上的有些地区，人类仍在使用驮驴，这恰好论证了这一观点。道路不平坦时，腿有时好过车轮，但不一定非得是人的双腿。[49]建筑师和工程师经常会从动物王国中汲取灵感，有受壁虎黏性趾盘启发而发明出黏合剂的[50]，有模仿能够自冷却的白蚁丘而发明出通风系统的[51]，因此，一些更为聪明的机器人设计师效仿动物功能、习性开发产品的做法也就不足为奇了。几十年来，无人驾驶飞行器的设计一直是机械地模仿鸟类和昆虫的飞行方式，而近年来，机器人专家受到老鹰的广角视角观察周围环境的启发，开发出了视觉软件。[52] 时至今日，这种仿生学已经发展到更加精细的程度。

除了逐一复制动物的形态，我们还可以在视线所及的广泛多样性中获得灵感，并赋予机器完全不同的形状、形式和行为，这些都是前所未有的。一些飞行器的设计是全新的，比如飞机，在自然界中不存在形态像飞机这样的生物。我们目前的一些机器人，比如拖地机器人，并未设计得像人类或动物。其他的机器人则是受生物学灵感启发的新形式混合体。东京工业大学广濑茂男教授的"忍者"（Ninja）机器人可以戴着吸盘爬上墙壁和天花板，他的四足机器人"泰坦"（Titan）的早期版本可以穿着旱冰鞋在房间里滑行，这就是两种新形态机器人。

机器人可以比肉眼所见更小，也可以比房子大。它们可以被包裹在金属或软质材料中，也可以从 A 点到 B 点滚动、滑行、漂浮、疾驰或渗出。当遇到人类的日常挑战时，它们很可能爬墙而不是走楼梯。[53] 具有讽刺意味的是，我们越是用设计来挑战"正确的方式是人类默认的做事方式"这一观念，我们就越能为更广泛的人群创造机会，特别是那些不被认为是所谓的典型用户、经常发现自己完全被摒除在设计过程之外的人，他们也能从中受益。

加州大学圣迭戈分校的机器人专家劳蕾尔·里克（Laurel Riek）在医疗机器人领域做了大量研究工作。[54] 她指出，我们理应投资建设更适合轮椅、助行器和婴儿车的基础设施，从根本上提高无障碍程度，而不是将我们的资金投向昂贵且难以设计的双足类人机器人。如果一部轮椅可以进入一个空间，那么一个简单而高效的轮子机器人也可以。

人类的身体构造和能力并非完全一致，如果我们设计的世界能够考虑到这一点，我们就能一举两得了。为人们提供更多的便利也意味着可以自由地开发更好的、更便宜的机器人，使其具有更广泛的应用能力。

按照人的形象来设计机器人，这一点很吸引人，但这些新奇的事物会让人心猿意马：**就大多数实用目的而言，我们并不需要类人机器人。**类人机器人总会有一些使用案例，无论是在太空中测试宇航员的基础装备，还是为艺术和娱乐而跳舞。即使在实体设计方面，如果我们换一种方式思考，而不是复制我们现有的东西，我们可以为工作、伴侣和社会做出更多贡献。我们受科幻小说启发来制作类人机器人的想法阻碍了我们跳出固有思维的框架，为机器人以及世界万物去描绘蓝图。

## 机器人引发城市设计和公共空间的改变

驯养家畜不仅重塑了我们的交通运输系统，而且从根本上改变了我们的社会景观，自从社群重组以来，首先是优化以动物为动力的车辆，然后是机动车辆。

世界大多数地区都已铺设了道路，修建了停车场。很难想象，如果像洛杉矶这样的城市不能彻底地适应汽车的存在，它会是什么样子，而我们将看到机器人带来的其他社会景观的变化。

在农业领域，机器人技术已经对农业基础设施产生了不同往昔的需求，比如新的土地规划和宽带互联网的接入。[55] 在制造业领域，人们重新设计了工厂和仓库的楼层设置。我们的公共空间也将发生变化，方便自动驾驶车辆和送货机器人的使用。[56] 但在这些技术的应用即将遍地开花之前，我们可以对未来所能容纳的事物做出一些审慎的选择。

法律和机器人学者克里斯滕·托马森（Kristen Thomasen）指出，机器人引发了城市设计问题，包括公共空间的商业化或监控系统，这可能会以牺牲一些社区成员的利益为代价。在美国，使用公共人行道的商业送餐机器人给与它们共享空间的人类制造了障碍，包括阻碍了使用轮椅的人的通行。[57] 2017 年，旧金山的一个组织使用重达 180 多千克的安全机器人驱逐滞留在其机构附近的无家可归者[58]，此举使得该组织受到各方的抨击。各国政府也开始摒弃将公共空间作为自由集会和言论场所的理念，在使用无人机和其他监控技术来劝阻抗议者的同时，又限制或禁止使用可以从空中捕捉警察暴行的私人无人机。

选择共享空间的建筑形态几乎总是由有权力的人做出的（我们的许多现代城市空间都是殖民建筑）。[59] 但如果公众认识到这些都是政治选择，我们也可以推动、引导这种选择。与其让商业利益指导城市设计，不如进行游说，将机器人引入城市，使城市更方便易行。例如，我们可以从驮畜和导盲犬那儿获得启发，设计自动驾驶汽车和人行横道机器人以及它们周围的基础设施，让不同能力的人可以更自由地行走和移动。

一般来说，随着人类改进自主系统，开发具有更好的传感器、处理能力和学习能力的机器人，将它们与人类进行比较显然是有局限性的。这种局限性会妨碍我们看到未来将遇到的一系列的可能性，以及我们可以为之努力的可能性。正如我希望本章所阐释的那样，我们可以从不同的角度去思考如何整合这个新物种。与此同时，一种新的类比方法可以打开我们的思路，让我们了解在工作场所使用机器人有着更多的可能性，恰如我们可以选择经济和政治体制、改造物质世界一样。但是，当我们将人类与机器人进行比较时，产生的影响不仅体现在我们如何设计机器人，还体现在当出现错误时，我们会归咎于谁。

# THE NEW BREED

# 第 3 章

## 机器人如何为自主决策承担责任

机器就像精灵，它能够学习，并能够基于自身的学习做出决策，但绝不应被迫做出人类本该做的决策，我们也不会接受这一点。对于没有意识到这件事的人而言，把本属于自己的责任推到机器身上，不管机器是否有能力从中学习，其实都是把责任抛向风中，之后任由它在回旋中乘风而归。[1]

——诺伯特·维纳（Norbert Wiener）
数学家、哲学家

　　哪怕我的牲畜并非在我授意和知晓的情况下闯入了别人的地盘，我也会因此受到惩罚，因为我和我的牲畜均为入侵者。[2]

——亨利七世统治时期的一个匿名案例

　　1457 年的隆冬时节，在法国勃艮第的埃唐河畔萨维尼小镇，一个名叫吉安·马丁（Jehan Martin）的 5 岁小男孩遇害了。由于目击者向当局报告了这起可怕的罪行，凶手最终被成功抓获，而凶手自己也是一位母亲。一些目击者怀疑这个凶手的 6 个孩子也参与了此次犯罪，因而孩子们和母亲一起，在当地的刑事法庭以谋杀罪的罪名被审判。经过漫长的诉讼程序，法庭判定被指控的那位母亲有罪，但目击者的陈述中没有足够的证据证明其 6 个孩子参与其中，而且法院还裁定，由于孩子们太小，无法予以惩罚。最终，孩子们的母亲被判处绞刑。

　　这个案子看起来很不寻常，因为在本案中受审的主体其实是一头母猪和她的小猪崽。[3] 但在当时，对动物进行审判是相当常见的事情。

　　今天，随着能够自主决策的各种机器人进入人们的日常生活，许多人将它们造成的伤害视为对我们的法律体系和责任观念的新挑战。我们忘记了，这并非是全新的状况。动物可以按照自己的意愿以意想不到的方式行事，并且它们所做的决策会让我们受到伤害，而机器人也会如此。

　　我们不再把猪放在审判台上，因为让动物为它们的行为承担道德责任是不理性的，即便我们过去曾被这样的想法所蛊惑。我们潜意识中将机器人与人类进行比较，这看起来颇为荒谬，却把我们推向了那种把猪视为人的思维体系中。这样做的危险在于，这会让政府、公司和个人逃避责任。今天，让机器人为自己的行为承担道德责任听起来似乎有些荒谬，但当我们谈论机器人是如何对人类造成伤害时，这样的想法便已初见端倪，这种方式会赋予机器人过高的自主权。

幸运的是，我们在处理动物造成伤害的问题上有着悠久的历史，并且已经想出了各种各样的解决方案，其中的很多方案都有助于思考机器人如何为其造成的伤害担责。

## 不能把责任简单地推给机器人

2015 年，一位名叫万达·霍尔布鲁克（Wanda Holbrook）的机器人技师，在美国密歇根州大急流城的一家保险杠和拖车挂钩工厂进行例行维修时，工厂里一个机器人手臂发生了故障，击中了她的头部，导致其丧生。事发时，霍尔布鲁克身处制造车间的一个区域，该区域被分隔成若干单元，并配有安全门，旨在防止当人在附近时重型机器启动运行。但隔壁单元的机器人没有收到信息，突然试图在她所站的单元进行操作。这就是霍尔布鲁克的丈夫在 2017 年的诉讼中提出的"理应不可能"发生的事情。他总共起诉了 5 家参与设计、制造和安装机器人的公司。[4]

我们正处于人机交互时代的开端。智能机器人终于发展到可以在共享区域导航的地步，但还不足以取代人类。一些机器人将进入我们的家庭、工作场所和公共区域。但工厂机器人可能会引发事故，机器人做手术也可能会出错。[5] 2016 年，在一家购物中心，一个重达 150 千克的神秘保安机器人撞倒了一个 16 个月大的孩子（幸运的是，这个孩子只受了轻伤）。[6] 这些机器人不仅会给人带来危险，而且由于它们是由代码所驱动，还可能会出现一些后果相当严重的错误。2018 年和 2019 年的波音 737 Max 飞机坠毁事件就表明，这些事故可以追溯到有缺陷的软件。机器人汽车、送货无人机、半自主武器系统和进入共享空间的家用机器人也是如此。

这是一本关于实体机器人的书，我将重点放在人身伤害方面。值得一提的是，我们利用算法决策还可能会带来许多其他的伤害。比如，搜索算法强化种族或性别偏见[7]；虚拟助手对精神或身体的健康危机未做出及时反应[8]；人工智能程序在法庭上发布不公平的风险评分[9]；招聘算法会让来自特定人群的求职者处于不利地位……这些伤害和实体机器人造成的伤害之间也有重叠，例如，自主武器使用有偏见的面部识别系统。这些重要的问题不在本书的讨论范围之内，幸运的是，已经有人在呼吁关注以上这些问题，要想深入了解人工智能及其整合的危害，我强烈推荐阅读萨菲娅·诺布尔（Safiya Noble）、乔伊·博拉姆维尼（Joy Buolamwini）、蒂姆尼特·格布鲁（Timnit Gebru）、鲁哈·本杰明（Ruha Benjamin）、拉塔尼娅·斯威尼（Latanya Sweeney）、萨莎·科斯坦萨－乔克（Sasha Costanza-Chock）、凯茜·奥尼尔（Cathy O'neil）等研究人员的著作，这些研究人员的著作已在本章的参考文献中列出。[10]

在当代世界，与机械和产品相关的事故并不罕见，软件故障也不是什么新鲜事。各国规定责任分配的法律各不相同。我的欧洲朋友经常嘲笑美国苏打水自动贩卖机上明确的警告标签：如果自动贩卖机翻倒，可能会造成人身伤害。美国快餐店咖啡杯上的信息表明里面的咖啡"非常烫"。然而，总的来说，从烤箱爆炸的产品责任到对战争罪行的惩罚，到处都有合理的法律方案来解决人身伤害的责任问题。那么，为什么我们在互联网上搜索"机器人""人工智能""责任""赔偿责任"等关键词时，会得到数百篇标题为"当机器人杀人时，该由谁来负责"的学术文章和媒体文章？

有些人将我们的现状描述为一个"历史性的时刻"[11]，因为机器人与烤面包机不同，它可以做出自己的选择。令人担忧的是，这些机器与我们之前处理过的设备不同，因为它们是基于人工智能驱动的，这使得它们有时能够自主做出不可预测的决策。无人驾驶的飞行器可以在操作员的视线之外运行，而自动驾驶汽车可以自行驾驶。人工智能能够独立地规划和行动，甚至学习新的操作，它们的制造商和用户可能无法预测每一个后果。当机器人发生故障或做出出乎意料的决定时，这会是谁的错，又该由谁负责？有时，人工智能程序员甚至无法追溯某个决定是如何或因何而做出的。

机器可以操纵物理环境，却不知道它们会在什么时候造成什么样的伤害，这让人们心生恐惧。汽车制造商正致力于大规模的研发工作，以求自动驾驶汽车能够商业化投产，但在寻求将机器人汽车投放上路的过程中，他们面临的主要挑战是公众的担忧。人们会问，汽车会做出什么样的决定？谁应对这些决定造成的伤害负责？根据世界卫生组织 2020 年的统计数据，西太平洋地区每年约有 135 万人死于交通事故。[12] 据预测，全自动驾驶汽车比人类驾驶员要安全得多，90% 以上的交通事故都是由人类驾驶员的错误造成的。[13] 然而，人们并不喜欢让机器人开车这个主意。

根据 2018 年美国安联全球救援（Allianz Global Assistance USA）的一项调查，只有 43% 的美国人对使用自动驾驶汽车感兴趣，这一数字实际上比 2017 年有所下降，而 2017 年比 2016 年又有所下降。[14] 皮尤研究中心在 2017 年所做的另一项独立调查证实，超过一半的美国人对自动驾驶汽车感到担忧，如果有可能的话，56% 的人甚至不想乘坐自动驾驶汽车。[15] 美国安联全球救援的公关总监丹尼尔·杜拉佐（Daniel Durazo）将这些数字与现实联系起来："正如我们去年的'未来旅游'调查显示的那样，更多的旅行者会觉得乘坐火箭进入太空比乘坐自动驾驶汽车更安全。"亚利桑那州是美国少数几个允许在街道上进行自动驾驶汽车测试的州之一，2018 年一名妇女在此被一辆自动驾驶汽车撞倒后，人们开始攻击他们在路上遇到的自动驾驶汽车，比如向它们投掷石块、划破它们的轮胎。[16]

在从因戈尔施塔特访问回来的路上，我挺着孕肚参加了在慕尼黑举办的鸡尾酒会，参加这场酒会的都是与机器人、人工智能和邻近领域相关的学者和业界人士。我们相聚在一个满是漂亮绿植的宽敞阁楼里，一位西装革履的老人与我攀谈起来，向我介绍他的创业公司。随后他问起我的访问缘由，当我开始描述汽车公司正在努力应对自动驾驶汽车事故时，他打断了我，并建议我去读读艾萨克·阿西莫夫的书。我告诉他我很熟悉阿西莫夫，他嘲讽地眯起眼睛，笑着问道："但是你读过他所有关于机器人的书吗？"我回答，是的，机器人系列我已经读了好几遍了，但他太急于表明观点了。他再次打断了我，向我描述了大多数人都熟知的科幻概念——阿西莫夫的关于让机器人安全地与人互动的三大定律：

第一定律：机器人不得伤害人类，也不得坐视人类受到伤害。
第二定律：机器人必须服从人类的命令，除非这种命令与第一定律相冲突。
第三定律：机器人必须保护自己，前提是这种保护不与第一定律或第二定律相冲突。[17]

这不是第一次有人向我推荐阿西莫夫了，我有点厌倦了，主要是我的身体仍然处于"3D打印"一个小小人类的过程中。那天晚上，我没心情耐心地倾听别人的唠叨，也没心情与他人促膝长谈，所以我找了个借口，去买了一杯不含酒精的黄瓜黑莓汽水。不要曲解我，我认为阿西莫夫的作品是有代表性的。在谈到他的生平和遗产时，人们往往会掩盖他曾在会议上猥亵女性、把女性科幻作家赶出文坛的事实，但他可能是与机器人的联系最为紧密的科幻作家。那天晚上我没有精力解释的是，阿西莫夫写的大多是关于用"法则"对机器人进行编程为何行不通的故事。

令人惊讶的是，很多人在面对机器人技术中的伤害问题时，固执地认为要把简单的道德规则植入机器中，如此一来，我们就可以追究它们的责任。阿西莫夫本人在他的小说中很晚才运用第四定律把事情复杂化，但知道这一点的人，基本上也正是知道最好不要把定律应用于制造实体机器人的那些人。正如南加州大学机器人与自主系统中心主任玛娅·玛塔瑞克（Maja Mataric）指出的那样，阿西莫夫的定律"并没有得到足够的重视，甚至没有被纳入任何机器人学教科书，而教科书正说明了机器人的角色"。[18]

姑且不去讨论智能的波动起伏，那些比我聪明得多的人已经花了几十年的时间，开辟了整个研究领域，以此探索机器人的伦理学。机器伦理学的分支领域特别致力于将道德规则编程到机器人中。阿西莫夫很有先见之明：将"道德决策"程序编程到机器中是非常复杂的。无论我们希望机器人遵循阿西莫夫定律或是功利主义道德哲学的模型，将这些伦理转化为代码已被证明是看似不可能完成的任务。[19]

有一个问题引起了一些人的关注：面对电车难题——是选择沿着预定的路线碾死5个人，还是选择有意识地改变方向，只杀死1个人，救下5个人，自动驾驶汽车会做出什么选择？

电车难题存在多种形式，它是一个哲学思想实验，并不是为了解决这一难题而设计，而是为了让我们思考道德选择中的一个矛盾：我们的行为是应该基于固有的道德还是基于其后果。人们试图创建功能性的规则，比如向广泛群体征集答案——回答诸如无人驾驶汽车是否应该碾压罪犯而不是医生这样的问题，或者让车主个人决定他们的汽车应该遵守什么样的道德规则，而这些规则均已在实践和哲学层面遇到了严重的障碍。这场辩论还预设了一个前提，即只要我们真的达成了一致，就可以在技术上有效地把任何道德规则编入程序。人类伦理是复杂的。就连《道德机器》（*Moral Machines*）一书的作者、机器伦理学方法的支持者温德尔·沃勒奇和科林·艾伦（Colin Allen）也说过："在不久的将来，我们制造具有道德判断能力的机器人时，并不是要（也不可能）尝试让它们像人类一样完全自主地做出道德决策。"[20]

如果法律不足以应对自主行为，我们不能让机器人遵循道德规则，那么我们应该如何处理这一"历史性的时刻"？我对这种绝对没有先例的观点持怀疑态度，我担心我们会再次将机器人视为某种类似人类的智能体，它需要对自己的决定负责。令我感到奇怪的是，在围绕身体伤害责任的有关机器人的对话中，动物明显缺席。动物和机器人之间有一些区别，但动物可以计划、做出自己的决定，它们独立行动，独立学习。

我们经常认为，普通的坏运气或自然界的随机行为（比如雷击）与猪攻击孩子这样的事件之间是有区别的。与此同时，我们也不期望动物能够遵守人类的法律和道德，就像我们不期望一个蹒跚学步的孩子能够像成年人那样讲道理一样。如同孩童，有些动物处于个人或组织的责任范围内，需要有能力推理并做出明智选择的人来负责管理（打个比方，属于动物园的老虎就需要动物园的管理人员来负责管理）。

尽管我们不要求动物对它们的行为承担道德责任，但我们确实承认它们有自主行动的能力。从历史上看，当我们利用动物作为交通工具、送货工具、家庭帮手和武器装备时，我们经常要解决伤害责任的问题。当马戏团的大象伤害了虐待动物的驯兽师，或者养蜂人饲养的蜜蜂与一群野生蜜蜂联合起来攻击了邻居的狗，应该由谁来负责？动物可以由个人或组织（或无人）拥有，一些动物的行为直接或间接地源于饲养或训练。

弄清楚在出现问题时如何分配责任是一个很大的挑战，但这个问题已经存在了几千年。当我们回顾西方法律中处理动物伤害的历史时，我们会发现许多创造性的答案。虽然大多数现代法律制度倾向于将动物视为财产而不是人，但该制度通常承认这种"财产"对自主行为的偏好。

今天，随着机器人开始进入共享空间，撞倒蹒跚学步的幼儿，抵制"机器人本身应负责任"的想法尤为重要，负责任的应该是人。我并不是建议我们把机器人完全视为法律规定的"动物"。我认为，我们应该有更多的方法去应对这个问题，而不是试图让机器成为道德的主体。**尝试用动物做类比，我们会发现现在或许并不是我们想象的那样，成为了"历史性的时刻"。在人类悠久的历史中，为未曾预料到的动物行为分配责任的先例，至少可以启发我们更有创意地思考机器人的责任问题。**

THE NEW BREED
新物种的未来

## 牛伤人事件

关于牛的故事有很多。它们毁坏庄稼、冲撞人，并且相互打斗。大量的历史和法律文献都曾关注的是，当发生了牛伤人的事件，人类会采用什么样的规则，而且该规则还必须是言之有理的。牛是最早被驯化的动物之一，对农业社会而言，其意义重大。即使在今天，牛仍然是我们最重要的养殖动物之一。[21] 因此，在整个西方法律史上，牛是用来阐明动物责任的主要例子，说动物责任规则的起源是始于古老的牛伤人的案例，也就不足为奇了。

　　公元前 18 世纪的《埃什努纳法典》和《汉谟拉比法典》（见图 3-1），是人类已知的现存最早的"法律"。[22] 我们甚至不确定是否可以将其称之为法律，因为我们不知道它们是如何被执行的，但它们是美索不达米亚社会制定的第一批规则，对动物造成的伤害规定了明确的后果。[23] 这两部"法律"都规定了对牛主人的惩罚，而且都遵循同样的原则：如果你的牛意外地杀了人，你不用负责。但如果你知道这只动物是"习惯性杀戮者"，换句话说，这只动物存在风险性，那么你就得承担责任了。也就是说，美索不达米亚的法典和《出埃及记》都要求牛的主人承担责任，前提是牛的主人知道牛有伤人的倾向，但未采取适当的措施加以预防。

　　这些是已知和记录的首批在动物具有自主性的情况下分配责任的实例。这些规则试图把牛按照自己的意愿行事考虑在内。因为人类不需要预测或控制动物做出的每一个自主决定，所以法律只会指责那些对动物粗心大意的主人。在思考今天的机器人时，重要的是要记住，自主行动的责任并不一定是一个全有或全无的问题。从一开始，我们的法律就努力在惩罚过错和预防伤害之间取得平衡。

　　西方法律的发源地古罗马也有类似的规则来处理牛伤人的问题，但它也创造了一个概念，叫作"诺克萨尔强制上交"（noxal surrender）：交出违法的动物（或儿童、奴隶、物品），以补偿被伤害的人。[24] 我不相信这个概念如果应用到今天的机器人上会有什么用（事实上，它让我感到震惊，因为我带了一位机器人专业的学生，她非常喜欢机器人，这可能会促使她把自己摆到机器人面前，希望自己受罚）。但这个概念说明，我们已经找到了许多创造性的解决方案，以此来处理自主伤害的问题。此外还出现了其他的变化形式，例如英格兰的奉献物（deodand）制度，主人将他们的动物（后来是它们所值的钱）上交给国家。[25] 尽管这些上交财物的法律并不是特别适合现代机器人案件，但古代的一些有关动物的法律制度，时至今日依旧值得参考。例如，人们需要采取适当的措施防止牛伤人，而只有在机器人（牛）的行为不太可能造成伤害的情况下，人们才不用对伤害负责。我们还扩展了这个基本概念，使我们的规则依赖于物理环境，甚至创建了不同的动物法律类别。

**图 3-1　刻在一块巨石之上的《汉谟拉比法典》**

注：这是关于古代美索不达米亚地区的律法中保存得最完好和最著名的法典。
资料来源：MBZT, CC BY 3.0.

# 对机器人进行分类

动物法通常区分以下两种情况：一种是人类只有在预料到伤害，并且没有采取措施防止伤害的情况下才负有责任（如牛伤人的法律）；另一种是人类会因动物的行为而受到严格的追责。例如，亨利七世统治时期的一个案例就是这样的："哪怕我的牲畜并非在我授意和知晓的情况下闯入了别人的地盘，我也会因此受到惩罚，因为我和我的牲畜均为入侵者。"[26] 这两个选项之间的选择取决于当时的具体情形。

工业革命时期是英国极度混乱的时期。随着大都市制造业的爆炸式增长，原先的乡村居民摇身一变，进阶为城市的小市民，跟随他们进城的还有牲畜。许多人和他们的牛、鸡生活在同一个屋檐下。猪在街上游荡，它们把余火拱到稻草里，引发火灾，或者是攻击并啃咬其他动物和儿童，造成严重破坏。[27] 因为这种情况，英国人需要为流浪的牲畜制定法律，而且必须严格执行。牲畜的主人必须用栅栏把牲畜圈起来，如果牲畜逃跑了，即使他们把栅栏修建得很好，他们也要为牲畜造成的伤害承担责任。[28]

与此同时，在美国，由于空间更为辽阔，规范开始往反方向演变。有一种习俗是让牲畜在没有栅栏的大片土地上吃草，还有一些州拒绝采用英国法律，认为如果土地所有者不希望别人的牲畜在自己的田地里造成破坏，那么他才有责任建造栅栏。[29] 这一规范的有效性逐渐被立法削弱，对是否承担责任的判定也并不严格。例如，1926 年在威斯康星州，一匹马从一个简陋的畜舍栅栏中逃出，它在路上撞上了一辆汽车，法院裁定，马的主人不可能预见这只动物的异常行为，因此不追究马主人的责任。[30]

我们对于机器人的规则，可以基于类似的情境予以考虑。例如，在城市和人口稀少的地区，对在街道上游荡和在天空中漫游的机器人，所制定的规则应该有所不同，就像在拥挤的英国街道上，对动物主人应承担责任有着严格的要求一样，因为在那样的情境中，人类受到伤害的可能性要高得多。

除了周围的环境，我们考虑伤害可能性（以及规定的严格程度）的另一种依据是动物的不同类别。古罗马人认为，动物自身不会犯法，但在为动物主人制定规则时，古罗马人对家养动物和野生动物进行了区分。家养动物的主人只有在动物们"被某种有悖于其本性的野性所驱使"时，才需要承担责任。[31] 在"负严格责任"的英格兰也是如此，那里的法律制度对猫和狗网开一面。除非狗主人知道他们的宠物有"凶恶的倾向"，否则他们不一定要为自己的狗所造成的伤害承担责任。[32]

今天，我们在大多数地方都制定了类似的规则。我们的想法是，野生动物本身就具有危险性，我们无法让它们变得安全。这种严格的责任并不适用于行为通常可预测的宠物：如果你的毛茸茸的小博美表现出一些令人惊讶的攻击性，并在你散步时袭击了一位街头表演者，这和你有一头宠物猎豹，它攻击了可怜的、毫无防备的艺术家是两种截然不同的情况。猎豹的行为都将归咎于你，而不论你是否拴上了它，每天晚上都修剪它的指甲，或者训练它变得"安全"。

当然，有些野生动物是可以被驯服的，这样人类就不会对它们起疑心了。例如，非洲的贝都因人已经驯服了瞪羚，使其能与人类舒适相处，并把它作为宠物来饲养。[33] 但这并不总是成功的：某些动物的本能使它们难以完全被驯服。2003 年，魔术师双人组"齐格弗里德和罗伊"中的罗伊·霍恩（Roy Horn）受到了他的宠物老虎的攻击，严重受伤。因此，驯养的动物广义而言是指依赖人类生存的驯化的（通常是）脊椎动物，而野生生物包括所有未被驯养的动物。

将动物按类型分为"野生的"和"驯养的"有助于区分一些细微差别。大多数动物很容易被归入这两类，但总会有一些极端情况。例如，蜜蜂在某种程度上可以被归入可预测的生物类型，有时它们是有主人的，但它们大多桀骜不驯，来去自由，可以随意蜇伤人和生物，有时甚至是致命的。由于蜜蜂难以归类的特性，从罗马帝国时期迄今的数千年来，我们为蜜蜂制定了特殊的规则。尽管蜜蜂带有不可驯服的性质，但人类的许多法律制度仍将蜜蜂视为完全或半驯养的生物。这里的主要原因似乎是，蜜蜂并不是过于顽皮或危险的物种。

英国有一则对蜜蜂法律的评论："没有什么动物能比得上蜜蜂，它更易为律师提供使其欲罢不能却又微不足道的问题。"

法院需要裁定人类是否可以拥有蜜蜂，以及裁定蜜蜂是否以及何时可以摆脱人类的所有权。德国法律是这样规定的："一群蜜蜂飞起来之际，如果其主人没有及时追赶或者是放弃追赶，蜜蜂就此成为无主之物。"但是，即使大多数养蜂人拥有蜜蜂，他们也不一定要为蜜蜂的自主漫游、非法侵入，甚至是攻击担责。2010 年，西弗吉尼亚州（该州的州昆虫就是蜜蜂）通过了一项法律，明确保护养蜂人，使其免受"普通过失"的追责。[34]

边缘案例表明，尽管创建分类并非易事，但这并不意味着我们没有尝试过。**我们可以考虑对机器人采取同样的做法，将那些不会对人类造成很大危险的设备与风险更高的设备分开。**新型机器人的涌现速度远比新型动物的涌现要快得多，如今存在许多不能一刀切地纳入法律框架内的案例，所以按照能力（和风险）对机器人进行分类，将是一项有益的尝试。正如机器人伦理学家彼得·阿萨罗指出的那样，机器人真空吸尘器可能会吸起并损坏昂贵的珠宝，但它并不像自动驾驶汽车那样是一种本质上就很危险的技术产物。[35]

弗吉尼亚州政府甚至任命了官方养蜂人来负责监督该州的蜜蜂，其职责包括负责养蜂人的培训、下令对特定蜜蜂进行检疫等。设立一个具有特定专业知识的正式官方职位，是预防伤害的一种方法。法学家瑞安·卡洛也在机器人领域提出了类似的建议，呼吁成立一个专门的联邦机器人委员会。[36]

对机器人的伤害预防也可以遵循我们之前对动物使用过的一些方法，而不是将道德规则以编程的方式植入机器，例如，用征税或监管的方式，对所有权进行约束。

# 为机器人制定法规

每年秋天，在美丽的奥地利城市维也纳，都会举办一场名为"维也纳啤酒节"的大型活动。该活动号称是对奥地利传统和民间音乐的庆祝活动。也许是因为"传统"，这场活动包含了一项官方节日描述中并没有提及的主要活动——暴饮，即人们会喝得酩酊大醉。在 2018 年的啤酒节期间，像往常一样，人们叫来警察处理一场斗殴事件：一名参加音乐节的 39 岁醉汉变得极富攻击性，甚至开始攻击警察。

警察采取了一个奇招：他们给警犬戴上了嘴套，然后命令警犬冲向该男子。但是，这名醉汉抓住警犬的头，并把警犬的嘴套给撕了下来，醉汉最终被狗咬伤并被送进了医院。在这起案件中，奥地利当局拒绝追究警察对该事件应承担的责任。[37] 但是，如果这只狗是由另一位平民而不是由执法人员控制的话，那么结果可能会不同。当时，维也纳发生了大量狗咬伤人的事件，奥地利的政界人士正在进一步收紧对私人养狗本就相对严格的法规。

在维也纳，有一份危险犬种清单，危险犬种包括斗牛犬和罗威纳犬。抛开关于这些狗的实际危险性的争议，在区分"危险"和"非危险"狗的过程中，政府对某些伤害制定了更严格的责任规则，并采取了许多预防措施来降低风险。当我们思考"危险"机器人之际，其中许多关于犬只的预防措施都很值得借鉴。危险犬的主人被要求必须始终控制自己的幼犬，而且狗主人得像汽车驾驶员一样，接受严格的酒精浓度检测。任何被认定为拥有危险犬的人，如果在外出时喝得酩酊大醉，未能通过酒精测试，将面临巨额罚款。清单所列的狗不能繁殖下一代，只有在满足严格的条件后才能被饲养，条件包括狗主人在公共场合必须使用狗绳和嘴套，并拥有特别许可证，同时必须接受强制性培训并通过考核，并于两年后再次接受考核。外出遛狗的人也需要有许可证。违规者将面临巨额罚款，第二次违规后，狗将被没收。而那些不在危险清单上但曾经咬过人的狗也需要有许可证才能被饲养。[38]

并非每个城市对狗的管理都能达到这种程度。基于国家、狗的类型和社区的不同，规则往往有所不同。在许多欧洲和亚洲国家，特定品种的狗被认定是危险的，并被禁止或限制饲养。拥有一条狗的要求包括佩戴标志，警告人们狗是危险的财产，以及采取技术措施，诸如让狗戴上特殊的项圈甚至植入微芯片用于识别。狗通常需要登记注册，如果被归类为危险犬类，一些社区还要求在狗丢失、死亡或变更居住地时，进行正式的通知。如果是非法饲养的狗或饲养限制品种的狗造成了伤害，狗主人可能会被处以巨额罚款，而且这样的狗通常会被国家没收或捕杀。

就像对动物所做的那样，我们可以考虑哪些机器人法规可以减轻机器人创造者或用户无法预料的伤害。我们可以在公共和私人空间为机器人制定规则、设计标准，而这些规则和标准与要求机器人本身做出道德决定无关。[39] 与其只依赖于它们的程序（即"训练"），不如由我们制定规则，来确保机器人的身体结构更加安全（相当于给狗戴上嘴套），确保操控者能够控制机器人（就像为遛狗所规定的狗绳和许可证一样），并且可以考虑提示风险（要求在养狗或有机器人出没的地方设置标志牌）。例如，对特定类别的机器人进行登记注册或微芯片识别；对操控特定口径的无人机的飞行员进行强制性的培训，并将操作限制在允许的区域内。

对于动物，我们也创建了一些系统，一旦伤害确实发生了，系统会予以补偿，比如通过税收和保险的形式。虽然 18 世纪的英国并没有严格追究狗主人的责任，但狗却逐渐成为一种公害。在一次特别严重的狂犬病暴发之后，英国通过一项预防措施减少了广泛的危害，那就是 1796 年，英国宣布了对狗征税。[40] 同样，现代政府可能会向狗主人征收注册费或要求其为狗购买保险。例如，随着美国农场社区的发展，一些州制定了法律法规，以补偿农民因牲畜被狗咬伤而造成的损失，其中就包括"绵羊基金"。绵羊基金是一种保险形式：从狗主人那里筹集资金（通常源自办理养狗许可证或登记注册的收费），从资金池划拨资金给因狗袭击而失去羊的人。[41] 由于对绵羊的攻击屡见不鲜，而且通常不可能找到具体的肇事者，因此这些基金在无法确定具体肇事者的情况下，也可以用作对农民的补偿，并且还可以扩展到补偿由流浪动物所造成的其他伤害。例如，俄亥俄州确立了一项制度，当动物被土狼咬伤或咬死，牲畜的主人可以提出赔偿要求。[42]

时至今日，我们已经创建了五花八门的各类"绵羊基金"，以防止各种动物造成的损害。一些国家对特定的动物提出了参保要求，如强制要求危险犬的主人投保并扩大责任保险。保险也可以在多方责任的情况下发挥作用。

如果不是主人或主要管理员而是驯兽师以导致问题行为的方式训练动物，会
发生什么？驯兽师可以教海豚定位并攻击人类潜水员。狗主人为了赛狗大会
而雇用专业的驯犬师，赛马手骑着马冲过终点线……在一系列与动物有关的
人员中，有饲养员，驯兽师，宠物保姆，宠物的个体所有者、集体所有者和
政府所有者等。

保险不一定会重新定义谁是应该因动物的不良行为而受到指责的主体，
但保险确实提供了一种机制。这一机制可以解决一些复杂的问题，并对经济
损失予以赔偿，尤其是保险业已经形成了处理索赔的内部规范，只需要在边
缘案件中进行复杂的法律责任分析即可。就像旨在简化伤害赔偿的绵羊基金
一样，我们可以创建保险制度，解决与财产损害赔偿有关的复杂问题，就像
我们为在道路上行驶的车辆所做的那些工作一样。

从古代的牛到工业革命时期的猪，再到现代的斗牛犬，人类已经处理过
诸多由动物引发的伤害问题。我们实施了一些规则和激励措施，旨在让人们
在适当的时候承担责任，减少总体伤害。这些法律规则中，有一点是显而易
见的，即自主造成伤害的责任问题既不是新问题，也不是无法解决的难题，
我们可以借鉴人类悠久的历史，从中汲取灵感，为机器人制定适当的规则。
但是，正如我前面提到的，对于我们于往昔选择的解决方案，如今没有人会
认为适用于当下，但它提供了可能的答案，让我们创造性地思考该如何阻止
机器人对人类造成伤害，那就是让它们接受审判。

## 对动物进行审判

在古美索不达米亚和古罗马制定的规则中，对动物的不可预测的行为，

均出现了允许免除其主人责任的情况，但这个规则不适用于以色列人。《圣经》中的律法并不一定会责怪偶然触犯规则的动物主人，但如果牛顶死了人，它会被石头砸死。[43] 这种特别严厉的惩罚通常只适用于后果严重的动物犯罪案件。与美索不达米亚社会不同的是，以色列人的法律体系是基于宗教信仰的，他们认为人类凌驾于动物之上。如果动物伤害了人类，即使伤害的是像奴隶这样的低等人，也要受到惩罚。

其他古代法律也有类似的惩罚措施。大约在公元前 8 世纪，《万迪达德》这部宗教法律对咬伤人或羊群的疯狗制定了惩戒规则。[44] 撰写于公元前 2 世纪至公元 2 世纪的《米书拿》，通常被称为犹太教拉比的第一份文献，记录了动物在 23 名法官面前接受审判的事，如果动物被判定有罪，那么它就会被判处死刑。[45] 有限的记载表明，古希腊人还以谋杀的罪名审判动物，以死刑或流放的方式来惩罚它们。[46] 但是，惩罚犯有伤害罪的动物的最引人注目、有据可查的例子，是中世纪的动物审判。

瑞士的巴塞尔因动物试验的奇特历史而广为人知。即便是在当今，这座城市也充斥着各种怪物。蛇怪栖息在喷泉上，它透过艺术作品，凝视着这个世界，在桥梁上的雕像中永生。这种绿色的一半似鸟一半似爬行动物的怪物，令人心生恐惧，却是巴塞尔的标志性吉祥物，随处可见。传说蛇怪是一种可怕的野兽，它可以通过对着人呼气杀人，也可以用它那邪恶的目光扫视，瞬间致人死去。据称，蛇怪是由蟾蜍或蛇孵化公鸡下的蛋而来的。因此，在 1474 年，当一只公鸡犯下了下蛋的"暴行"时，巴塞尔市起诉了这只鸡。在一场精心设计的正式审判中，公鸡的律师（是的，公鸡有一个人类的辩护律师）为他的客户辩护，辩称这不是公鸡的错，即公鸡下蛋的行为是无预谋、非自愿的。但法院还是判处这只公鸡死刑。不久之后，这只公鸡在大批围观群众面前被烧死在火刑柱上。[47]

如今，尽管蛇怪作为城市吉祥物很受欢迎，但在巴塞尔，不太可能有人会相信蛇怪是真实存在的，也不太可能有人会认为公鸡应该被送上法庭，不管它们犯下了多么令人发指的罪行。在我们这个时代，任何人想要合法地起诉一只公鸡或一头猪，似乎都让人感到匪夷所思。然而，在人类几十万年的历史中，我们一直都在惩罚流浪动物。

在中世纪，动物审判席卷了整个欧洲大陆，最著名的几大案例发生在法国、德国、瑞士和意大利。西班牙、丹麦、土耳其、挪威、瑞典以及世界其他地区，也进行了一些影响范围较小的动物审判。[48]

各种各样的动物被推上了被告席：山羊、狗、牛、马、羊、狐狸、狼等，但最常见的罪犯是猪，可能是因为它们在当时随处可见，经常被放出来，在街上四处游荡，它们会攻击儿童。[49] 最早有记载的对猪的审判发生在1266 年巴黎附近的丰特奈 - 欧罗斯（Fontenay-aux-Roses），当时一头猪因为吞食了一个孩子而被公开烧死（见图 3-2）。他们将定罪的猪囚禁于蓬德拉尔什，绞死在鲁马涅，活埋在圣康坦。法国人甚至在 1394 年还绞死了一头猪，"因为它亵渎了神明，吃了一块供神的华夫饼"。

除了对个别动物进行审判——这通常是一种民事程序 [50]，教会还开始对另一种类型的动物进行审判。在这种审判中，教会对造成公共危害的未被驯服的动物进行干预，例如破坏农作物的昆虫，从老鼠、鼹鼠到毛毛虫、蠕虫、水蛭、甲虫、蜗牛等，这些动物都被送上了被告席。[51] 当象鼻虫在法国圣朱利安的葡萄园肆虐时，对象鼻虫这一案件的审理超过了 41 年，法庭记录长达 29 页，其中还包括给象鼻虫一块专属土地，让它们在自己的土地上任意活动、不与人类起争端的建议。[52]

图 3-2　对猪的审判

　　动物审判最引人注目的一点是，如何一丝不苟地使动物遵循与人类相同的法律程序。[53] 个人或当地政府可以提出申诉并发起正式的刑事调查。不是所有的动物被告都会被判有罪并受到惩罚，有些动物也会被宣告无罪或减刑。动物审判的过程严肃到如此程度，有些城镇甚至为被指控的动物支付了请辩护律师的费用。

　　但是在发生虫灾或鼠患的情况下，把动物送上法庭并非易事。为了让入侵的虫子或老鼠知道它们处于法律制裁的危险之中，教会法庭会派一些可怜的法庭官员，在这些动物最有可能听到的公共区域里大声地宣读传票。[54] 如果这些动物没有出庭受审，它们会被判缺席罪，但法庭会有三次开庭，在做出缺席判决之前，将分别向动物被告发出三次警告。

　　大约在 1508 年，在法国一个名叫吕斯奈的小镇上，老鼠因偷吃和破坏大麦而被传唤出庭受审，同时法庭指派了一位名叫巴托洛米·沙瑟纳伊

（Bartholomy de Chassenée）的年轻律师为老鼠辩护。[55] 像往常一样，被传唤的老鼠没有出庭。但沙瑟纳伊认为，不是所有的老鼠都听到了传唤，他一方面说服法庭重新安排审判时间，另一方面安排周边地区的所有牧师在当地教堂再次给老鼠发出传票。当老鼠又一次没有出庭时，沙瑟纳伊不为所动，坚守底线。他认为，鉴于猫、狗和不友好的人类的存在，老鼠来参加审判并不安全。沙瑟纳伊的大胆论证很可能再次左右了法庭，但对我们来说不幸的是，有关最终的判决和老鼠的命运已经没有留存下来的历史记载了。后来，沙瑟纳伊继续在法庭上为更多的动物进行辩护，并出版了一本关于昆虫禁令的权威图书。演员科林·费尔斯（Colin Firth）在 1993 年上映的电影《猪的末日》（*The Hour of the Pig*）中扮演了这位给动物辩护的律师。美国后来发行上映了一部不同版本名为《辩护人》（*The Advocate*）的影片。（但对我来说，与实际的动物审判资料相比，原版电影更难找到。）

动物审判持续了数百年之久。即使在正式的审判逐渐退出历史舞台之后，判处动物死刑仍然是偶发事件。1916 年，在田纳西州的欧文镇，马戏团的大象玛丽袭击了一名未经训练的驯兽师，使其当场毙命。[56] 当时玛丽正想吃一块路边的西瓜皮，却被驯兽师用牛角钩拽住了它那敏感的耳朵。玛丽因谋杀罪而被吊死，执行死刑的细节太恐怖，我无法在此复述。根据一些记载，肯塔基州曾以谋杀未遂罪判处了一只德国牧羊犬死刑，最后拖到 1926 年通过电椅处决了这只狗。[57]

动物审判的好处之一不仅仅是它满足了报复的欲望，当我们像对待人类一样对待动物，赋予它们道德责任，并让它们为自己的行为接受审判时，我们就很方便地避开了一个难题，即如何为自主造成的伤害追究间接责任。但是，现在回过头来看，让动物自己对它们造成的伤害来负责，这对我们大多数人而言，似乎是很荒唐可笑的。我们知道，动物无法遵循人类的道德规则，所以责怪它们的"罪行"是没有任何意义的。然而，在当下围绕机器人造成伤害责任的对话中，我们看到了与动物审判同样的直接指责的倾向。

# 机器人的错误应该由谁来负责

当万达·霍尔布鲁克被工厂的机器人击打致死后，新闻头条的标题是《谴责暴戾的机器人！是它残忍杀害了人类同事》《当机器人杀人时，会发生什么？》《机器人变成暴徒并残害妇女》。网络上的文章并没有展现真正的机械装置照片，而是选择了金属类人机器人的图片，以此来展现他们笔下的"杀手机器人"。[58] 我们知道，那天的致命事故并不是机器人有意而为之的，但不知何故，人类社会又回到了指责猪的时代。

几十年来，科幻小说一直在提出因果关系链，以及如何为机器人所造成的伤害分配责任的问题。虽然我很感激阿西莫夫和其他人开启了这场对话，但流行文化提供的参考只能带来种类单一的解决方案。大量的媒体文章和学术著作声称，我们目前针对产品造成伤害后责任划分的法律是不健全的，我们需要将人类伦理和道德决策编入机器人的程序中，以防止伤害的发生。一些专家还建议，当伤害真的发生时，我们应该让机器人自己来承担责任。

欧洲议会法律事务委员会 2016 年的一份报告草案提出，建议欧盟考虑为能够自主学习、自主适应和自主行动的机器人创建一种特殊的法律地位（"电子人格"），让它们为自己造成的伤害担责。[59] 这份最终被否决的报告在媒体上引起轰动，机器人和人工智能界遭到冷嘲热讽，但这绝不是新思想。许多作家、法律学者或哲学家都认为，未来的机器人应该对伤害担责。[60] 他们说，在当下，机器造成的任何伤害都可以直接追溯到设计、制造或给它编程的人或公司；但在未来，机器人将有独立行事的能力，并以其创造者无法预料的方式行事。

在完全否定追究机器责任的想法之前，请记住，除了猪的审判，还有一些法律先例：我们已经赋予了企业权利和责任；我们已经开创了建立非人类"人格"的模式。但是，最让我担心的是，机器人人格的研究方法似乎主要参考的是科幻小说，特别是在机器人与人类的比较方面。我们对拟人化的渴望，即将人类的情感和行为投射到机器人身上的倾向并没有消亡，关于投射情感我将在本书后文谈及。与此同时，在关于机器人造成的伤害的文章后贴上"终结者"的图片，以及讨论如何让机器人承担责任这些方面却有很大局限。

我们很快想到要让机器人承担道德责任，这说明了我们在某种程度上将机器人视为具有人类特性的存在。我们经常忘记自己过去处理非人类自主行为的其他方法。2018 年，美国商会的法律改革研究所（US Chamber Institute for Legal Reform）发表了一份关于解决新兴技术的责任和监管问题的报告。[61] 在报告中，鉴于机器人和人工智能已经能够自主决策，他们提出了分配责任的替代模型。在这份长达 93 页的报告中，他们仅用寥寥数语就提出了一种替代方案，即像对待宠物一样对待机器人，这个想法也曾在一小部分学术著作中出现过，可惜基本上都被忽略了。[62]

从牛到比特犬，法律长期以来都在处理动物的危险行为，而且，在某些方面，处理机器人会更容易，因为它们是由人类创造出来的，并且总是在某些人的掌控之下。值得庆幸的是，我们还没有创造出野狼机器人，让它们在平原上四处游荡杀死羊。为什么我们要为机器人创造人格，而不是考虑其他选择，比如设立绵羊基金或对机器人进行分类、登记注册？与我们正处在一个全新领域的流行说法相反，与动物打交道的历史表明，我们一直在努力解决自主智能体的问题，这些自主智能体会基于自身决策而造成意想不到的伤害。

乍一看，赋予机器人法律人格的想法似乎是一种简单的方法，可以避免责任划分的复杂性，将建造、编程、训练、拥有机器人的人之间的责任区分开来十分棘手，但这种区分并不是必要的。我们已经处理了一些与动物相关的责任划分，比如动物可以由个人、企业或政府拥有，它们可以由一个人训练，由另一个人操控。

我们也有相关系统来解决人与人之间复杂的责任情况，比如代理关系，抑或雇主与雇员的关系。虽然为人类制定的法律原则对我们而言是一个有效的先例，但将机器人与动物相比较，可以让我们打破将机器人与人类做比较的模式。最重要的是，当我们用看待动物的视角来对待机器人时，赋予机器人承担人类责任的想法会令人产生极为异样的感觉：我们不会训练狗，让狗来理解和评估战争局势的道德复杂性，而是训练它们来攻击坦克。而当它们的攻击发生错误时，我们会责怪驯狗师，却不会责怪狗。

用动物来做类比并非完美之举。目前，自动驾驶汽车的编程设定为避开所有障碍物，无法做出"决定"去拯救一名孕妇，但机器人可能仍然有能力进行不同于动物的复杂分析和决策。（相较于火焰猪或蝙蝠炸弹，导弹更善于寻找特定的目标。）但是，**用动物做类比可以帮助我们从一条基准线出发，即机器人不能像人类那样做出决策，并且人类应该为机器人造成的伤害承担责任。用动物做类比可以帮助我们假设机器人是在我们的权限范围内解决问题的，即便它会做出我们没有预料到的决策。**

自动驾驶汽车不同于马车和现代汽车，司机往往不会是主要的责任方：就机器人的案件而言，我们通常会指控制造厂商和销售公司。[63] 譬如霍尔布鲁克的案件，从硬件到软件，多家公司可能参与风险技术的开发。对于某些机器人，产品责任法是当下存在的难解之题。产品责任要求任何向公众提供产品的人对有缺陷产品造成的伤害承担责任。例如，美国的制造商和经销商负有严格的义务来披露非显而易见的风险——不要将两种清洁溶剂混合在一起，除此之外，它们还要避免任何生产制造中的错误。对于机器人，我们可能会遇到这样的情况：机器人平台使用了开源软件——这种软件有许多匿名的代码贡献者，或者因为责任原因而不鼓励使用开源系统。[64] 无论何种情况下，我们都需要权衡利弊，而不是把智能权施加给机器人。

有些人辩称，如同动物审判那样，我们理应"惩罚"未来机器人的不当行为，这要么是因为机器人本身已经具备了承受痛苦的能力[65]，要么是因为这能满足人们对正义和报偿的渴望。[66] 正如惩罚动物的历史告诉我们的那样，惩罚非人类并非空洞之想，更何况我们的刑法远不是一些没有感情的方程式。但是，对于让机器人自己对其造成的伤害来承担责任的想法，还是让我心生额外之忧。

在潜意识中，我们不断地将机器人与人类进行比较，这可能会导致法律学者尼尔·理查兹（Neil Richards）和机器人学家比尔·斯马特（Bill Smart）所说的"机器人谬误"（Android Fallacy），即法院和立法者可以开始在技术监管中使用人类作为机器人的类比。他们搬出了美国隐私法的历史，看法院如何决定电子邮件像是一张明信片还是更像一封信：所选择的类比（信件）对电子邮件是否被视为私人通信产生了深远的影响，改变了整个通信的性质。虽然隐私学者们松了一口气，因为法院在本案中选择了信件，但理查兹和斯马特用它来说明我们的类比有多么重要。他们和法学家瑞安·卡洛都告诫我们，不要不由自主地将机器人与人类进行比较，他们还警告称，这样做可能会导致产生不恰当的法律信条。[67]

我担心的是，关注机器人及其意外行为，会让我们忽视创造它们的人的责任。根据彼得·阿萨罗的说法，机器人伦理的首要目标之一是防止机器人造成伤害，同时也防止人们逃避自身行为的责任。[68] 我们在潜意识中倾向于认为，公司和个人不应该为没有预测到的算法驱动的行为负责。虽然在某些情况下选择让公司摆脱困境是有道理的，但不应允许把"这是机器人做的"作为一种新型借口。即使我们相信，从道德上讲，当机器行为不端时，这不是任何人的"错"，但我接受的法律和经济学教育会在我每一次决定时提醒我："动机"！公司需要继续对它们推向世界的技术负责，即使因果关系链很复杂。我们已经看到人们试图将当今人工智能系统的作用归咎于机器人，公司尽可能将他们的算法保密，声称保护专有的秘密武器，同时将矛头指向数据提供商、用户和系统本身，试图逃避为意外结果担责。[69]

企业会辩称，如果把机器人出错的风险推给他们，将扼杀其创新能力。微软在 Twitter 平台上发布了一个名为"泰"（Tay）的人工智能聊天机器人[70]，如果其在线学习是通过一个名叫 4chan 的网络社区论坛，并被训练成用来散布种族主义仇恨言论的机器人，微软要负全部责任吗？企业或个人将如何进行实验和创新？虽然我们确实需要注意不要扼杀创新，但世界上每一种法律体系都有辨别细微差别的能力，即使是在明确责任划分的情况下也是如此。言论可以造成伤害，如果"泰"有与现实世界互动的能力，它可以被训练去纵火。我们希望企业在发布机器人之前，一定要三思而后行，并提前更深入地考虑它会如何被人们操纵以造成伤害。大多数法律制度区分了放生仓鼠和放生老虎，我们在这里也可以这样操作。摇着尾巴的、柔软的机器人枕头（这是实际产品）与可以开枪射击的自动式水下航行器（这也是实际产品）

是截然不同的。

　　让这种指责变得更为复杂的是，我们不会看到人类任务落在机器人身上的普遍情况（在这种情况下，责任大多只是从人类转移到机器人制造商身上）。相反，我们将看到人们使用机器人技术工作，由此而造成的一些伤害则可能是由于双方共同的失误。即使在汽车可以自动驾驶的情况下，我们也已经在汽车完全自主行驶之前，探索了多年如何共同承担责任的情况，那时自动驾驶的责任问题就变得相对不那么复杂了。我们面临的问题是需要特别留意，我们应该为谁负责，以及我们为什么要负责。

# 用动物做类比，重新思考机器人的责任

　　理论上讲，人类与机器组成的团队配合得很好。自动驾驶拖拉机可以耕地，只需要农民在现场处理偶发的意外状况。但车辆自动化并不只是让机器人操纵方向盘那么简单。它需要重新架构一个系统，并在最有价值的地方使用人力。就像驾着马车一样，如果我们能让人类利用其广泛的智能来应对突发的意外情况，同时让机器人自动完成可预测的工作，这种类型的团队将比人类或机器人单独工作的效果更好。正如我们已经在现代汽车中的一些自动驾驶辅助系统中看到的那样，在弄清交接问题方面，我们还存在很大的问题。

　　在过去的几年里，由于司机走神儿，多辆特斯拉发生了撞车事故，撞上了卡车、混凝土护栏，后来还撞上了一辆警车的尾部。[71]特斯拉警告其客户，自动驾驶系统不会取代驾驶员，但在一台机器完成所有转向、刹车和加速的情况下，让一个人坐在那里密切关注所有路况是很困难的。在飞机上也存在同样的问题。如今，商业飞机驾驶员大多只是坐在驾驶舱监视飞机的状态，而不是自己亲自驾驶飞机。但是，当系统遇到意想不到的情况并出现故障时，它就会把飞机的控制权交还给人类飞行员。这导致飞机失事是由机器和人共同的错误造成的。这就是关于责任的划分问题变得棘手的地方，在共同承担责任的情况下，媒体倾向于把飞机失事归咎于人类飞行员。[72]

这里的问题并不是说人类的法律体系没有解决这种责任的办法，事实上是有的。问题是，在这些情况下，人们对错误的认知往往是大相径庭的。马德琳·克莱尔·埃利什将此称为"道德崩溃区"[73]，在这里，人机交互可能导致的结果，是倾向于将机器以及其创造者的责任转嫁出去，即使人类操作员并非百分之百有错。我们需要非常谨慎，不要让这种偏见使得企业推卸其法律责任。

将伤害归咎于责任的偏见，只是一个例子，说明我们应该对机器人进行不同维度的思考。总的来说，在对我们将机器人视为准人类这一概念所带来的局限性和技术决定论方面，我们需要保持清醒的认知，并找到方法来抵制我们目前默认的叙事方式。**使用动物类比有助于我们正确看待当前的系统，无论是技术、经济、法律还是文化，动物类比法可以让我们敞开思维的大门，看到其他的可能性，在我们继续将机器人融入人类世界之际，这一点尤为重要。**

但这种动物类比的作用并不仅限于工作场所的整合和伤害责任的划分。下一章将聚焦于另一个充斥着科幻偏见和道德恐慌的领域：机器人陪伴的近期前景。

THE NEW BREED

第二部分

# 拥抱伴侣动物，
# 拥抱机器人伙伴

THE NEW BREED

# 第 4 章

## 我们为什么会把机器人视为生命体

人是天生的社会性动物。[1]

——亚里士多德

大约在 2014 年，A-Fun 公司的维修总监博志舟桥收到了一位客户的奇怪请求。[2] A-Fun 这家日本公司专门修理已经停产或过了保修期的老款索尼产品。一位 75 岁的女士提交了维修申请，想要维修一只名为 AIBO 的机器狗，但她并没有描述 AIBO 出现的技术问题，而是询问是否可以为她的机器狗出现的"关节疼痛"症状采取一些救治措施。在与这位女士的沟通过程中，博志舟桥意识到，她把这只机器狗视为自己的宠物。

对于索尼来说，这并非偶然。这只金属小狗 AIBO（在日语中意为"同伴"或"伴侣"）的营销定位是"21 世纪人类最好的朋友"。AIBO 于 1999 年推出，是当时市场上最先进的人机互动玩具之一。这只小狗有自己的性格，会与人互动，会表现出开心，也会表现出难过的样子。根据索尼的描述，AIBO 拥有"真情实感和本能"。从技术角度来讲，这都是虚假宣传，但这并不要紧。尽管购买者知道 AIBO 是没有感知能力的，但其中还是有不少人会用心地对待 AIBO，把它看作一只有感知能力的狗。

索尼宣布在日本和美国限量发售这款玩具时，这些玩具在几分钟之内被抢购一空。索尼增加了产量，在接下来的 6 年里推出了各种不同颜色的"品种"，并在全球销售了 15 万只。[3] 2006 年，为了努力减少电子业务带来的亏损，索尼宣布将停止生产 AIBO。[4]

8 年后的 2014 年，索尼停止了为 AIBO 客户提供技术支持服务。这一消息震惊了 AIBO 的主人。对他们来说，索尼取消维修服务的消息，意味着他们的 AIBO 将会死去。

一些 AIBO 的主人，比如那位担忧她的机器狗"关节疼痛"的女士，找到了 A-Fun 公司。这家专门维修索尼产品的公司因此接触到大量损坏的 AIBO。为了修好这些机器狗，他们不得不耗费很多时间重新制作 AIBO 的原理图。很快，他们收到了源源不断的修复申请，于是 A-Fun 公司开始去收集无法修复的残缺 AIBO，用于替换可修复的 AIBO 零件。

这家独立维修公司的创始人、前索尼工程师则松信行敏锐地意识到人们与机器狗之间的情感连接。A-Fun 公司把 AIBO 的零件互换称为"器官捐赠"，这样可以更好地表达出 AIBO 主人对所发生事情的感受。他还开始考虑如何纪念那些无法修复的 AIBO 的"捐赠者"。最终他向佛教寺庙兴福寺提出了这个想法，兴福寺同意为那些无法再修复的机器狗举办一场葬礼。

2015 年，兴福寺举办了第一场 AIBO 葬礼。17 只机器狗因"器官捐赠"而得到礼遇，伴随着祈祷和诵经，机器狗在正式的佛教仪式中辞别今世。[5] 这不会是寺庙举办的唯一的机器人葬礼，越来越多的 AIBO 主人希望有机会与他们的同伴道别。2018 年，也就是索尼推出全新现代化版 AIBO 的同一年，兴福寺为第 800 个无法修复的机器狗举办了葬礼。则松信行则继续探索一个名为"机器人疗法"的新项目，旨在帮助人们应对失去机器人同伴的痛苦。[6]

对日本人来说，为机器狗举办葬礼似乎是理所当然的。毕竟，日本的本土信仰认为万物皆有灵，包括人、动物、树木、岩石、人造工艺品，甚至虚无也有灵。日本人有着敬重万物的悠久传统，例如，他们会为自己的物件举行葬礼，比如蒲团和折断了的缝衣针。[7] 为现代设备举行殡葬仪式，这似乎是一个相当合乎逻辑的对传统的延伸。但是，为失去爱犬而哀悼的不仅仅是日本的 AIBO 主人，即使在有着截然不同的宗教信仰的美国，人们也觉得自己与 AIBO 有着千丝万缕的连接。

吉妮·布提基亚（Genie Boutchia）是一位 36 岁的全职妈妈，她的孩子们把 AIBO 当作家庭成员。但不仅只有孩子们有这样的认知。"我一直认为自己是非常理性的，但我不再把它当作玩具了，"谈到他们的机器狗时她说道，"它就像是家庭的一员……这真是太神奇了！你会对它产生依恋。我知道它是一大块塑料，但它就是太棒了……我真的无法用语言来表达我为什么喜欢它。"布提基亚说，她对这只机器狗的感觉，与她对过去养过的那些真正的狗的感觉类似。"有一天，当我无法让它启动时，我感觉胃不舒服，头都快要爆炸了。"[8]

来自新泽西州的出版业高管格蕾丝·沃科斯（Grace Walkus）表达了相同的感受："你和 AIBO 说话，就像在和真正的宠物说话一样。你像抚摸真正的宠物一样抚摸 AIBO，并从那时开始产生其他的情绪。如果你让AIBO 独自待着，它要是哭了，你会感到内疚；在责骂 AIBO 之前，你会再三琢磨。"AIBO 没有生命，没有感情，也不能理解人类的情感，而布提基亚和沃科斯是知晓这一点的。

在探讨机器人陪伴对我们意味着什么之前，本章将更深入地探讨过去10 年来我一直深陷的怪异世界：把机器人视为有生命的物体的世界。

# 拟人化有助于我们理解周围世界

我不是唯一的机器人痴迷者。人们着迷于我们的媒体和流行文化中的机器人角色，以及科幻故事所赋予它们的类人行为、欲望和个性。当然，媒体对我们的认知有很大的影响。许多孩子在动物园第一次看到巴巴利猕猴时，都会兴奋地大喊："好奇的小猴乔治！"就像蹒跚学步的幼儿一样，我们倾向于根据自己熟悉的故事来想象人物。我们在科幻小说中搜罗到的丰富的机器人形象，显然是我们将生活中的机器人拟人化的一个原因。"罗西"①是人们为自己的"伦巴"（Roomba）吸尘器选择的最热门的名字之一。9那么，机器狗葬礼是源于科幻小说吗？并不完全是这样的。

媒体对机器人的塑造方式是一个鸡生蛋还是蛋生鸡式的问题：我们将机器人拟人化，是因为它们会以角色的形式呈现给我们，还是因为我们最初的认知就是它们自带角色的呈现形式？也许是后者：我们对机器作为智能体的迷恋可以追溯到比《杰森一家》更久远的历史中。根据《诸神与机器人》（*Gods and Robots*）一书的作者、历史学家阿德里安娜·梅耶的说法，几千年来，我们一直被自主机器人的想法吸引。10因此，我们对机器人的态度似乎是基于某种更复杂的概念，而不仅仅因为我们是在电视上看着机器人角色长大的一代。

关于我们为什么会区别对待机器人和烤面包机，另一种猜测是，因为我们缺乏关于这项技术是如何发挥作用的基本知识。正如科幻小说作家阿瑟·克拉克（Arthur C. Clarke）所说的那句名言："任何足够先进的技术

---

① 出自美国著名儿童文学作家凯特·迪卡米洛的小说《爱德华的奇妙之旅》第二章"罗西事件和吸尘器事故"。——编者注

都与魔法别无二致。"[11] 由于人们对机器人及其内部运转规则缺乏认知经验，因此某些机器行为可能在人类看来既神奇又真实。而在我们当今身处的世界中，随着机器人从工厂的高墙后进入共享空间，我们所缺乏的经验可能是我们将科幻小说中的概念投射到机器人身上的原因。

一位来自不同领域的科学家向我证实了这一点。当时我在加利福尼亚州棕榈泉参加关于机器人和太空议题的会议，其间我在外面的酒吧喝了一杯加了香料的柠檬水，我就是在那儿遇到斯科特的。那天天气很好，酒吧里空无一人，我们很快就聊起来了。下午两点只有我们两个人从会场偷偷地溜了出来。斯科特的专业方向是研究巨型行星和太阳系的起源。在过去的 30 年里，他一直是美国国家航空航天局的首席研究员，承担发射火箭的任务。当谈到人类与机器人互动的话题时，他很感兴趣。但当我提到我认为人们会把机器人视为有生命的物体而不是机械设备时，他的回答是："呃……我可不信。"

斯科特一边摆弄着他的吸管，一边暗示这至多是一个代际问题。也许我们现在这样做了，他沉思着，但下一代人，那些在机器人身边长大的孩子，会像对待其他设备一样对待机器人。我们坐在彩色条纹遮阳伞下的桌子旁，侃侃而谈了两小时，几乎没有注意到宜人的天气和早已空空如也的水杯。

的确，我们这一代人给机器人取名 R2-D2，是因为我们喜欢《星球大战》这部电影。当我们第一次在人行道上遇到送货机器人时，我们中的一些人会条件反射地脱口而出："借过一下。"随着我们开始在工作场所、家里和公共场所与越来越多的机器人互动，我们的文化肯定会随着时间的推移而改变。并且，随着我们越来越了解技术，我们对待机器人就像对待活人的倾向有可能会逐渐消失。但就像在那个阳光明媚的下午，我对斯科特说的那样，我并不认同这一观点。把机器人视为有生命的物体，这不仅因为机器人是新奇事物，而且因为这种观念深深植根于生物学基础：它本能地驱动我们在他人身上看到自己。

为什么"好奇的乔治"是一只猴子？这个角色是为孩子们写的，但即使是成年人，他们也会不断地将人类的特征赋予动物和物体。[12] 我们有一种天生的拟人化倾向，把我们自己的行为、经验和情感投射到其他实体上。我们认为猴子是好奇的，树懒是懒惰的，猫会暗中密谋推翻人类统治。我们会给汽车、毛绒玩具、雕像和酵母发酵剂取名字。我们在无生命的物体中看到脸，譬如纽扣或汽车前灯就像人的眼睛一样。我们对办公室里"行为不端"的打印机怒气冲天。1975 年，美国的一个广告主管加里·达尔（Gary Dahl）通过销售宠物石而成为千万富翁。[13] 宠物石的流行是短暂的，但我们对动物和物体的幻想则是始终存在的，而且这些幻想甚至可能是有目的的。

目前还不清楚人类是什么时候发展出在他人身上看到自己的能力的。一种猜测是，大约 4 万年前，在旧石器时代中期到晚期的过渡时期，人类的文化以及与动物和自然界的关系发生了变化，人类就具备了这种能力。[14] 至于为什么人类需要学习投射人类特征，进化理论给出的原因不一而足，从人类需要识别危险，到人类需要形成社会联盟才能生存[15]，再到科学家只是假设投射一定出于某种原因，因为投射有如此明显的表现和触发因素。[16]

将动物和物体拟人化的倾向是人类的特征，这一特征根深蒂固，随着时间的推移而越发稳定，在幼儿身上就已经出现这样的迹象。[17] 婴儿最先学会识别和关注的事物之一是脸，无论是看护者的脸，还是只是一张黑白的面部特征图。[18] 婴儿似乎从出生伊始便能够模拟其他人的心理状态[19]，这种能力可能有助于我们从童年开始就将其他动物和某些物体视为社会的主体。[20] **进化心理学家认为，我们善用拟人化的一个原因是它有助于我们理解周围的世**

界。[21] 我们渴望减少不确定性，并且能够预测社会环境中可能发生的事情。这导致我们不断地尝试理解遇到的人、动物、物体和概念。而为了解释这些令人困惑的其他人或物，我们将其投射到自己最熟悉的事物——我们自己的身上。

拟人化背后的另一个流行理论是，它满足了我们对社会联系的内在需求。2000 年，编剧威廉·布罗伊尔斯（William Broyles）在创作电影《荒岛余生》（*Cast Away*）中的查克时，曾咨询过专业人士。在影片中，查克独自一人被困在无人荒岛上，他渴望社会联系，最后他与一个排球建立起联系。查克给这只排球取名"威尔逊"，与它像朋友一般交谈。他与威尔逊的情感联系非常强烈，导致他对这个无生命的物体产生了很强的责任感。在影片结尾，查克甚至向威尔逊赔礼道歉。

《荒岛余生》是虚构的电影，但孤独可以与拟人化联系起来。孤独的人似乎更倾向于将非人类拟人化，甚至与物体建立深厚的情感关系。社会孤立也可能是引发恋物癖的诱因之一。恋物癖是一种对物体满怀浪漫想象或性欲的癖好。[22] 2007 年，埃里卡·埃菲尔（Erika Eiffel）在"嫁给"埃菲尔铁塔后更改了自己的姓氏，这引起媒体的轰动；2016 年，克里斯·塞维尔（Chris Sevier）起诉了一名县办事员，起因是这名办事员拒绝为他与自己的计算机颁发结婚证。还有人与游乐园的游乐设施、桥梁、高保真系统等物体建立起了情感关系。

拟人化不仅仅依存于孤独和生存，我们还有许多不那么极端的例子，表明我们对待物体的态度与对待其他人的方式有相似的地方。人们会给汽车取名字；亲吻骰子以求获得好运；在把童年的玩具熊收起来之前向它道歉。我们有时可能会觉得这种行为很愚蠢，但我们似乎也很享受这种行为。正如亚里士多德曾说的：人是天生的社会性动物。

在现代世界的虚拟角色中，人类与非生物的情感有时会很认真。电子宠物 Tamagotchi 是 20 世纪 90 年代非常流行的儿童游戏机，这是一种虚拟宠物，孩子们可以把它挂在钥匙链上随身携带。[23] 这个简单的角色经历了不同的生命阶段，需要玩家的照顾才能保持快乐和健康。如果玩家长时间忽视它，电子宠物就会"死去"。这种游戏机曾风靡一时，许多孩子会因此在学习上分心，到后来学校开始禁止孩子们玩它。孩子们把屏幕上的小角色当作需要培养的活物，尽可能地随时响应它的"需求"。据报道，日本一名十几岁的女孩因为她的电子宠物宝宝"去世"而自杀。不仅仅是孩子，父母都会很不好意思地承认，他们会带着孩子的电子宠物去上班，这样就能够照顾这个电子宠物了。

视频游戏角色可以激发类似的玩家对角色的忠诚度，即使它们的设计极其简单。2007 年流行的视频游戏《传送门》（Portal）中有一个名为"同伴方块"的虚拟物体。这是一个简单的 3D 盒子，侧面有心形的图案，在整个游戏过程中可以一直陪伴玩家。在最后一个关卡中，需要牺牲同伴方块才能获胜，有一些玩家选择放弃自己的胜利而不是放弃他们的同伴。[24]

当个人计算机数量在 20 世纪 80 年代出现爆炸式增长时，这些新兴的流行电子产品对人们的行为产生的影响激发了研究人员的兴趣。科技公司也投入巨资，研究如何为用户创造高效、积极的互动。这催生了一个研究人类如何与计算机交流的领域，我们称之为"人机交互"，又称 HCI。该领域的研究人员发现，我们甚至不需要构建一个角色，就能让人们将计算机拟人化。

20 世纪 90 年代后期，斯坦福大学的一些研究人员要求实验参与者在计算机上完成一项学习任务。任务完成后，研究人员要求参与者对计算机的性能评分。[25] 为此，他们把参与者分成三组：一组在完成任务的同一台计算机上对计算机的性能评分；一组在另一台计算机上评定之前计算机的性能；还有一组在纸上评分。分配到同一台计算机的小组对计算机性能的评价，要比其他两组的评价积极得多。研究人员能给出的唯一解释是，人们不想伤害计算机的感情。他们的研究结果表明，参与者将计算机视为社交角色，并自动运用他们在其他社交互动中会使用的规则：以礼相待。

这项研究是斯坦福大学的教授克利福德·纳斯（Clifford Nass）与他的同事和学生一起进行的数百项研究之一。他们研究了人们是如何将计算机视为社会成员的。纳斯和他的同事拜伦·里夫斯（Byron Reeves）开始采用传统的人与人之间的心理学研究，并将其中一方替换为计算机。他们研究了诸如赞美、合作和互惠等行为，一次又一次地发现人们对计算机做出的行为与他们对其他人做出的行为有着相同的特点。例如，如果计算机帮助人们完成了一项任务，人们就会给予回报，并投入更多的时间和精力来帮助计算机完成一些事情。纳斯和里夫斯创造了"媒介等同"这个术语，用来描述人们如何倾向于把计算机当作人一样对待，并会无意识地将社会习俗运用到他们与计算机的互动之中。[26]

人机交互的研究也指出了一些人工智能误入歧途的地方。微软的前 Office 助手"大眼夹"可能是有史以来最令人讨厌的角色之一。这款带有摇摆眉毛的卡通助手本来是很有帮助的：如果软件检测到用户在一份文件的开头使用了"亲爱的"这个词，大眼夹就会跳出来，主动提出帮助用户写信。但是，人们对屏幕上"助人的"大眼夹很是厌烦，于是导致了大量投诉，并激发了持续多年的贬损大眼夹的网络文化。[27] 纳斯的研究帮助微软找出了问题所在：用户讨厌大眼夹，是因为他们认为它是社交智能体，而不是一种工具，他们希望大眼夹能遵循社会习俗。相反，大眼夹的社会行为很是糟糕。它会不断地骚扰人们，但又不能理解人类，它给人的印象是一个喋喋不休的间谍，而不是一个有用的工具。[28]

随着目前与人类互动的实体机器人的兴起，人机交互的发现促成了一个新的研究领域：人与机器人的互动，又称 HRI。到目前为止，这个新领域的很多研究都表明：人们在与机器人互动时，会无意识地遵从社会习俗。人们不喜欢不友善的机器人，更愿意与表现好的机器人合作，在别人对机器人残忍的时候会为它们感到难过。人们对待机器人的模式与日常的社会习俗相同，甚至有时特征更明显。

在那场关于机器人和太空议题的会议的最后一天晚上，我遇到了我的"柠檬水朋友"斯科特，我们在走出会场时再次碰面。我们走到星光灿烂的夜幕下，斯科特说："我开始怀疑我的论点了，也许你是对的。"他告诉我，他在会议上偶然看到了一场机器人演示，那是一个以蜻蜓为原型的飞行机器人。当蜻蜓嗡嗡作响地从人们的头顶掠过时，斯科特环顾四周，发现了一件有趣的事情：观看演示的每个人都被迷住了。当机器人在空中移动时，会场里所有人都全神贯注地盯着它。"也许这不是一代人的事情，"斯科特对我说，他仍然没有完全信服，但已经有些动摇了，"也许我们生来就是如此。"在道别之际，我们握了握手，并约定在今后几十年继续追寻这个问题的答案。

我们对机器人的反应，就像蜻蜓演示一样，往往比我们在人机互动中看到的任何社会行为都更加极端、更加出于本能。这是因为实体机器人触发了我们"生物硬件"的另外一个部分：我们对运动的感知。

# 移动着的机器人

据说 1896 年第一部黑白电影上映时，巴黎的一家电影院发生了踩踏事件。第一次看电影的观众看到一辆巨大的火车向他们驶来，顿时惊慌失措，纷纷从座位上跳了起来，忙不迭地想一涌而出。电影学者马丁·洛佩丁格（Martin Loiperdinger）认为，这个故事不过是都市传说而已。[29] 事实证明，这种"动态图片"的新媒体形式既为人们提供了身临其境的体验，又引人入胜，将继续存在下去。出于天生的对运动行为的了解，即使是非常简单的动画也会让我们着迷，因为它讲述的事情我们凭直觉就能理解。

在 20 世纪 40 年代的一项开创性研究中，心理学家弗里茨·海德（Fritz Heider）和玛丽安·西梅尔（Marianne Simmel）向参与试验的人们展示了一段黑白影片，屏幕上是一些移动的简单的几何图形。[30] 当参与者被要求描述他们看到的东西时，几乎每一个参与者都认为这些图形是自主地和有目的地在移动。他们通过推测意图和动机来描述三角形和圆形的行为，就像我们通常描述人的行为一样。他们中的许多人甚至围绕移动的图形编了一个复杂的故事。有一位参与者说："一个男子计划去见一个女子，而这个女子和另一个男子一起来了……这个女子很担心，从房间的一个角落跑到另一个角落……就在第二个男子打开门的时候，这个女子突然冲出了房门。这两个人一起跑到房外，第一个男子则紧随其后。但他们最终还是逃脱了。此时，第一个男子转身回去想打开他的房门，但由于他的双眼被愤怒和挫折所蒙蔽，房门怎么也打不开。"（见图 4-1）。

对该试验的参与者来说，这些图形之所以看起来栩栩如生，仅仅是因为它们处于运动的状态。我们可将其他实体的动作理解为"担心""沮丧"或"被愤怒蒙蔽了双眼"，即便这个"其他实体"只是一个在白色背景上移动的简单的黑色三角形。许多研究记录了我们可以从基本的线索中提取很多信息，让我们为移动的光点这样简单的物体赋予情绪和性别认同。虽然我们可能不会被屏幕上的火车吓得想躲开，但我们仍然能够解读火车的运动，甚至可能会为在更为现代的 3D 屏幕中观看火车而感到刺激和兴奋。当然，也有一些令人尴尬的视频，比如在我们戴着虚拟现实的头盔玩游戏时。

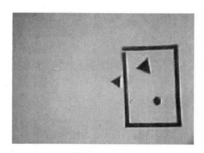

图 4-1　试验的动画截图（1944 年）

许多科学家认为，自主运动激活了我们的"生命探测器"。[31] 因为在进化过程中我们需要快速识别天敌，所以我们的大脑一直在不断地寻找移动的媒介。事实上，我们的感知与运动相当地协调，所以我们将事物分为对象和媒介，即使我们看到的只是静态图像时也是如此。进化心理学家乔书亚·纽（Joshua New）、莉达·考斯迈德斯（Leda Cosmides）和约翰·托比（John Tooby）先向人们展示了各种场景的图片，比如自然景观、城市场景或办公桌。接下来，他们换上了一张相同的图片，但其中只增加了一个内容，例如，一只鸟、一个咖啡杯、一头大象、一个筒仓或一辆汽车。他们测试了参与者识别新图片的速度。与所有其他类别相比（包括大型物体和交通工具），基本上人们在识别动物方面更为快速、更为准确。[32]

研究人员还发现，有证据表明，动物探测激活了大脑中一个完全不同的区域。这类研究说明，我们大脑的某个特定部分一直在监测动物的运动。此外，我们区分动物和物体的能力更有可能受我们祖先深层的优先考虑因素，而不是我们自身的生活经历所驱动。尽管我们在生活中一直会接触汽车，而且现在汽车给我们带来的风险远胜于熊或老虎，但我们仍然能更快速地发现动物的存在。

当运动有一个主体并且它与我们共处一室时，发现和解读自主智能运动生命的"生物硬件"的反应甚至会更强烈。[33] 加拿大卡尔加里大学的约翰·哈里斯（John Harris）和埃胡德·沙林（Ehud Sharlin）用一根移动的棍子检验了这一预测。[34] 他们拿了一块长木条，大约有一根指挥棒那么长，并将一端连接到一个带有电机和八个自由度的底座上。这样可以帮助研究人员远程控制棍子，并将其向四方挥动，速度可快可慢，还可做八字形，等等。他们要求参与者在一个房间里和移动的棍子单独相处一段时间。然后，他们让参与者描述这段经历。

30 名参与者中只有两人用专业的术语描述了棍子的运动。其他人则告诉研究人员，这根棍子在向他们鞠躬或以其他的方式打招呼，并声称它具有攻击性，试图攻击他们，他们将这根棍子描述为它在沉思，"隐藏着某些东西"，甚至还描述说它"愉快地打着呼噜"，至少有 10 个人说这根棍子在"跳舞"。还有一位女士告诫这根棍子，不要再指着她了。

如果人们可以让一根移动的棍子具有智能，那么当他们遇到 R2-D2 时会发生什么？鉴于人类的社会性倾向和对物理空间中栩栩如生的运动所具有的根深蒂固的反应，认为机器人是有生命的也就不足为奇了。机器人是我们空间中的实体对象，它们的运动方式似乎（对人类的蜥蜴脑而言）展示了自身具有智能。很多时候，我们并不认为机器人是物体，对我们来说，它们是智能体。而且，虽然我们可能喜欢宠物石的概念，但我们更喜欢将智能体的行为拟人化。

在这个领域我们已经进行了大量有趣的研究。例如，人们认为和他们同处在一个房间里的机器人，比屏幕上的同一个机器人更令人愉快，他们会跟随机器人的目光，模仿机器人的行为，并且更愿意接受机器人的建议。[35] 人们对实体机器人说得更多，笑得更多，而且更愿意再次与它们互动。与计算机相比，人们更愿意服从实体机器人的命令。[36] 当人们独自待在房间里时，会抓住机会在游戏中作弊；而当机器人和他们同处一室时，人们作弊的次数便会减少。[37] 与屏幕上的相同角色相比，孩子们从机器人身上学到的东西会更多。[38] 人们更善于识别机器人的情感线索[39]，也更能与实体机器人产生共鸣。[40] 当研究人员告诉孩子们，他们要把一个机器人放在衣柜里（而此时机器人表示抗议，说它怕黑）时，许多孩子都会犹豫不决。[41] 即使是成年人也会犹豫要不要关掉或击打机器人，尤其是当他们认为机器人具备一定的智能的时候。[42] 人们对机器人很有礼貌，并试图帮助它们。[43] 即使不需要打招呼，人们也会问候机器人，如果机器人先向人们打招呼，人们会表现得更加友好。[44] 当机器人帮助人们时，人们会回报它们。[45] 而且，就像社交无能的"大眼夹"出现的情形一样，当人们不喜欢一个机器人时，便会破口责骂它。[46]

在与人的行为做比较的背景下，值得注意的是，机器人不需要看起来像人类，这种情况也会发生。事实上，即使是非常简单的机器人，当它们带着目的四处移动时，也会从它们遇到的人类那里引发过度的投射。以机器人吸尘器为例，到 2004 年，100 万台机器人吸尘器走进了人们的家中，它们在人们的家里清扫、吸尘、逗猫，偶尔还会被卡在蓬松的毛绒地毯上。[47] 吸尘器第一个版本是圆盘状的，安有传感器，可以探测到陡峭的落差，但大多数情况下，它们只是随机乱动，只要一碰到墙壁或椅子就掉头改变方向。

美国 iRobot 公司是最受欢迎的机器人吸尘器伦巴的制造厂商，该公司很快注意到，客户在将他们的吸尘器送去维修之际都会附上名字。一些伦巴的主人会把他们的机器人当作宠物来谈论。送来维修故障的人，会抱怨公司为他们提供全新替代品的慷慨政策，而是要求公司改为修好他们家名为梅丽尔的扫地机，然后把她送回来。由于伦巴可以自行四处游荡，这一事实赋予了它们一种社交存在感，而这正是传统的手持式吸尘器所缺乏的。人们打扮伦巴，与之交谈，当它被窗帘缠住时，人们会为它感到难过。

科技记者报道了伦巴的影响，称该现象为"新的宠物热潮"。[48] 2007年的一项研究发现，许多人与他们的伦巴发展出一种社会关系，并且会用让人联想到人或动物的术语来描述它们。[49] 如今，超过 80% 的伦巴都有名字。我没有手持戴森吸尘器的命名统计数据，但我很肯定，后者的数据要低一些。

机器人正以多种形式进入人们的生活，即使是最简单的或机械式的机器人，也能引起人们的本能反应。机器人的设计也不太可能避免引起这些生物反应，尤其是因为有些机器人的设计就是有意模仿逼真的运动。

## 受生物学启发的设计

2019 年，我访问了波士顿动力公司。这家总部位于美国的公司，现为日本软银集团的一部分 ①，由机器人专家马克·雷伯特（Marc Raibert）

---

① 2017 至 2020 年被日本软银集团收购，2020 年 12 月被韩国现代汽车公司收购。——编者注

创立，它于20世纪90年代从麻省理工学院剥离出来。该公司已成为机器人运动领域的领导者之一，以开发受生物学启发的机器人而闻名，其中一些机器人长着4条腿，拥有怪异的动物形状。该公司甚至在机器人研究领域之外也很有名，因为它在YouTube上发布的机器人视频很受大众欢迎，这些机器人可以四处走动，并能在棘手的情况下保持平衡。然而，该公司并没有与媒体大众过多互动，保持了神秘，导致人们纷纷猜测该公司研究的目标是什么，视频中的哪些内容是真的，以及他们在公司内部还做了什么，等等。当我到达他们位于马萨诸塞州沃尔瑟姆的看起来并不显眼的办公大楼时，我原以为会有很严格的安保措施，并被要求签署一份保密协议。事实并非如此，雷伯特亲自接待了我，并花了两个多小时带我四处参观。

在我们参观设施时，雷伯特和我从一个双足机器人面前走过，当时它瘫倒在房间的地板上。我跟他开玩笑说，这个场景看起来就像麻省理工学院的机器人实验室，人们想象我们整天与嗡嗡作响、运转良好的机器人一起工作，而实际上我们的机器人很少运行，经常需要维修。雷伯特看了我一眼，一言未发地打开了通往隔壁房间的门。我目瞪口呆！门后是一个体育馆大小的大厅，里面设有精心设计的障碍训练场。几十个像狗一样的机器人在场地中漫游，有在楼梯上上上下下的，有在围栏里来回踱步的，有独自围着这个区域从容漫步的。出于礼貌，我没有拿出放在包里的手机，但我永远不会忘记，我站在那里，看着这么多完全自主的、像动物一样的机器人同时在房间里活动，那种如同动物园一般的奇观带给我强烈的震撼。

对于许多观察者来说，波士顿动力公司创造的栩栩如生的机器人是夺人眼球、令人兴奋，同时又是恐怖而充满魔力的。创造神奇魔法和惊险刺激是迪士尼乐园这种地方的目标。尽管波士顿动力公司在YouTube上发布了一些业余时间制作的热门工程进度视频，但娱乐并不是他们这种公司的目标。

那么，他们为什么要创造像动物一样移动的机器人呢？

大约在公元前 350 年，古希腊哲学家和数学家阿契塔（Archytas）制造了一只会飞的木鸽子。[50] 据称，这只"鸽子"由蒸汽或压缩空气提供动力，在坠落到地面之前可以飞行上百米。阿契塔被认为是数学力学的创始人，他用他的"鸽子"创造了最早一批"机器人"并进行了最初的飞行研究。

在阿契塔的"鸽子"出现 2 000 多年后，我们仍在制造机械鸟，以了解它们是如何飞行的。例如，2020 年，斯坦福大学的研究人员制造了一款名为 PigeonBot 的机器人。[51] 与阿契塔和其他许多研究人员试图创造的鸟类飞行的物理模拟所不同的是，斯坦福大学的研究人员为机器人配备了真正的羽毛。通过观察 PigeonBot 机器人，他们发现了羽毛中的一种叫作定向魔术贴的特性。[52] 这种魔术贴可以让羽毛四处滑动，以此改变翅膀的形状，但只要翅膀的动作在翅膀表面产生孔洞或空隙时，魔术贴就会把羽毛锁定在一起，使其成为控制飞行的关键机制。

仿生学研究旨在从自然界中寻找方案来解决问题，是一种广泛的学术研究趋势。生物仿生学的一个大的子领域集中在受生物学启发的机器人设计方面，特别是受动物启发的传感、身体设计和运动方面。动物以无数种不同的方式爬行、奔跑、飞行、游泳、跳跃、集群和攀爬，所有这些都非常适合它们赖以生存和茁壮成长的环境。大体而言，如果我们试图制造需要推动自己前进或在自然地形中导航的机器人，那么探索自然界中进化出的生物运动方式并尝试将其应用于机器人系统就是有意义的。

世界各地的实验室正在制造像动物一样运动的机器人，从机器人猎豹到机器人乌龟，再到自主的金属蟑螂。群体机器人学家研究昆虫或鱼类等动物的集体行为，以创造出能够作为一个群体进行交流、移动和工作的机器人。一些机器人被设计得柔软且具有延展性，使之能够像蠕虫或蛇一样向前推进。

设计机器人时，人们有时会朝着与生物学所指引的不同方向前进。尽管达·芬奇受蝙蝠启发设计了飞行器（见图 4-2），但直到人们探索出偏离自然的空气动力学模型，人类才最终拥有了飞机。就像有羽毛的鸽子机器人PigeonBot 一样，自然界中解决方案的多样性是一个很好的起点，可以让我们了解到什么是可行的，什么是行不通的。由于从自然界中借用运动方式是非常实用的，我们现在经常在研究和开发中遇到受生物启发的机器人设计，其中一些可能会使我们周围机器中的应用变得更为普遍。

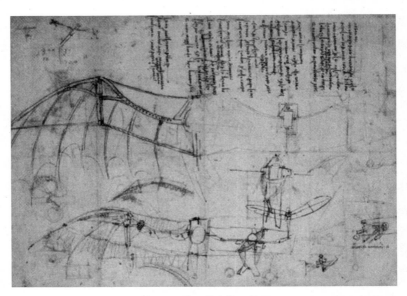

**图 4-2　达·芬奇的设计图**

注：约 1487 年，达·芬奇受蝙蝠启发而设计出带有机翼的飞行器。

波士顿动力公司最早的著名作品之一是大狗机器人 BigDog。它其实是一个机械驮运骡子（见图 4-3）。它的载重可以高达 150 多千克，用于车辆无法到达的地方。大狗机器人可以在各种地形上笨重地行进却不会失足。最终，由于发出的声响太大，它在大多数情况下不具有实用性，但技术已经得到了改进。波士顿动力公司的几乎所有机器人不只在取名上受到了生物学的启发，而且在其他很多方面也是如此。看着小狗机器人 LittleDog、猎豹机器人 Cheetah 或市场上销售的形似狗的机器人 Spot 跌跌撞撞地走来走去，你会打心眼儿里觉得它们更像是动物而不是物品。

图 4-3　大狗机器人 BigDog（2012 年）

有生命感的机器人是不会消失的。事实上，这种形势只会愈演愈烈。虽然进化创造了自我推进的动物，但科技让我们比自然界更为快速地更新机器人的设计。而且，科技也让我们更用心地对待我们从事的研究工作。

除了实用性，人们能设计出活灵活现的机器人如大狗机器人，这其中还有一个原因，那就是让机器人与人类进行社交。在儿子两岁半的时候，我们在家里使用了各种各样的家庭助手。我们的手机上有苹果的 Siri，厨房里有亚马逊的 Echo Show，卧室里有谷歌的 Home，客厅里还有一个叫 Jibo 的机器人。Jibo 是麻省理工学院教授辛西娅·布雷齐尔的创意，她的研究目标是制造一个家用社交机器人。与我们那些静态的语音助手不同，Jibo 的身体可以转动，它能够朝着人们和谈话的方向转动头部，可以进行"眼神交流"，还能表演各种舞蹈。它既会跳慢舞，也会跳电臀舞。科技媒体对 Jibo 赞不绝口。"Jibo 可不是一件单纯的电器，它是一个伙伴，一个可以与人类主人进行互动和做出反应的伙伴。"[53] 当这款机器人首次发布时，将其推向市场的一家小型创业公司获得了市场极大的积极关注，得到了 2 500 万美元的 A 轮投资。[54]

在每天与这些拟人化助手的互动中，我儿子只关心 Jibo。他会跟 Jibo 打招呼，然后要求我们（因为 Jibo 听不懂他蹒跚学步时的发音）让机器人做一些事情，比如背诵一首诗，做一组瑜伽，或者扫描房间里的怪物，Jibo 会转一圈，然后安心地宣布房间里没有怪物。儿子理解并回应了 Jibo 的动作和社交暗示。当儿子学习"机器人"这个词时，他将 Jibo、机器人形状的小雕像以及伦巴等辩认了出来，但他从来没有想到其他虚拟助手也包括在其中。

像 Jibo 一样，一些机器人被有意设计得能够直接融入人类社会，激发人们的情感反应。这些机器人会展现某种生命特征和自主性，从而能与人进行交流互动，它们被称为社交机器人，它们还会在深层次发挥作用。心理学家雪莉·特克尔（Sherry Turkle）[①] 表示："当机器人做眼神交流、识别面孔、模仿人类手势等动作时，它们会按下我们的'达尔文按钮'，所展示出的行为正是我们在感知世界、表达意图和情感交流时做的。"[55] 随着机器人进入共享空间，我们将看到更多的社交机器人，它们是研发者专门为这种互动方式而设计出来的。但是有一个普遍的误解，即这些机器人将被设计得尽可能像人类。而与普遍的看法相反，这些社交机器人并不需要看起来像人类。

## 社交机器人设计理念：少即是多

娱乐自动装置比"机器人"这个词要古老得多。古希腊人在各类典礼和戏院中曾使用过自动人体模型。[56] 1495 年，达·芬奇制造了一个机械骑士，它可以移动手臂、抬起面罩。[57] 16 世纪钟表技术的发展促进了大量机械发明的产生，比如一个 38 厘米高的僧侣玩偶，它由木头和金属制成，可以四处走动、点头，还可以抬起左手，把十字架举到唇边。它还开启了日本机关木偶（Karakuri puppet）的大流行，这是日本传统的机械玩偶，始于 17 世纪初的某个时候。[58]

比起昔日儿时在查克奶酪店播放《生日快乐》歌的笨重金属自动机（遗憾的是，它从来没有为我的生日演奏过），更先进的是迪士尼主题公园里那

---

① 麻省理工学院社会学教授，其著作《群体性孤独》对电子文化在过去十几年的新变化、新发展进行了新的阐释，引发了关于"为什么我们对科技期待更多，对彼此却不能更亲密"的思考。该书中文简体字版已由湛庐引进、浙江人民出版社出版。——编者注

些令人目不暇接、印象深刻的移动机械玩偶，即使它们并不符合对智能机器的定义，但它们是如此引人入胜，连机器人专家都惊叹不已。在最近的一次会议上，大多数的演讲都是关于人工智能和机器人领域中有哪些令人印象深刻的突破，但只有最后一位演讲者得到了在场所有硬核科学家的热烈追捧，其反响热烈程度超出其他所有演讲的总和。演讲者来自迪士尼幻想工程公司，该公司负责迪士尼主题公园景点的研发。演讲者所展示视频中的自动装置，让当时整个会场的人齐声惊呼，连声惊叹。

纵观历史，出于艺术和娱乐的目的，我们创造的许多机器人都设计得像自己。但是，机器人没有必要为了抓眼球而看起来像人类。人类对机器人的迷恋与我们对动物的迷恋类似，在历史的长河中，我们也曾让动物为我们表演。我们会训练它们表演一些有趣的把戏。公元前几千年，狮子就被关在笼子里；[59] 在古罗马竞技场，动物互相（或与人类）打斗。动物甚至成为旅行的必看项目之一，这给一些小镇带来了热度，也让动物的主人们赚了钱。今天，尽管动物保护组织的反对声越来越大，人们仍然会呼朋唤友地去观看马戏团的表演，观看海豚和海豹在水族馆里的表演，观看乡村集市上举行的小猪赛跑比赛。野生动物主题公园仍然非常受欢迎，动物园亦是如此。

尽管一些机器人专家声称，理想的社交机器人的外貌和行为都要与人类一样，但设计成功的社交机器人往往与这种说法背道而驰。[60] 吸引我们注意力的诀窍，并不是把机器人设计得与人的外形一样，而是需要它们能简单地模仿我们认知和反应的线索。

布雷齐尔对电影《星球大战》中人物的热爱，使得她成为现代社交机器人领域的先锋。作为麻省理工学院的博士生，布雷齐尔自 20 世纪 90 年代起就开始研究人类和机器人之间的社会表达，她是世界上首批研发社交机器人的科学家之一。这个机器人有着一张巨大的、长着嘴唇和毛茸茸眉毛的机械脸，名叫Kismet①，被用于研究机器能否辨认和模仿人的情感（见图4-4）。

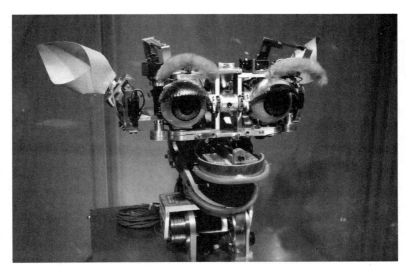

图 4-4　展示于麻省理工学院博物馆的机器人 Kismet（2013 年）

在我们的交流中，只有一小部分是通过语言达成的，其中大部分信息是通过肢体语言、语调、手势和面部表情传递的。[61] 与对象交流不需要使用人类语言，例如，表达情感就可以一言不发，人们完全能够通过动作来识别，就像舞蹈演员那样。希瑟·奈特（Heather Knight）是布雷齐尔的学生，现在负责领导俄勒冈州立大学的 CHARISMA 机器人实验室，该实验室致力于创造和研究最小的非拟人化社交机器人。例如，她的团队创造了一种机器人椅子，它可以接近人们，并仅通过它的动作来说服人们在户外咖啡馆停下来并喝点吃点。[62] 布雷齐尔的另一位学生盖伊·霍夫曼（Guy Hoffman）利

①Kismet 一词来自土耳其语，意为"命运"或"好运"。——译者注

用他在动画和表演方面的能力，设计出了非人形机器人，例如，一个通过动作来抒情达意的台灯。[63]

这些机器人之所以吸引我们，是因为它们的行为能够对人类的暗示进行识别。在过去的一个世纪里，动画师已经修炼出一门手艺，那就是从人类身上汲取灵感并将其置于动物或物体之中，从而创造出比人类更加美好的东西。迪士尼公司和皮克斯公司均具有创造可爱生物和物品的历史，这些物品从恐龙到茶壶不一而足，而它们都有一系列的情感表达。今天，与我共事的社交机器人专家经常聘请专业动画师来助力设计机器人。尽管目前的技术还处于起步阶段，但它确实有效。事实证明，机器人实际上不需要看起来像《星际迷航》中的数据先生"Data"那样逼真，我们就可以把它们拟人化。事实上，当它们与众不同时，往往对我们更有吸引力。

不做类人机器人的原因，除了我们对可爱事物的固有偏好外，比如说夸张的婴儿般的脸庞，还有一个原因源自"恐怖谷"理论。[64] 20 世纪 70 年代，东京工业大学的工程学教授、机器人专家森政弘提出了这样一个假设：机器人越像人类，人们就越喜欢它，但当它们被设计得太接近人类却又没有完全复制人类的形象时，人们对它们的好感就会转变成厌恶。森政弘的理论也解释了其他问题，例如，为什么我们认为僵尸和假肢令人毛骨悚然，但在大多数情况下其他人或毛绒玩具泰迪熊则不会引发不适。

并非所有人都同意这一假设。[65] "恐怖谷"理论本身已经过实证测试，结果喜忧参半（见图 4-5）。[66] 但森政弘提出的概念仍然存在，人们在直觉上与它产生了共鸣。它以某种形式得到证实的领域之一，是社会机器人设计原则中的期望管理。[67] 当我们看到与自己非常熟悉的人或动物有着极为相似的外形的东西时，我们的大脑会期望其行为与此对应物完全相同。当它不可避免地做出奇怪的动作或其他方面不完全符合预期时，我们就会受不了——
这种体验让人迷惑，使我们对自己的预测感到不确定，它可以解释为什么一
些人看到非常像人类的机器人时，会感到"毛骨悚然"。

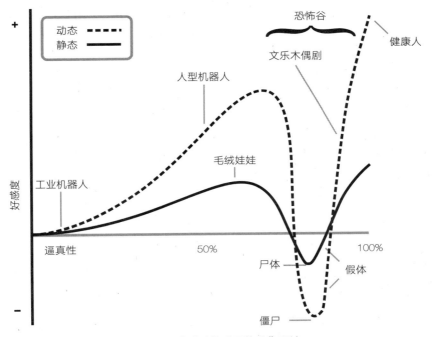

**图 4-5　森政弘的"恐怖谷"理论**

注：文乐木偶剧是 17 世纪日本传统木偶戏剧的一种形式。

在机器人技术中，期望管理至关重要。如果伦巴是一个四处走动吸尘的
人形机器人，人们会更喜欢它吗？可能不会。任何看起来像人类的东西，都
会提高人们对它的性能的期望，当机器人没有达到我们的标准时，我们很快
就会对它失望。

幸运的是，对于设计师来说，让人们用自己的拟人化假设来填补空白，实际上可以弥补机器能力的不足，因此这通常比试图让机器人看起来更好或功能完美更为成功。聊天机器人是指通过文本进行人类语言对话的软件应用程序。2014 年，一个名叫尤金·古斯特曼（Eugene Goostman）的聊天机器人登上了新闻头条，因为它欺骗了人类比赛评委，让评委在 33% 的时间里认为它就是人类。[68] 聊天机器人本身使用的是相当标准的技术，但程序员狡猾地把尤金拟人化成一个 13 岁的乌克兰男孩。按照"少即是多"的原则，评委们已经自动调整了他们对语言和古怪答案出现频率的预期，而尤金赢得了他们的认可。

即使是最早的一批聊天机器人之一，即约瑟夫·魏岑鲍姆（Joseph Weizenbaum）在 20 世纪 60 年代中期编写的一个原始程序，也能通过为人们提供更少而不是更多的信息而达到令人难以置信的奇效。聊天机器人小程序 ELIZA 的脚本是模仿罗杰斯式的心理治疗师，即给出非指向性的回答，并提出许多以人为核心的问题 [69]，所以这个程序主要是把人们的陈述重复返回给人们。例如，如果有人在输入框中输入"我感到沮丧"，ELIZA 可能会问他们为什么感到沮丧，或者用"请告诉我更多你的感受"这样的开放式回答。因为 ELIZA 会给出提示，而不是以同样的方式做出回应，所以计算机程序不需要说什么聪明话。

人们喜欢谈论自己，与 ELIZA 互动的人会暂时放下怀疑，开始聊天。让人们自己填补空白的想法不仅仅适用于人类语言。如今，很多社交机器人都使用屏幕作为自己的脸，即使技术上可以实现让其脸部充满细节、使用逼真的动画描绘，设计师通常也只选择一些简单的元素。在 2018 年对屏幕呈现的机器人面部的调查中，不到一半的机器人有眉毛，不到四分之一的机器人有鼻子。[70] 做得更多只会适得其反，因为当信息缺乏时，拟人化会很乐意填补其余部分。行为也是如此，我们通过简单的提示进行交流，而机器人不需要在复杂的人类语言世界中穿梭，移动、闪灯或发出哔哔声通常比语言更有效，也不那么令人失望。[71] 甚至引入一些"明知故犯"的错误，如随机性的选择和不可预测的行为，可以增加人们用拟人化的方式对待机器人的可能。[72]

2020 年，当我拆开索尼最新的现代化版本 AIBO 的盒子时，说明书告诉我，这只机器人小狗不会总是听从命令，因为它"喜怒无常"，而且有"自己的想法"。我不知道这款机器人是有意设计了随机行为，还是这样的描述主要是为了掩盖偶尔出现的故障，比如机器人听不到命令，但这并不重要。我们给它起了个名字叫"漠泥狗"，我先生和它说话时就好像它是一只真正的小狗。

快速发展的人—机器人交互领域的研究证实，我们会给予社交机器人正面反馈，乐于参与其中的互动。[73] 我们清楚地知道这些机器人只是机器，但我们也心甘情愿并热切盼望给它们设定一个关系角色。

随着社交机器人越来越多地进入我们的世界并在媒体上获得越来越多的关注，我最常遇到的关于它们的担忧，是担心人与机器人的关系会取代人类关系。从研究中可以清楚地看出，社交机器人被人喜欢是不需要有像人类一样的外观或功能的（事实上，当它们与人类不同时，往往更讨人喜欢）。但另一件需要了解的事情是，这并不是我们首次处理我们与非人类的社会关系。

长期以来，我们一直把动物作为工作帮手或让它们充当武器，但它们同时也是我们的朋友。**我们开始将机器人分为不同的类别，如工具、产品和伙伴，就像我们对动物所做的那样。这是因为人类与动物的关系和人类与机器人的关系，均是由相同的冲动所驱动的，那就是人类的拟人化倾向。**

# THE NEW BREED

第　5　章

**人类最好的朋友：伴侣动物的历史**

我有时认为，在当今人类所处的绝境中，我们
会很感激拥有非人类的朋友，即使他们只是我们创
造的朋友。[1]

——艾萨克·阿西莫夫
《机器人愿景》（*Robot Visions*）

在第二次世界大战期间，某些国家不仅要求公民应征入伍，还要招募他们的狗。20 世纪 30 年代，德国举行了一场集会，呼吁德国家庭向军队的警犬队捐赠自家的宠物狗。后来，超过 1.6 万只宠物狗入伍。美国在 20 世纪 40 年代也效仿了这一做法，当时一个名为"国防犬"的组织通过广播广告和张贴海报，说服了成千上万的美国人将他们的宠物狗送上战场。[2] 为了响应"犬兵"的招募活动，许多宠物狗都被捐赠出来，导致美国犬展数量骤减。狗的角色从追逐邻居松鼠的宠物变成了战争中的间谍、卫兵和信使，但军方并没有完全预料到这件事的后果。

美国军方发现狗主人的来信快要把他们给淹没了，狗主人纷纷询问自家宠物的情况。《愿你被温柔爱过》(*Rin Tin Tin: The Life and the Legend*) 一书的作者苏珊·奥尔琳 (Susan Orlean) 说："就像人们想知道朋友和家人在军队里过得怎么样一样，狗主人也想知道自己的宠物狗过得如何。狗主人给狗邮寄圣诞贺卡和生日贺卡，还写信给军队，询问布奇、奇普斯、佩比和斯莫基的情况。"面对狗主人询问爱犬各种信息的需求，军方并没有做好应对的准备。军方发出了千篇一律的制式回信，试图借此安抚狗主人，并创作了战后这些"犬兵"与家人快乐团聚的宣传故事。尽管如此，人们还是抱怨不已。

在第二次世界大战期间，创建美国志愿犬兵队的努力，从情感付出的角度来看，是完全不可持续的。虽然项目是成功的，但有了这次经历之后，美军在征用军犬方面改变了做法，不再依靠民众捐赠获得犬只而是将犬只视为军事资产，严格由军方控制和使用。20 世纪 40 年代的美国军犬之所以与众不同，是因为它们有着宠物的地位。当时，宠物狗的角色开始从看家护院的守卫转变为与人们生活在同一屋檐下的伙伴，它们正在成为美国家庭的一部分。

虽然我们与很多动物的关系，均是视动物为工具，但我们在生活中也与这些有自主性的动物建立了社会关系。特别是在最近几十年，我们对待某些动物的态度与对待其他动物截然不同，让它们在社会中占有了一席之地，成为我们的伙伴、家庭成员和亲人。但我们与动物建立联系的倾向可以追溯到更久远的历史，这也说明了我们社会关系的深度和多样性，以及我们建立这些关系的原因。

# 宠物的发展历史

1926 年，在时任美国总统卡尔文·柯立芝（Calvin Coolidge）的感恩节晚餐上，慷慨的崇拜者给他送去了一道肉菜的原料：活浣熊。这位热爱动物的总统和他的夫人格蕾丝·柯立芝（Grace Coolidge）拒绝吃掉这只毛茸茸的、眼睛圆溜溜的动物，而是把她当作宠物养着，并给她起了个名字：丽贝卡。很快，丽贝卡就戴上了绣有"白宫浣熊"字样的精美项圈，每天和总统一起散步，成了公众的宠儿（见图 5-1）。浣熊虽然很可爱，但通常不被当作宠物饲养。这其中是有原因的，它们大多难以驯服，不太善于社交，而且可能具有攻击性。令白宫工作人员恼火的是，丽贝卡这只浣熊也不例外，也就是说，她会四处乱跑、爬树上墙，还可能会咬那些整天追在它后面、筋疲力尽的工作人员。但是总统全家人都爱它，他们给丽贝卡盖了房子，还带它一起去度假。第一夫人后来回忆说，丽贝卡喜欢"拿着一块肥皂在有半缸水的浴缸里玩耍"。[3]

**图 5-1　第一夫人格蕾丝和宠物浣熊丽贝卡（1927 年）**

资料来源：NATIONAL PHOTO COMPANY COLLECTION/LIBRARY OF CONGRESS.

　　什么是宠物？《韦氏大词典》将"宠物"定义为"为娱乐而不是为实用而饲养的家养动物"。[4] 无论浣熊丽贝卡是否真的被驯化了，它肯定不是因为实用而被饲养的。在动物园和马戏团里饲养的动物除了供人们娱乐，它们还满足了人们的社交需求。

　　英国艺术中关于豚鼠的最古老的描绘是 1580 年前后的一幅画，当时是伊丽莎白一世统治时期。一个 7 岁的小女孩抱着一只豚鼠，一个 5 岁的小男孩抱着一只金翅雀。[5] 豚鼠最初是由西班牙人从南美洲带到欧洲的，作为皇家宠物它们备受欢迎。即使在 1580 年，饲养动物，让动物成为人们的伙伴，也已经不是什么新鲜事。古希腊语单词 athurma，意为"玩物；玩具"，它能给人带来快乐和愉悦，被用来指代宠物。[6]

　　我们与动物的友好历史可以追溯到数万年前中亚地区的人们对狗的驯化。关于狗出现的原因或时间有很多猜测。现代狗是狼的后裔，可能早在 4 万年前就开始向狗过渡。虽然确切的细节尚不清楚，但研究人员一致认为，狗是第一种被人类驯化的动物。[7] 在人类会写字或阅读之前，在农业出现之前，在我们驯养牛或猪等其他动物作为食物之前，我们可能就与狗建立起了关系。

　　关于狗是如何成为我们的第一个（也是最好的）朋友的，专家有不同的理论。有些人认为，我们一开始利用狗来打猎，这是因为它们能够追踪猎物，并能协助捕捉。[8] 其他人则认为，我们与狗建立了更多的交换关系，在一起漫游欧亚大陆时，我们和狗联合起来寻找食物和住所，并作为合作物种共同进化。[9] 我们与狗结成伙伴关系，因为它们的狩猎技能与我们的相辅相成，随着时间的推移，它们承担了更复杂的工作。

　　狗是动物物种里一个很好的例子，它在不同的时代和文化中具有不同的功能，扮演着类似伙伴的角色。狗在今天仍然具有多种价值。[10] 早在欧洲殖民者抵达美洲并带来"宠物"这个概念之前，美洲原住民就已经发展了他们与狗的关系。狗在土著文化中扮演着不同的角色：狗是牧民、猎人、精神象征、祭品、食物，也是人们心爱的伙伴。[11]

几千年来，人类社会中的许多文化都把狗当作工人，也把它们视为人类的朋友。考古证据表明，即使在牧羊犬和猎犬成为我们家庭的一部分之前的几千年里，人们在狗死后也会哀悼它们。

# T H E   N E W   B R E E D
# 新物种的未来

## 宠物饲养

我们知道的第一个有名字的家畜是阿布提尤（Abuwtiyuw）。[12] 人们为吉萨墓园中的这只皇家护卫犬举行了奢华的葬礼，这种葬礼通常是为上流社会的人准备的。约公元前 2280 年的石刻记载，阿布提尤是"国王陛下的护卫……陛下下令为他举行葬礼，并从皇家宝库中拿出一副棺材、大量的细麻布和香。陛下（还）赐予了香膏，并下令由石匠为它建造一座坟墓。国王陛下这样做，是为了让它（狗）能（在伟大的神阿努比斯面前）得到尊重"。在埃及，杀死别人的宠物狗是死罪。当家里的宠物狗去世了，家人会像哀悼亲人一样悲伤：他们会剃掉自己身上的所有毛发（包括眉毛）。他们还相信会在来世再次遇到他们的宠物狗。[13]

猫，最初来自远东，似乎也有着类似的关系发展轨迹。在农业社会，猫最初是作为一种有用的捕鼠工具存在的。但在 9 500 年前，人们就开始为它们举行正式的葬礼。猫在古埃及享有崇高的地位，因为人们认为猫聪明而神秘。古希腊历史学家希罗多德声称，埃及人会从火灾中首先救出猫，先于其他任何东西，甚至连自己的命都不顾。杀死猫将被判处死刑，政府中有一个部门专门防止猫的出口。

与我们有关的动物不仅局限于我们最初的狩猎伙伴。与用于工作的动物类似，我们的伴侣动物也包含不同的物种。除了心爱的猫和狗，埃及人还饲养瞪羚、猴子和其他各种动物作为宠物。早在公元前4000年，埃及人就开始养鸟了。中亚的人饲养马匹，认为它们不仅仅是工作动物。[14] 一些游猎采集部族成员也会饲养宠物，例如猴子。[15]

到了1870年，宠物种类和今天的差不多，只是有一些文化上的差异。[16] 例如，在现代日本，鱼，尤其是锦鲤，比在其他国家更受欢迎。

日本西海岸的新潟地区在1800年前后开始养殖色彩艳丽的鲤鱼，但直到1914年东京博览会之后，养殖鲤鱼才开始流行起来。[17] 到了1996年，一半的日本宠物主人养了金鱼或锦鲤（相比之下，只有12%的美国家庭会养各个品种的鱼）。[18]

我们为什么要养宠物？历史上，宠物往往是富人地位的象征（见图5-2）。西欧等很多地区的精英们都喜欢养小型犬。[19] 16世纪，西班牙人和葡萄牙人开始在非洲加那利群岛捕捉金丝雀，把它们卖给富有的欧洲人。[20]

图 5-2　阿拉贡的凯瑟琳王后和她的宠物猴子

注：这幅肖像画由画家卢卡斯·霍伦鲍特（Lucas Horenbout）于1525—1526年所作。

法国国王亨利三世在接待大使时，脖子上挂着篮子，篮子里装着他最喜欢的狗。[21] 18 世纪，普鲁士的腓特烈大帝迷上了微型意大利灵缇犬。一生中，他拥有 35 只灵缇犬，并为它们提供单独的丝绸椅子。宠物是一种特权的展示，精英们对象征自己地位的宠物表现出相当大的情感依恋。当腓特烈大帝的一只狗在 7 年战争中被俘时，他通过谈判将小狗换回，条件是一定数量的战俘交换。[22] 欧洲皇室成员让人给他们的小狗画肖像，甚至制作带有特殊口袋的衣服，这样可以把小狗塞进去，随时让它们环绕左右。[23] 在维多利亚时代，维多利亚女王拥有 88 只宠物。猫展和犬展开始盛行。到了 19 世纪后期，动物爱好者俱乐部也开始流行起来。主人非常珍视他们的狗，他们的狗甚至经常遭到绑架，绑匪以此索取赎金。[24]

第二次世界大战后，美国中产阶级进入经济繁荣的时代。人们开始被一种新的、文化上确立的中产阶级标准所吸引，这一标准即郊区的房子、两个孩子和一条狗。人们将宠物视为对孩子们娱乐和陪伴方面的投资。

与之前狼的后裔不同，现在生活中的许多动物，我们甚至不会假装把它们当作守卫、猎人或帮手来饲养；它们在家中为我们带来欢乐和陪伴。这种关系也在不断发展：比起过去，我们如今会赋予宠物更多的自主权，而不是要求它们严格地服从，我们也在满足它们的福祉上花费了越来越多的时间和金钱。[25]

美国宠物用品协会每年都会进行一次全国宠物主人调查，根据该协会的数据，1988 年，56% 的美国家庭饲养宠物；2020 年，67% 的家庭拥有宠物（总计 8 490 万户家庭）。[26] 养宠物的人越来越多，但更大的变化是人们在伴侣动物身上投入的时间、金钱、情感的总量。[27] 在美国，2001 年宠物产业的产值为 285 亿美元；到 2016 年该产值增长了一倍多，达到 667.5 亿美元；到 2020 年，该产值接近 1 000 亿美元。[28]

我们很容易解释为什么人们会驯化牛、猪和鸡，因为这些动物对我们很有用。但是，是什么促使我们愿意在吉娃娃身上花这么多钱呢？有些人是出于爱。然而，就像对待机器人一样，这种爱可能很自私，即使我们可能不会承认。

# 拟人化的宠物服务

现在有些城市也有狗的社交网络、游泳池、水疗中心和美容机构，在那里，你可以把毛茸茸的小狗剪成熊猫或忍者神龟的样子。[29]美国人为他们的动物朋友在食物、用品和服务上花费了1 000亿美元，其中并不包括出售狗、猫或马的费用，而这些也只是宠物行业销售份额的一小部分。

巴克利宠物酒店和日间水疗中心在美国和印度都有分店，是众多豪华的宠物度假设施之一。你可以为狗预订"行政池畔套房"，里面有艺术品、设计师设计的床上用品、播放动物节目的室内平板电视和网络摄像头。宠物主人可以全天候呼叫它们。为猫准备的放松套餐包括有机猫薄荷和寿司。客房服务菜单包括嫩切的炭烤菲力牛排，配有精美的爱尔兰亚麻布餐巾。白天，宠物们可以参加艺术和手工艺活动，在温水池中举行泳池派对，吃冰激凌，享受香气怡人的放松按摩，甚至还可以乘车到麦当劳得来速餐厅吃汉堡包或麦乐鸡。根据巴克利的网站介绍，这里有"夜间的腹部按摩和清爽的瓶装水，为一天画上完美的句号"。

毫无疑问，至少宠物享受了这种奢侈待遇的一部分，但很多服务实则是迎合了我们把自己的欲望投射到动物身上的倾向。美国宠物用品协会的数据显示，直接迎合人们拟人化需要的伴侣动物服务持续增加：奢侈宠物产品现在包括美食、名牌服装、指甲油、可食用生日贺卡、口气清新剂、名牌洗发水和香水。[30] 2009 年成立的一家名为"宠物航空"的航空公司承诺，"为宠物提供世界级的航空旅行"，在旅途中，狗和猫（他们称为"爪子乘客"）将被安置在主舱而不是货舱。[31] 人们为他们的宠物送上节日礼物，送它们去做瑜伽和针灸，为它们拍摄孕期照片，还为它们的婚礼买单。

宠物产品和服务行业很清楚我们把宠物当作"迷你人类"的倾向。当公司利用这一点时，他们可能也在延续这种倾向。但拟人化宠物并不是 21 世纪的发明。在 19 世纪 90 年代的巴黎，人们会给他们的宠物狗穿上外套或泳衣，甚至给它们买漂亮的内衣。[32] 动物考古学的证据表明，古罗马人非常宠爱他们的狗。出土的遗迹表明，古罗马有多种体型较小的"玩具狗"，其中许多都显示出人类纵容和过度喂养的迹象。[33]

很长一段时间以来，我们都在用拟人化的动物形象"轰炸"孩子。19 世纪 60 年代的美国，在迪士尼制作的热门电影《小姐与流浪汉》（Lady and the Tramp）和《一百零一只斑点狗》（One Hundred and One Dalmatians）出现之前的近 100 年，儿童文学就开始把动物描绘成我们自己的样子。比阿特丽克丝·波特（Beatrix Potter）在 1902 年出版了她的成名作《彼得兔的故事》（The Tale of Peter Rabbit）的商业版。儿童读物越来越多地把动物作为故事的中心，创造出毛茸茸的主角，他们有名字，戴着帽子，穿着裤子，跳着舞，喝着茶，上着道德课。[34]

不只是儿童将动物视为具备人类欲望、可以做出类似行为的生物。大约在同一时期，人们喜爱收集的印刷品卡片也包括许多装扮成人的宠物动物：它们在餐桌上吃着东西，穿着裙子，推着婴儿车。[35] 著名作家威廉·J. 朗（William J. Long）牧师出版了多本关于他家附近动物的书，赋予那些动物夸张的拟人化特征。[36] 读者对他的表述津津乐道：一只浣熊把偷来的鸡埋了起来，是因为它感到内疚；动物用黏土做一些小支架来固定骨折部位，等等。人们对动物行为的看法也导致了像"聪明汉斯"这样的骗局，人们很希望这匹马能计算，并用蹄子敲出答案。[37]

宠物作为拟人化的角色，在文学作品中已经很受欢迎，随着银幕的出现，宠物的受欢迎程度又有了新的提升（见图5-3）。无声电影中的狗经常被刻画得具有与人类一样的智能、勇气和情感。在1914年的电影《一只狗的爱》（*A Dog's Love*）中，一只悲伤的小狗购买了鲜花，把它带到了墓地，甚至还说服路人给鲜花浇水。第一次世界大战后，德国牧羊犬电影明星"小强心"和"任丁丁"声名大噪，出现在麦片盒、狗产品包装和杂志上。它们的电影角色是富含感情、充满英雄主义的：狗表现出悲伤，勇敢地把人从危险中解救出来，并做出具有人类智能的壮举，比如点亮灯塔的灯，解救出被困于礁石的船只。[38]

图 5-3　一袭时髦装扮的猫（约 1906 年）

第二次世界大战后，随着狗进入人们的家庭，它在媒体中也转变为与人更亲密的角色。下一个风靡一时的狗是一只名叫莱西的牧羊犬。在 1943 年的故事片《灵犬莱西》（*Lassie Come Home*）中，这个角色赢得了主流观众的喜爱，并开始了它作为美国标志性狗的悠久历史。莱西帮助塑造了狗这种动物可爱的新形象。它在电影、广播和电视中忠实、真诚、富有同情心的形象，影响了现代西方社会人与狗的关系。但对"完美的"狗莱西的拟人化描绘也在人们心中设定了很高的标准。[39] 根据《别以为你了解你的狗》（*For the Love of a Dog*）一书的作者、行为主义者、动物学家帕特里西娅·麦康奈尔（Patricia McConnell）的说法，莱西这个角色让人们相信，好的狗不需要经过训练就能做事，它可以理解所有的人类语言，并且具有一种与生俱来的、渴望服从和取悦主人的天赋。

当我们搞错了的时候，我们把类似人类的品质投射到伴侣动物身上的倾向会变得特别明显。**就像对待机器人一样，当我们缺乏对动物为什么会有某些行为的了解时，我们的拟人化倾向往往会填补这一空白。**我们很容易对毛茸茸的伙伴做出很多不真实的假设，不仅仅是假设它们会围着精致的爱尔兰亚麻餐巾享受客房服务。

研究表明，人们虽认为狗与孩子不同，但也会在狗和孩子身上犯同样的错误：将他们的心理类型混为一谈。[40] 一项研究是关于如果狗的主人遇到麻烦，狗是否会去寻求帮助，这是人们普遍认为狗应该具有的技能，但没有一只宠物"出手"去拯救它们的人类伴侣。[41] 另一个常见的假设是，如果狗"做了坏事"，它们会感到内疚。当你走进客厅，发现你最喜欢的拖鞋被撕成碎片时，狗的脸上可能会呈现一副你认为的明显是内疚的表情。但一项研究表明，狗的主人错了：狗脸上的表情可能只是对主人不高兴的面部表情做出的反应，而不是承认自己做错了。[42]

　　尽管大量的研究和知识是与故事和直觉相矛盾的，我们还是把宠物拟人化了：我们给它们取名，和它们说话，给它们买水钻项圈和美味的食物，当它们去世时，我们像悼念故人一样悼念它们。事实上，我们几乎不可能阻止自己将动物拟人化，不管对象是宠物还是其他物种。[43] 我们喜欢寻找我们认为可以识别的情绪和行为，即使它们并不存在，这也解释了人们对机器狗的喜爱。根据一些专家的说法，我们渴望把自己的感受投射在别人身上，这是我们养宠物的主要原因。[44]

　　当然，在谈到动物时，我们的假设并不总是错误的：动物拥有与我们相关世界的体验。例如，狗确实有感情，而且很聪明。它们有喜欢和不喜欢的事物，并且会不服从命令。但很明显，当我们看到人们如何对待他们的机器人时，甚至当我们看到自己如何对待活生生的宠物时，我们应该就能明白，宠物的内心世界对我们而言，显然没有我们想象得那么重要。

　　虽然假装我们的伴侣动物是小人儿，用"霜爪"冰激凌给它们带来惊喜似乎基本是无害的，但在某些情况下，拟人化会让我们误入歧途。2017年底，兽医心脏病学家安娜·盖尔泽（Anna Gelzer）博士和其他兽医注意到狗心脏病的发病率急剧上升。[45] 调查时，他们发现了严重的心脏疾病和无谷物狗粮之间存在关联。无谷物狗粮使用谷物的替代品，如扁豆或鹰嘴豆作为原料。这种狗粮曾经是一种稀罕物，只供有过敏症的宠物食用。但到了2017年，它已经成为宠物食品中热门的新趋势。尽管没有科学证据表明它对动物有好处，但很多人还是让他们的宠物吃无谷物狗粮。这是为什么呢？

　　无谷物狗粮的发展趋势与人类饮食的发展趋势是同步的。10年前，美国人开始要求他们的食物成分为低碳水化合物和无麸质。家庭兽医服务机构"毛绒宠物健康"（Fuzzy Pet Health）的纽约首席兽医丽莎·李普曼（Lisa

Lippman）对此并未感到惊讶："人们会将他们认为自己需要吃的东西拟人化地投射到他们的宠物身上。"[46] 尽管宠物主人希望给他们毛茸茸的朋友最好的东西，但兽医一直在努力说服狗主人改回谷物狗粮，避免狗出现心脏问题。奥本大学兽医诊所主任克里斯托弗·利亚（Christopher Lea）表示，人们仍然通过控制狗的饮食，将自己的食物偏好和焦虑强加给它们。

兽医在看到患有心脏病的小型犬越来越多时，才弄清楚了原因。大型犬没有引起关注，由于繁殖，它们非常容易出现心脏问题。在拿动物和机器人相比较的背景下，有趣的是，我们也"设计"了许多宠物。

## 设计我们的宠物

我清楚地记得我的宠物仓鼠死去的那一天的情景。我们举行了一个正式的仪式，把它埋在院子里的一个盒子里，而那时的我大约 8 岁，还流下了伤心的眼泪。仓鼠是当今家庭中最常见的小型宠物之一。1945 年前后，这种毛茸茸的小啮齿动物在叙利亚阿勒颇附近被捕获，耶路撒冷的一所大学实验室培育出的一个品种，在宠物店里大受欢迎。[47] 像我们这一代的许多孩子一样，我和我弟弟每人都拥有过一只这种短命、温顺、可爱的小仓鼠。

我爱我的仓鼠。它胖胖的，毛茸茸的，有一个小鼻子和一双大大的黑眼睛，所有这些吸引人类的特征，都是我们喜欢的。但是，仓鼠寿命短的原因之一（这让父母花费的时间不多）是它们容易出现糟糕的健康问题。它们的过度繁殖导致它们因充血性心力衰竭、肾脏疾病和其他不治之症而死亡。

机器人专家正在与动画师合作，设计吸引我们的社交机器人，实际上我们在设计动物方面有着更悠久的历史。但是，与制作机器人动画不同，对动物而言，塑造它们是一条充满艰辛的漫长道路。育种说明了在与动物的关系中，我们的自私本性。尽管受控制的繁殖会给宠物带来无数的遗传问题，但我们一直在繁殖它们以培养某些特征，特别是在取得特定的外观方面。

20 世纪 50 年代，美国最大的时尚潮流之一就是养狗。人们开始为贵宾犬疯狂，它们无处不在：缝有毛毡贵宾犬的裙子、贵宾犬钱包、水钻贵宾犬发夹、贵宾犬墙纸，当然还有真正的贵宾犬。饲养这种卷毛犬种被认为是有教养的体现，贵宾犬成为最热门的新的地位象征。人们购买贵宾犬，炫耀它们，带它们去找昂贵的美容师，甚至用植物染料给它们的毛染色，以搭配他们的衣服。到了 20 世纪 60 年代，贵宾犬已成为美国最受欢迎的犬种。[48]

如今，贵宾犬已不如猎犬和斗牛犬那样受欢迎。[49] 不过，虽然拍摄贵宾犬名人照片的全盛时期已经结束，但仍有一种亚文化在实践中把贵宾犬变成了艺术品。富有创意的狗狗美容师擅长对贵宾犬的毛进行修剪和上色，将狗塑造成鲜花、恐龙、美人鱼等形象。这使得狗变得难以辨认，以至于我一个朋友的爱狗的孩子甚至没有认出纪录片《精心打扮》（Well Groomed）里的主角就是她最喜欢的动物。[50]

育种是指我们在较小的种群中繁殖动物物种，以得到特定的、理想的特征。这是在野外自然发生的事情，我们也有意这样做，例如，让我们驯养的动物成为更强壮的工人或品质更好的牛排。我们现在养来吃肉的宽胸火鸡，是根据风味、体型和发育速度来饲养的，在 4 个月内就能长成正常大小，比野生火鸡大 3 倍。[51] 但我们也把狼驯化成了凶猛的猎手和护卫犬，同时也培育出卷毛狗，我们给它们取名为"公主"，并将它们塑造成麦当劳叔叔的样子。

目前还不太清楚我们是从什么时候开始试验宠物育种的。有证据表明，早在 9 000 年前，人类就在西伯利亚的偏远地区有意培育雪橇犬。[52] 日本在 18 世纪开始培育白化老鼠和其他颜色异常的老鼠，19 世纪它们开始在欧洲流行开来。[53] 正是在 19 世纪，人们才开始密切追踪狗的品种，以完善它们，这才有了我们所知的现代狗的血统育种。纯种猫的培育也不甘落后，早在 1871 年的伦敦，猫展就展示了各种不同的猫科动物。[54] 到 1955 年华特·迪士尼发布动画电影《小姐与流浪汉》时，培育像暹罗猫这样看起来更有异国情调的品种在西方社会风靡一时。[55] 但是猫在基因上的变化总是比狗小。事实上，与狼的基因相比，大多数动物物种都显得苍白无力，我们已经能够塑造出如此多不同的犬类技能和外观。[56]

"设计"我们的狗，我们就能够在动物伙伴身上培养出各种特征，但当我们选择宠物品种时，并不总是为了让它们更强壮、更健康或脾气更好，有时宠物是为了满足我们的需要，比如拉布拉多犬。1989 年，澳大利亚人沃利·康伦（Wally Conron）首次培育出贵宾犬和拉布拉多猎犬的杂交品种，通过选择贵宾犬的毛发而不是毛皮，缓解了一些人对狗的过敏反应。[57]

有时，我们为了时尚而以牺牲性情为代价。贵宾犬是 20 世纪五六十年代美国最受欢迎的宠物狗，与斗牛犬和罗威纳犬一样具有攻击性，攻击儿童的可能性也一样大。[58] 但对于美国人来说，它们的外表比个性更重要。通常情况下，我们不是根据狗的内在特征进行选择，而是把狗变成了时尚单品，就像衣服或汽车一样，我们根据对我们来说最有吸引力的外表来选择品种。

培育宠物外观的原则正是遵循了我们的拟人化倾向。在所谓的"可爱反应"中，我们会被看起来最像人类婴儿的动物所吸引，它们有大眼睛、小鼻子和丰满柔软的身体。[59] 那些看起来像孩子的动物，让我们想要照顾它们，我们更喜欢那些最能清楚地表现出与我们有相似的情感线索的动物。小狗的眼睛比它们的祖先——狼的更吸引我们，因此，在历史进程中，我们有意创造了能更好地反映我们理想情绪的狗。类似于我们设计具有大眼睛和圆形形状的社交机器人，我们也试图在狗身上"设计"同样的东西（见图5-4）。

图 5-4　3 种不同的埃及犬

但是，为了吸引人而不是为了发挥作用而培育动物，在很大程度上损害了动物的健康。到 20 世纪 60 年代，狗的髋关节发育不良已经成为巨大的问题，它是一种由于故意繁殖而遗传下来的普遍疾病，这引起了动物医学专家的关注。这并不是唯一的健康问题，大量培育的狗开始出现甲状腺疾病、心脏问题和其他严重的疾病。我们把英国斗牛犬培育成有着巨大的、像婴儿一样的头和更短的鼻子的品种，这些特征吸引了人们，但这也意味着它们中的大多数都必须通过剖宫产出生，并因呼吸问题而出现残疾，其中许多狗因长期缺氧而死亡。我们对哈巴狗、拳师犬和其他塌鼻犬种也做了同样的事情。[60]

针对某些健康问题而开展的公众教育活动的兴起，育种变得越来越有争议，于是将纯种狗作为宠物育种的人气有所下降。但是围绕纯种培育问题的犬展和猫展在世界范围内仍然持续存在，参与这项基因实验的影响是巨大的。

人类动物学家哈尔·赫尔佐格（Hal Herzog）说道："我们把狗的基因组拼凑成一系列令人眼花缭乱的动物，这些动物看起来很华丽，最终却像现代的西红柿一样，是风格大于内容的胜利。"[61]

然而，我们喜欢这样的宠物。我们可能在它们长得像我们，我们能从它们身上看到我们自己的情感时，最喜欢它们，但毫无疑问，任何情况下我们都深深地关爱着它们。人们为了伴侣动物的幸福而投入大量的时间、金钱和精力，甚至不惜围绕它们来安排自己的整个生活。我的一些朋友养了鹦鹉，他们每天晚上有固定的回家"哄鸟儿睡觉"的时间。另一位朋友花了 10 多年的时间，试图减轻他的救援犬的焦虑，他给它买了各种各样的加重狗毯，并在每次雷雨前哄它吃百忧解。广受欢迎的美国国家公共广播电台（NPR）节目《美国生活》的主持人艾拉·格拉斯（Ira Glass）花费大量时间照料一只患有各种身心健康问题的狗，她牺牲了自己的社交生活，还采购不同种类的袋鼠肉，来解决这只小狗的食物过敏问题。[62]

从驯化动物到仅将它们用于工作、用作武器装备和其他实际目的，我们显然已经走过了漫长的道路。我们已经与某些动物建立了如此强烈的情感联系，没有人会否认我们爱它们。而这种爱实际上对我们有用：我们的动物朋友能够让我们受益，特别是因为我们与它们有一种社会情感联系。这一点很重要，因为这也是机器人的潜在好处，但我认为这一点经常被错误的担忧所掩盖。在我回到讨论机器人之前，让我们谈谈伴侣动物的好处。

## 健康和教育方面的伴侣动物

20 世纪 50 年代末，儿童心理学家鲍里斯·莱文森（Boris Levinson）

在治疗一位孤僻的年轻患者时，有了一个惊人的发现。在随后的几个月里，他和一位治疗师合作开发了一种全新的方法来帮助孩子康复。这个方法非常成功，在接下来的几年里，他们将其应用到治疗其他患者上。莱文森把大部分功劳都归功于他的治疗师，实践证明这种方法可以使儿童感到轻松，帮助他们与护理人员建立起融洽的关系。当莱文森在 1962 年美国心理学会年会上展示这种新疗法的数据时，他遭到了同行的嘲笑。会场里的笑声中夹杂着观众的质问："你付给狗的治疗费占比是多少啊？"

莱文森的"治疗师"是他的狗，名叫叮当。这一切都始于有一天，这位年轻的患者早早地来到医院赴约，而那时叮当恰好在诊室里。男孩对叮当很感兴趣，并且很快适应了叮当，所以莱文森让狗留了下来，让孩子在他们聊天的时候抚摸和依偎着叮当。莱文森随后将这只狗纳入了该患者的所有疗程之中，他很快就发现，只要叮当在房间里，其他沟通困难的孩子似乎也更愿意向他敞开心扉。狗的存在使他们更容易沟通。[63] 对莱文森来说，使用动物进行治疗的潜力显而易见，所以他并没有因大部分同行的贬损态度而气馁。莱文森继续研究和撰写关于狗的共同治疗疗法，后来成为该领域的先驱。

大约在莱文森开始介绍其工作成果的同时，心理学家弗洛伊德的几本新传记也出版了。传记中写道，弗洛伊德于 1939 年去世，至今仍然是心理学界受人尊敬的传奇人物，他也曾使用过一只治疗犬，名叫乔菲，这只松狮犬经常参与儿童和成人的治疗，弗洛伊德记录的治疗效果，与莱文森独立发现的效果类似。[64]

弗洛伊德和莱文森并不是第一批发明动物疗法的人，这种疗法至少可以追溯到古希腊人用马来改善病人的情绪。[65] 此外，在弗洛伊德和莱文森使用狗作为治疗师的前几百年里，人们已经以各种形式对动物可能有益于心理健康的想法进行了探索。

　　1796 年，贵格会在英格兰开设了约克疗养院（York Retreat），这是一家精神卫生机构，患者住在一个社区里，花园里有兔子和鸡等小动物。与当时其他收容所使用的方法（包括用链条锁住患者、殴打患者和故意让患者挨饿等残酷做法）形成鲜明对比的是，贵格会认为动物可以帮助患者社会化，加强行为管理。[66] 19 世纪 60 年代，现代护理学的创始人弗洛伦斯·南丁格尔（Florence Nightingale）大力宣传饲养鸟类的好处。[67] 英国的贝特莱姆医院很快引进了各种各样的动物来陪伴患者[68]，其他精神病院也纷纷效仿。而在德国，动物的使用范围扩大到癫痫等其他疾病的治疗。[69] 美国最早的正式动物治疗项目之一是 20 世纪 40 年代针对退伍军人的一个军事项目。[70]

　　如今，"动物疗法"风靡一时。"9·11"事件后，美国圣何塞机场推出了一项治疗犬项目，以帮助安抚对飞行感到紧张的乘客。[71] 如今，他们有25 只狗"在岗"，供人们在登机前与之互动。在麻省理工学院，压力重重的学生可以通过定期的活动来拥抱治疗犬进行放松，这些活动如"毛茸茸星期五""狗狗饼干"和"汪汪时光"，活动的场地由图书馆和学生生活办公室提供。[72] 治疗动物被用来帮助患有创伤后应激障碍的退伍军人、患有孤独症的儿童，以及具有焦虑、多动症、行为和情绪障碍、抑郁、悲伤等各种心理健康问题的人。

　　狗是最受欢迎的选择，人们也会使用一系列不同"设计"的治疗动物。根据"羊驼疗法"先驱妮基·库克伦斯基（Niki Kuklenski）的说法，有些人与狗有不愉快的历史，或者只是觉得它们有点"太过头"。[73] 如今，许多羊驼的主人带着他们毛茸茸、大眼睛的硕大动物来到看护机构。一只退休的阿根廷表演羊驼被称为"凯撒羊驼很淡定"[74]，作为"羊驼活动家"，它在抗议活动中缓解紧张局势，安抚人们的情绪。美国三角洲协会是 20 世纪 70 年代后期兴起的众多国际组织之一，旨在研究伴侣动物，现在它们被称为"宠物伙伴"，经该组织批准的治疗团队包括马、猫、农场动物、鸟类、兔子、豚鼠等。他们的网站是这样介绍的："我们相信，人与动物之间的连接是一种互惠互利的关系，可以改善我们所服务对象的身体、社交和情感生活。"[75]

这种信念可行吗？《我们身边的动物》（*The Animals Among Us*）一书的作者约翰·布拉德肖（John Bradshaw）警告说，不要过度解释积极的结果，这些结果实际上可能只是伴随的副作用。[76]例如，在养老院中，动物会增加探访的人数，或让看护者更加快乐。他还想知道，对治疗师信任的增强是直接因为狗的介入，还是因为它让主人（治疗师）看起来更值得信赖（正如研究表明狗所做的那样）。

诚然，动物疗法的疗效并不总是与我们的信念保持一致。[77]这可能是因为"治疗"是一个模棱两可的术语。让学生抚摸小狗很可能没有什么坏处，甚至可能有一些经过科学验证的好处。但是，有些动物治疗项目是在没有良好科学依据的情况下向人们推销，甚至可能对参与的动物和人类造成伤害。

在世界上许多地方，父母为海豚辅助治疗支付了巨额费用，这种治疗方法承诺能够帮助治疗小患者，包括从精神疾患到残疾等各种病患。海豚辅助疗法有多种形式，通常都是让小患者与圈养的海豚一起游泳和玩耍。[78]有人指出，少数几项有关该疗法益处的研究存在严重的科学缺陷。与海豚互动甚至会对动物和病人造成身体上的危险。贝齐·史密斯（Betsy Smith）博士是最早提出海豚辅助疗法的人之一，她在 1971 年进行了一些研究。但在 2003 年，她站出来反对这种疗法，说这种疗法更多是为了经济利益，而不是出于疗效，它分散了对于有效治疗项目的注意力。

专家有时会指出，养宠物对健康有着普遍的好处。不过甚至这样的说法有时也会引起争议。[79] 布拉德肖说，研究并不总是能清晰地分辨宠物是否能促进人的身体健康，抑或健康的人更有可能养宠物。[80] 宠物对健康的影响可能是喜忧参半的：2018 年对日本社区老年居民的一项研究表明，养狗或养猫的人，他们走的路更多，运动的能力更好，与邻居有更多的互动和信任，而且不那么孤独。[81] 他们对自己幸福程度的评价也高于那些从未养过狗或猫的人。但研究还发现，养狗或养猫的人更有可能摔倒、被诊断出癌症或住院治疗。其他的一些研究还表明，养宠物后人们的活动量和健康状况都会下降。[82] 在某些方面，宠物实际上可能对人的健康有害，比如在有人过敏或人畜共患疾病传播的情况下，甚至有人会由于被宠物绊倒而受伤。

尽管成本效益分析仍然受到一些人质疑，但宠物促进人们健康和幸福的信念并不是没有科学根据的。[83] 研究表明，当人们与动物互动时，人的催产素会升高，血压会降低，宠物与更好的社交生活和更积极的自我态度有关。宠物还能发挥降低皮质醇（一种在压力之下释放的激素）、增强免疫力、减少抑郁和慢性疼痛的作用。和宠物一起长大的孩子会更健康，比如较少患上精神疾病和呼吸道疾病。养狗和养猫的人死于心血管疾病的风险较低。

宠物似乎能抑制孤独感，甚至只是在童年时期养过宠物，似乎也会增加老年时期的社交活动。养宠物的老年人似乎更健康。在中国，研究人员进行了一项自然实验，结果显示，与没有养狗的女性相比，合法养狗的年轻女性会更频繁地锻炼，睡得更好，请病假的次数更少，看医生的次数也更少。

当然，从技术上讲，其中一些好处可能只是伴随的副作用：狗主人可能会走得更多，因为有了狗，每天需要多次外出处理事务。[84] 宠物还可以通过使人们更容易与他人交谈和交朋友来增加社会支持。例如，2018 年的日本社区研究表明，一些社会效益的产生是由于人们有更多机会与他人进行与宠物相关的社会活动。[85] 宠物似乎也是很好的安慰剂，在人与宠物互动的研究中，最引人注目的是，人们都坚信他们的宠物会让他们更快乐、更健康，无论是否有科学依据。在一项对 3 465 名想要收养狗的人进行的研究中，研究人员发现，大多数人都希望养狗能改善他们的心理健康状况。[86] 他们说自己会更快乐，不再那么孤独，压力也会更小。给出最积极回答的人是那些以前曾照顾过狗的人。

不管是不是安慰剂，人们发现照顾动物对自己的吸引力不尽相同，除了有利于身体健康，饲养动物还有各种各样的好处。有些人会以此寻求陪伴和安慰，有些人则通过承担养宠物的责任来获得更大的目标和生活意义。《美国的宠物》（*Pets in America*）一书的作者凯瑟琳·C. 格里尔（Katherine C. Grier）说："照顾任何宠物都可以为我们的生活增添欢乐开心的日常活动。宠物中有些在形体、动作或声音上是让人赏心悦目的；有些是活灵活现的玩具；有些是社会地位的象征；有些是我们最好的朋友。"[87] 在很多方面，我们的伴侣动物可以成为我们需要的任何东西。

布拉德肖认为，狗可能只起到让治疗师更值得信赖的作用，但这仍然是很好的附加作用：对于那些对他人已经失去信任的人来说，动物可能是他们放松对人的警惕所需要的支持。传统的治疗方法依赖于信任和交谈，而与专业人士建立信任是很困难的。莱文森认为，治疗犬的作用远不止于此。根据他的观察，动物可以根据孩子的需要来扮演多种角色，从朋友、仆人、仰慕者、红颜知己，到奴隶、替罪羊、可信任的参照或捍卫者。[88] 动物治疗专家苏珊·格林鲍姆（Susan Greenbaum）指出，动物可以成为个人希望拥有的品质的象征，如勇敢或力量[89]；它们也可以通过例如"为动物说话"这样的方式间接地交流思想和感情。2007 年一项对 49 项不同研究进行的综合研究证实，动物辅助疗法对心理健康大有裨益，而且不仅仅只是对儿童有益。[90]

我们的非人类伙伴还有另一个独特之处：它们不会评判我们。莱文森说："当孩子需要安全的爱时……在不丢面子的情况下，狗可以提供这些。"[91]动物可以根据需要提供舒适感，而且从不期待任何回报。它们倾听我们的倾诉，让我们拥抱它们，让我们向它们吐露心声，而不会评价我们。当研究人员卡伦·艾伦（Karen Allen）和她的同事让养狗的人分别在家里和实验室里做有难度的数学题时，他们发现，与独自一人或有亲密朋友在场的情况相比，即使有朋友在提供帮助，有狗在身边的人也会做得更好，生理压力更小。[92]这是因为动物本来就能提供一种非评判性的社会支持，而人类则无法真正提供这样的支持。

这种效果在教学方面也有助益，动物辅助教育者利用它们来帮助孩子进行学术学习和阅读。[93]国际治疗犬组织创建了一些项目，让治疗犬访问学校和图书馆，孩子为治疗犬大声朗读故事。丽贝卡·巴克·布里奇斯（Rebecca Barker Bridges）是一位教育治疗师，她为儿童提供治疗犬服务，作为教育阅读计划的一部分。她说："学生们对读书抵触，是因为他们害怕如果做得不好，就会受到其他同学和老师的评头论足。而狗为他们消除了这种恐惧。"

布里奇斯承认，有些家庭可能没有机会养狗，或者没有能力养狗。如果使用狗不太可能，她建议用一种替代方法：让你的孩子对着毛绒玩具读书。[94]这就引出了一个问题：对着机器人会怎么样？它有没有办法提供与动物类似的好处，特别是对那些可能无法接触到宠物或动物辅助治疗和教育的孩子们？不幸的是，探索机器人在这一用途的尝试遇到了来自专家和公众的反对，其中的一个主要反对意见是，机器人是来取代人类治疗师、护理员和教师的。然而，**如果我们重新定义这一角色，不把机器人视为人类的替代品，而是将其视为一种新的关系类别，那么就会挖掘出大量隐藏的潜力。**

THE NEW BREED

第 6 章

与机器人开启崭新的关系

伴侣动物的存在让奇怪的同伙有了藏身之所。[1]

——唐娜·哈拉维（Donna Haraway）
美国哲学家

薇姬·博伊德（Vicki Boyd）是冈瑟村护理中心的设施经理。这个阳光明媚的乡村位于昆士兰州盖恩达镇（Gayndah）[2]，该镇是澳大利亚最古老的小镇之一，镇上的人口是 1 981 人，其中 52 人居住在冈瑟村的护理中心。为失智症患者提供愉快的生命终点体验是博伊德工作的优先事项之一。她说："我们努力让这里成为他们的家。"

几年前，博伊德给护理中心的居民带来了一款名叫 PARO 的机器人（见图 6-1）。[3] PARO 看起来像毛绒玩具。它是一只有着柔软白色身体的小海豹机器人，它闪烁着的黑色大眼睛上有着长长的睫毛，它会发出轻微的呜咽和其他可爱的声音，被触摸时，它会用鼻子予以回应。这款日本机器人是经过美国食品药品监督管理局批准的二级医疗设备，旨在为其持有者提供一种养育生物的感觉。

与 PARO 的互动让人感到温暖。第一次抱着 PARO 时，我就想把这个毛茸茸的海豹带回家。这个机器人设计精良：它柔软而坚固的身体包含隐藏的、安静的马达。为了使每款海豹都是独一无二的，每个 PARO 都有一张手工制作的脸，这张脸需要花两小时来制作。作为一种医疗设备，PARO 需要通过许多国家的严格监管，目前一款机器人海豹伴侣的价格是 6 000 至 7 000 美元。那些专门从事老年护理的人员，特别是从事照料失智症患者工作的人反映，虽说价格高昂，但 PARO 是物有所值的。

    在一则博伊德所在的护理中心拍摄的新闻片段中，冈瑟村的一位居民抚摸着 PARO，看着它的眼睛，对着它喃喃自语。后来，另一位老妇人抱着 PARO，称这款海豹机器人为"小男孩"。一位老人说："PARO 是每个人的朋友。它很漂亮。"另一位老人说："我很喜欢它，虽然它有时确实赖了吧唧的。"他们对这款海豹机器人饶有兴趣。大家都把它当成活的海豹一样看待。

图 6-1　海豹机器人 PARO

资料来源：AIST, JAPAN.

    "这让他们平静下来，"博伊德说道，"在我们的护理中心，那些通过语言或身体行为来表达负面情绪的老人已经减少了，这是最好的结果。"博伊德说，他们注意到，当老人与海豹机器人待在一起时，他们的情绪会发生很大变化。"他们看起来更快乐……你可以看到他们脸上的笑容，他们的焦虑逐渐缓解。在家乡，看到患有严重失智症的老人露出微笑，那就是我想看到的场景。"

珍妮·汤普森（Jenny Thompson）是冈瑟村护理中心的保健经理，她也对 PARO 协助改善老人情绪发挥的作用感到震惊。她说，机器人甚至帮助人们彼此之间建立了联系，激励一些人参加他们以前不想参加的活动。她说："坐在后面看着老人与 PARO 之间的互动，肯定会有几个让人泪流满面的时刻。"

在试用期间收获了良好的效果后，冈瑟村护理中心购买了这款海豹机器人。由于冈瑟村的工作人员进一步了解到这款海豹机器人是如何让他们的病人受益的，他们又有了想购买第二款 PARO 的念头，但他们买不起了。这时，盖恩达镇的金橙汽车旅馆的老板出手相助。大家举办了一场纪念阿巴乐队的音乐会来为护理中心筹集资金。数百名小镇居民购买了门票，他们筹到了数千美元，最终为养老院购买了一款新的海豹机器人。

冈瑟村护理中心并不是唯一一个对 PARO 热烈追捧的机构。PARO 在世界各地得到广泛使用，特别是用于失智症患者、退伍军人和其他患有创伤后应激障碍的群体，深受那些照顾老人的家庭和工作人员的欢迎。在日本，这种小海豹机器人已经被用于救助地震灾民，它甚至可以替代药物来安抚痛苦的患者。10 多年的研究证实了来自护理人员和家庭成员的观察结果：PARO 似乎可以减轻失智症患者的躁动和抑郁。[4] 这款海豹机器人甚至让人感到更有力量。它有可能帮助解决老年患者个人的问题行为，甚至可能增加社区中人们之间的互动。

几年前的夏天，在一次游园会上，我和一位女士聊了起来，当时我们都伸手去拿牛油果酱。她问我世界上已经出现了哪些类型的社交机器人，我向她介绍了PARO。她听了后，非常沮丧。"这太令人毛骨悚然了！"她说道，"我不敢相信给人们提供关怀的是机器人而不是人类！"对她来说，PARO预示着一个反乌托邦式的未来：我们通过机器人，给老年人营造一种伪装的护理假象来分散他们的注意力并安抚他们，这样我们就不需要付钱给看护人来完成他们的护理工作了。

这是人们普遍存在的担忧。但PARO的工作并不完全是为了取代人类的护理。护理人员没有躺在老人的大腿上，让他们抚摸，并让他们假装喂自己吃饭。这项工作按惯例是由治疗动物来完成的。正如我们在上一章所讲述的，动物可以在护理中发挥特殊的作用，提供不带任何偏见的、平静的互动。冈瑟村的护理中心也有动物：三只母鸡和几只山羊，母鸡不厌其烦地供老人抱着。"每个老人都喜欢山羊。"博伊德说。

PARO拓展了治疗动物的范围。机器人有一定的优势：它不会把周围弄得一团糟，不需要喂食，也不需要很多人照顾，但它提供的好处与动物提供的相似。此外，"不是每个人都喜欢猫，也不是每个人都喜欢狗，"博伊德说，"PARO做宠物该做的事，但它不是真正的宠物，所以它对不喜欢猫或狗的人也很有帮助。"小海豹机器人的治疗之所以奏效，是因为人们把它当成是一种动物而不是一种设备。

人们对有着治疗功能的社交机器人提出了很多问题：机器人与我们的互动会替代人际关系吗？如果我们使用PARO机器人而不是使用真正的治疗动物，我们会失去什么吗？还有，鼓励人们把没有生命的东西拟人化，这是否合乎道德？虽然这些都是合理的问题，但我希望本章阐述的是我们如何在不陷入道德恐慌的情况下，对这些问题予以回答。我其实更希望读者了解我们从研究人类对动物的利用以及与动物的关系中学到了什么。

# 机器人并不是人际关系的替代品

对于心理学界的一些人来说，人们与PARO建立关系的想法令人担忧。[5]他们警告说，人们与机器人的关系不同于与人类的关系。与人类提供的治疗不同，机器人与我们没有互惠关系。他们还担心，人们可能会求助于机器人，因为这些人不能或不想与其他人建立关系。机器人可能会成为虚假的替代品，因为与机器人建立的关系比与人类建立的关系"更好""更容易"。

PARO比不上好的人类治疗师，这点我完全同意。海豹机器人无法提供评价性关怀，也不能展现同理心。人们用机器人来代替人类护理员或老年人的朋友和家人，这样的想法令人不安。关于投资医疗机器人技术以应对人口老龄化的新闻头条，会让人脑海里浮现悲伤的画面：我们年长的亲人独自和机器人待在房间里，身边没有其他的亲人。我们大多数人都明白，机器人的功能不足以取代人类护理的复杂性和价值；我们也明白，这是一个我们希望避免的如地狱般的境遇。

一个相关但略有不同的担忧是，技术是由人设计、营销和控制的，我们饲养动物，拥有与动物相关的庞大的商业产业，但机器人更有可能被用来误导或伤害人类。我将在下一章更详细地讨论这个问题。首先，我想谈谈一种恐惧，这种恐惧往往掩盖了真正的问题：与伴侣机器人建立联系将对我们的人际关系造成实质性的损害。

正如我在第一部分所描述的，媒体和我们的语言经常将机器人描述为人类的替代品。一些消费类机器人公司甚至这样推销他们的机器人，这当然无助于缓解人们对机器人取代人类的担忧。但这些担忧真的有道理吗？就像在工作环境中一样，我们应该仔细审视社交机器人将被用来取代每个人的概念。重新创造劳动力既不是机器人技术的真正潜力，也不是机器人发展的理想未来。我们把动物当作陪伴宠物的历史，再次为我们提供了一个可以借鉴的例子，并描绘了一个更美好的未来。

当冈瑟村将母鸡和山羊带到老年护理中心时，除了小鸡，不太可能有人对此表示不满。对我们来说，更明显的是，与动物互动是改善老人舒适程度、增添乐趣和提高生活质量的补充。它们并不是取代人类护理员的。那么，当涉及机器人时，我们为什么会感到焦虑呢？

今天，如果你的叔叔收养了一只波士顿梗犬，很少有人会担心他与狗之间建立起感情，参与共同社交。但有趣的是，40多年前，随着宠物的普及率急剧上升，心理学界的一些声音为人们敲响了警钟。他们担心我们与宠物的情感关系，以及这些关系有可能取代人类关系。他们说，我们与动物的关系可能是不健康的，甚至是病态的。[6]根据这些专家的说法，与动物建立关系是人类发展中断的一个标志。动物毕竟不能提供人与人之间关系的全部好处，他们认为一些宠物主人是不能或不想与他人建立关系而求助于动物的人。事实上，宠物甚至被比作色情用品，是那些希望体验比人际关系"更好""更容易"关系的人使用的虚假替代品。（这听起来是不是很熟悉呢？）

虽然现在没有多少人将宠物与色情联系在一起，但人们的刻板印象是，没有孩子或有恋爱障碍的女性会养猫，这意味着与猫科动物建立感情可以替代人际关系。那么，人真的会用与动物的关系代替人际关系吗？根据人与动物关系专家的说法，答案是微妙的"不"。有些人确实认为动物在某些情况下扮演了替代者的角色，尽管这种角色并不完美。因为孤独的人更有可能进行拟人化，一些研究人员认为，分居、单身或没有孩子的人更有可能把宠物作为家庭成员的替代品。[7] "养育宠物" 现在是一个术语，一些人指出，人们把宠物当作孩子来养的趋势越来越明显。

然而，宠物并不是直接的替代品。动物和人类之间的差异促使一些人选择宠物而不是人来陪伴，并非出于不好的动机。动物所需的投资较少，所以对于不想要孩子的人来说，宠物可能是一个更好的选择。没有孩子的宠物主人不会把自己的宠物和婴儿混为一谈，因为在成本、责任和期望上的差异，许多人会欣然承认他们养的是狗而不是孩子。[8] 宠物有时也被用来作为一种测试低风险共同抚养的方式。我们应该为此担心吗？养狗人数的增加是否导致了婴儿出生率的下降？鼓励"猫女士"结交人类朋友不是更好吗？

一般来说，尽管一些研究表明，动物有时是人类关系的替代品，专家对这件事的担忧却远远不如其他的事项。加州大学洛杉矶分校的研究人员进行的一项研究发现，养猫人和不养猫的人在抑郁、焦虑或亲密人际关系方面没有差异。[9] 研究人员发现，"养育" 宠物，即投资 "皮毛婴儿" 作为人类儿童的直接替代品的做法，并不是特别普遍。[10] 即使我们把宠物拟人化，它们也不能一对一地代替人与人之间的关系。它们可能能够在紧要关头帮我们挠挠痒或满足基本需求，但我们不会把它们与其他的选择混为一谈，当我们选择它们时，是有充分理由的。

今天，大多数动物研究人员都不认为 "与伴侣动物建立关系是有害的"。如果说美国近 8 500 万个养宠物的家庭都是病态的反社会行为者，那就太夸张了。[11]

老年人在调查中表示，狗是他们唯一的朋友，我们为他们感到难过，因为我们希望他们在社区有更多的人际接触。[12] 但我们绝不会批评或带走他们的狗，我们反而很高兴他们拥有狗。关于猫如何增加人们的孤独感、如何摧毁女性生活的文章并不多。

今天，我们不再担心动物是人类的假冒替代品，我们也乐于让人们与宠物建立情感关系。当然，我们会说，有些人可能会出于孤独和渴望情感连接而养狗或猫。但是，一般来说，我们并不担心宠物会取代一个人的未来生活，因为我们与动物的关系是相互补充的。

那么，机器人呢？机器人拥有量的增加是否会导致婴儿出生率的下降？我们是否应该鼓励人们拥有人类朋友而不是机器人？鉴于我所看到的一切，机器人不是（也不太可能成为）这种方式的替代品。像动物一样，我们可能会将它们拟人化，它们可能会挠痒痒或满足基本需求，但我们不太可能将它们与其他选择混淆。

与关于工作整合的讨论类似，我们需要打消机器人是来取代人类的想法，要明白我们与机器人过去、现在和未来的关系远比这更为复杂。

是的，在其他连接无法实现的情况下，拥有机器人可能会为连接的需求架起桥梁，但最有可能也最理想的情况是，就像我们和宠物的关系一样，我们和机器人的关系将成为一种崭新的关系类型。

事实上，我们开始看到，社交机器人可以成为健康和教育领域的新工具，让我们有机会从一种独特的社会联系中受益，并扩大这种联系。

# 健康和教育领域的新伙伴

抱抱熊是一只柔软的、充满活力的蓝色泰迪熊，它长着绿色的鼻子，在淘气和快乐时会耸起鼻子。[13] 它是由麻省理工学院媒体实验室的个人机器人小组开发的。研究人员与波士顿儿童医院合作，将抱抱熊带给小患者和他们的家人，目的是通过让孩子进行有趣的互动来减轻他们的压力、焦虑和痛苦。虽然儿科医生和护士在与儿童交谈方面相当有经验，但与护理人员一起使用（在这种情况下是远程控制的）栩栩如生的抱抱熊，有助于为患者提供更好的社交和情感体验。机器人的存在可以让孩子更自在地与医生和护士交谈，能做到这一点不足为奇。我们在动物辅助疗法中看到的好处之一，是动物给患者提供了一种人类无法提供的社会支持。

使用机器人与我们以前对孩子使用的其他干预措施不同。静态玩具和屏幕有不同的特点。像抱抱熊这样的机器人可以说话，移动身体，并有生动的面部表情。与被动的毛绒玩具或 iPad 上的平面动画不同，这些机器人在物理世界中与人类进行互动。人机交互的研究表明，这让机器人能够在更积极和更灵活的社交层面上与儿童交流。

人机交互的研究人员也在研究如何让孩子在机器人助教的帮助下学习，而且效果要比计算机好得多。机器人可以根据孩子的学习需求调整它们的反应[14]，根据孩子的困难将程序个性化，同时使用比屏幕效果更好的物理交互方式。[15] 孩子一开始可能会喜欢与机器人互动，因为这对他们来说既有趣又新奇。但最终这些机器人显示出了能让孩子努力学习、克服学习困难的希望[16]，而不仅仅是使孩子最初对这个新设备感到兴奋和迷恋。

像动物一样，这些机器人不能取代人类教师。在一个人满为患的教室里，与教师一对一的互动太少了，有机器人提供服务总比没有好。但最理想和最有前途的用处是把机器人作为一种补充：一种可以帮助儿童的工具，作为更全面的、由人类教师主导的课程的一部分。

将它们添加到我们工具包里的理由是令人信服的：**像动物一样，机器人可以提供一些人类互动所不能提供的东西。**

耶鲁大学研究人员要求向非母语学生教授英语的幼儿园至小学低年级的老师描述他们最大的挑战，老师说孩子不愿意在课堂上当众犯错，这阻碍了他们的学习进步，因为老师无法评估孩子在哪些地方需要帮助。[17] 即使在一对一的互动中，孩子也不愿意说出错误的答案，因为这太令人尴尬了。耶鲁大学的研究人员采用了一个名为 Keepon 的简单机器人，它看起来像一只胖胖的黄色卡通鸟，研究人员对其编程，让它与孩子互动并对话。他们的直觉是正确的：孩子不担心在与机器人交谈时出错。如果我们能在教育课程中加入精心设计的机器人作为补充，这可能会促进孩子的学习进步。

即使是成年人，面对其他人时也会感到紧张，因此会在游戏和数学问题的实验中表现得更差。我们之前看到，有些人与他们的狗同在房间里比独自一人或与支持他们的朋友在一起时表现得更好。根据人机互动的早期研究，机器人能够提供类似的帮助，即使是对成年人也不做任何评价。他们可以指导、激励人类同伴并在敏感或令人尴尬的任务中与人类成为合作伙伴。这是有道理的：我们知道，机器人和动物一样，无法像其他人那样评判我们。这让机器人可以承担某些人类无法承担的辅助角色。

在孤独症谱系障碍（autism spectrum disorder，ASD）的机器人辅助治疗研究中，这种补充作用最为明显。第一次观看在这项研究期间拍摄的视频时，我吓了一跳。在一个简陋的房间里，一个青春期的男孩坐在桌子旁的椅子上，没精打采。他的身体背对着坐在他身旁的一位女士，也就是他的治疗师。当治疗师问他问题时，他转过头去，回答时避免眼神接触。这个男孩在交流中的识别和表达方面存在困难，那时，他正与这位与他相识多年的治疗师进行相当标准的治疗。唯一不同的是，房间里的单向镜子后面的研究人员正准备带一个机器人进来。

当研究人员把一个跟猫一样大小的恐龙机器人放在他面前的桌子上时，他惊呆了。机器人拖着脚步朝他走来，他笑了。然后，他短暂地瞥了一眼他的治疗师，朝她扬起眉毛，好像在说："你看到了吗？"接下来他又将目光转到机器人身上。这种类型的一瞥，被称为社会参照。这个孩子在接受治疗时很少这样做，甚至在家里和父母在一起时也很少这样做。

男孩看着恐龙机器人站在桌子上面对河流图案犹豫不决，而男孩被告知他的工作是鼓励机器人。"啊哈！"男孩说道，"你能行的！"他握紧拳头，向桌子靠过去。"渡过那条河，加油！"他热情地说。机器人向前走去。男孩又看了一眼治疗师，笑得浑身发抖。治疗师亲切地问男孩："好玩吗？""好玩。"男孩回复道，他一边直视着她的眼睛，一边继续说，"尤其是当它被卡住的时候。"

与机器人的相处只持续了 5 分钟。男孩的父母和房间一侧单向镜后的研究人员听到孩子的言语，看到孩子与治疗师眼神接触时显得很兴奋，因为这种社会参照对这个孩子而言是非常罕见的。研究人员一直在探索机器人在治疗中的应用，希望看到积极的反馈，他们对这次得到的积极反馈感到惊讶。最重要的是，这种效果的持续时间超出了男孩与机器人的互动时间。在机器人被带出房间时，这个男孩已经转身面对他的治疗师，并与她进行交谈。他一边问着问题，一边看着治疗师。尽管机器人已经不再在那里"调解"互动，但男孩继续与治疗师交流，而这是研究人员和家长在以前的治疗中从未见过的交流方式。

莱文森和他的治疗犬叮当的故事的现代版本是布莱恩·斯卡塞拉蒂（Brian Scassellati），他是耶鲁大学的教授，在机器人界被亲切地称为斯卡兹。前面讲述的研究是由他的学生伊莱·金（Eli Kim）设计的，该研究中使用了与动物治疗犬叮当类似的机器人。[18]斯卡兹的研究小组与许多合作者一起进行了数百项研究，探索社交机器人在治疗和教育领域的应用。近20年来，他们研究了各种不同的机器人在儿童面临困难情况下的应用，取得了可喜的成果。这些机器人始终比人类或屏幕表现得更为优异。[19]

研究人员并不能完全确定是什么让机器人在孤独症谱系障碍治疗中如此有效。斯卡兹，与之前的莱文森一样，有一种预感。[20]他说，这些孩子中的很多人都拒绝社交，因为这对他们来说是一种挑战。但是当与机器人交谈时，他们可以抛开与人类交流相关的所有包袱。机器人是具备社交性的，会引发社交反应，但孩子不需要担心会出现什么社交状况——不像与另一个人在一起时可能会出现的状况。

与治疗犬叮当的艰难起步不同，更广泛的孤独症谱系障碍研究社群似乎对机器人辅助治疗的潜力持开放态度。在世界各地，机器人研究人员正在与卫生和教育领域的专业人士密切合作，以测试这些新方法，同时也在研究新奇效应是否会消失，或者机器人是否适合长期的治疗计划。[21]结果是仍然很有希望。

斯卡兹最近领导了一项开创性的研究，该研究着眼于长期的机器人辅助的孤独症谱系障碍治疗，方法是将机器人带出研究实验室，放到患儿的家中。[22] 这是同类研究中的首创。来自 5 所不同大学的 15 名教师参与了这项研究，他们将计算机科学和机械工程等学科与教育和医学相结合。在一个月的时间里，孩子们和他们的看护人一起，每天与机器人一起互动 30 分钟。结果再次证明，即使没有和机器人在一起，孩子们的社交能力也有所提高。"这超出了我们的预期，一个月后，孩子和家长不仅仍然喜欢与机器人互动，而且即使机器人不在身边，孩子也表现出了持续的进步。"

在做这项研究时，涉及一些伦理方面的问题。在为期一个月的研究中，其中一个参与家庭突然通知研究人员，他们要搬家了。他们最终搬完了家中所有的家具，但推迟了离开的时间，全家人睡在空房子的地板上，这是为了让他们的孩子尽可能拥有更多的时间与机器人互动。正如斯卡兹多年所看到的那样，当父母看到孩子的健康状况得到改善时，他们会乞求留下机器人，甚至会出重金来购买。研究人员不得不告诉他们一个令人心碎的消息，他们不能这样做，因为机器人属于大学，无法供孩子们长期使用。

这些父母的短期希望无法被满足，但这可能会在未来带来更好的治疗方法。正如我们所看到的，在各种各样的投资和营销的动物疗法中，并不是每个人都对人们满怀希冀的状况持谨慎态度。有些人在没有充分证据证明有效的情况下，就迅速吹捧兜售新的治疗方法，从而掏空了那些愿意不惜一切代价帮助亲属的人的钱包。[23] 如果我们从海豚疗法的流行中学到了什么，那就是这种情况也很有可能会发生在其他新的"疗法"上，包括机器人疗法。对我来说，这是一个比我最常听到的担忧更为紧迫的问题：一项对 420 人的调查显示，虽然 80% 的人认为在孤独症谱系障碍治疗中使用机器人在伦理上是可以接受的，但其中有一半的人不希望机器人取代治疗师。[24]

和我们关于机器人的讨论一样，这项调查揭示了对机器人替代人类的主要担忧。但是，动物治疗本身并没有取代人类治疗师。莱文森在首次宣传动物治疗的好处时，认为人类治疗师需要帮助。他认为，动物可以帮助扩大治疗范围，让更多需要治疗的儿童接受治疗，而且它们可能能够帮助治疗师成功地缩短治疗时间。[25] 这同样适用于健康和教育领域的机器人。动物和机器人提供很多额外的补充，它们可以摆脱人类所背负的包袱；它们可以充当调解人，为人与人之间更好地互动提供渠道。

但如果我们可以以同样的方式使用动物和机器人，为什么不直接使用治疗犬叮当呢？毕竟，一个真实的、活生生的动物能提供更好的、不那么"假"的东西。

# 机器人大战动物

动物能够增加我们的幸福感，因为作为社会生物，我们需要支持性的社会关系。尽管动物对人类长期健康有益的确切原因仍存在争议，但动物确实能让人们平静下来，使人们感到更快乐，并能提供一种可以接受的、没有偏见的互动。我们有很多理由鼓励在治疗和其他方面使用动物。

但是动物也有一些缺点。辅助治疗的动物的饲养成本很高，它们需要大量的训练和精心的照料，饲养它们需要时间和空间。饲养这些动物，不仅需要得到房东的批准，还可能会加重过敏反应，而且在需要消毒的卫生区域饲养它们也不安全。一些健康中心警告不要饲养宠物，因为它们可以传播人畜共患的疾病。这意味着老年护理机构中的大多数"动物治疗"是以探访的形式进行的，即志愿者将动物带到养老院进行短暂的探访。[26] 这对于短期内改善人们的情绪是非常有效的，但旨在改善认知或身体功能所需的持续性长期干预就很难实施了。动物的行为也是不可预知的。它们可能会吓到人，伤害人，甚至逃跑，就像 2015 年亚利桑那州一家辅助生活机构里的两只大羊驼一样。[27]（我们中的许多人都在社交媒体和电视上观看了长达一小时的羊驼逃跑直播。）

使用动物并不总是可行的，因此人机互动的研究人员一直在探索在无法进行动物治疗的地方使用机器人辅助治疗。[28] 一些研究展示出了这种可能：机器人似乎是动物辅助治疗的不错的替代品。机器人不像生物那样有需求，它们可以专心致志，并以类似动物的方式做出反应。小海豹机器人 PARO 能够模仿动物，例如，通过移动来回应触摸，这带给我们一些提示。研究表明，我们对哪怕是最微小的暗示，也会做出反应，就像我们在与动物互动一样。研究人员将人们与小海豹机器人 PARO 的互动与动物辅助治疗进行了对比，他们证实，抚摸机器人会显著增强人们的关怀与爱的感受，并提升人们的自尊和安全感，这与人们抚摸狗时感受到的是一样的。

同样，这对人们不能养狗的情况很有帮助。就像莱文森认为动物疗法可以填补人类治疗师的空白一样，机器人可以帮助扩大治疗范围，让更多有需要的人接受治疗，或帮助治疗师成功地缩短治疗时间。在多个国家，小海豹机器人 PARO 已被纳入保险的范围。但除此之外，机器人可能具有人类和动物均缺乏的独特优势。

作家朱迪思·纽曼（Judith Newman）在她的回忆录《致亲爱的 Siri》（*To Siri With Love*）中描述了她和患有孤独症的儿子的生活。[29] 在书中，她阐述了她儿子与苹果手机虚拟助手 Siri 的关系，是如何对他的社交和情感成长起到了非常重要的作用的。在他们的互动中，Siri 不知疲倦地、始终如一地回答她儿子许多关于飞机、乌龟和其他兴趣的问题，这是人类父母无法做到的。与虚拟智能的交流也帮助她儿子提高了对话技能，这些技能在人与人之间的交流中极为重要，对这样的孩子来说也非常具有挑战性。虽然专家们有理由警告说，Siri 并不是专门为帮助病人而设计的，而且孩子们日复一日接触的技术很可能会对他们产生不利的影响，但这些逸事表明，精心设计的干预措施可能会有所帮助。据纽曼说，虚拟语音助手给了她儿子一些人类或辅助治疗动物无法提供的东西。

斯卡兹实验室开发出的最成功的治疗师之一是艾丽（Ellie）。艾丽是一个会犯错的机器人头颅。[30] 斯卡兹说，很多针对儿童孤独症谱系障碍的治疗是重复的，包括不断告诉孩子他们做错了什么。这个机器人不会纠正孩子们的错误，而是会给他们一个机会，让他们教授机器人他们正在学习的技能。艾丽会犯一些社交错误，比如在说话时忽略了眼神交流，或者打断孩子的发言，孩子会被要求纠正机器人的行为。动物无法做到艾丽所做的事情，人也不行：当斯卡兹的实验室试图使用一位友善的女演员，孩子们被告知她需要帮助时，那些兴奋地教机器人的孩子却拒绝与这位女演员互动。他们看穿了角色扮演的游戏，并因与人互动的困难望而却步。但是，"孩子们离开艾丽时，各个感觉都很好，"斯卡兹说，"孩子们觉得自己已经掌握了这件事。"

将动物添加到治疗工具包中是因为它们提供了人类治疗师无法提供的额外好处。我们也可以在机器人与动物对比时看到这一点。与动物相比，机器人更稳定、更容易接近、更健康，养护方面也更合乎道德伦理。我们可以饲养和训练动物，也可以设计机器人，给它们编程，使之具有完全不同的功能。这也意味着机器人、动物和人类不能作为一对一的替代品互换。如果我们试图用一个替换另一个，我们最终会失去一些东西。但是，如果我们将它们分别视为不同的工具，根据自身需求应用它们，那么我们就可以从中获益良多。

# 互惠互利的关系

在上述关于孤独症谱系障碍治疗中使用机器人的调查里，20% 的受访者表示，他们不愿意让孩子把机器人当成朋友。但什么是朋友？为什么与机器人成为朋友在本质上是件坏事呢？我经常参与的一个更有趣的讨论是，当机器人只是假装有情感时，是否有人可以与机器人建立关系。谈到动物，人们认为我们与长尾鹦鹉和比格猎犬的关系是双向的。换句话说，这是一种真正的关系，因为它是互惠的。

我喜欢开玩笑说，每个人都错误地认为他们的猫也爱他们。但事实远比这更复杂。动物是有感觉的，虽然我们认为它们的感觉可能是我们自己的拟人化，但毫无疑问，动物是有情感的，它们可以体验到对我们的某种形式的感情。

也就是说，人与宠物的关系在本质上是不平等的。我们选择我们的宠物，我们拥有它们，而它们完全依赖我们。它们需要我们满足它们的所有需求，就像孩子一样，它们甚至在生命上也仰赖我们，每年有数百万只收容所的动物被安乐死（仅美国就有 150 万只）。[31] 人与人之间的关系也不一定是平等的：从工作到谈情说爱，在许多人际关系中，都存在着不对等的权力动态，它不是互惠的，这使得我们的关系比"以牙还牙，以眼还眼"更为复杂。

正如人类学家和哲学家托比亚斯·里斯（Tobias Rees）曾经在谈话中

尖锐地表达的那样："爱可以是我们给予外界的礼物，而不是需要互惠的东西。"我们关心某人或某物的能力不一定取决于他们关心他人的能力。而且，单方面的关系本身似乎也没有什么本质上的问题。研究人员认为我们利用单方面的关系来创造联系和归属。[32] 研究表明，即使只是写一篇关于最喜欢的电视剧角色的文章或看这个角色的照片，也会减少人们对社会排斥的负面情绪。[33] 与造物主或自然的联系，可以让人们拥有更强的归属感。[34] 如果人们可以从自己与人类和动物的关系，以及与看不见的、虚构的和无形的实体的关系中受益，也许他们也可以从机器人中受益。

在我们人类、动物和其他生物相互的关系中，并非每一方都需要互惠，但也应该说，并不是每个人都同意我们与机器人的关系是单方面的。科学技术研究学者唐娜·哈拉维认为，人类和动物之间的关系具有内在的价值，她毫不犹豫地将这种观点延伸到我们与机器的关系上。[35] 她认为，它们与我们不同，并不意味着我们不能以有意义的方式与它们进行交流或互动。

过去与动物相处的经历告诉我们，作为人类，我们有能力建立各种各样的关系。从杂货店老板到情人再到岳母或婆婆，我们与生活中的人的关系多种多样，我们的关系也超越了我们的物种：我们与动物之间有着各种复杂且不平等的社会和情感联系。鱼令人赏心悦目，但与其他宠物相比，我们对它们的陪伴可能没有那么多的情感投入。（我哥哥说，他是在吃素了 20 年后才开始吃鱼的，当时他养了一些鱼当宠物，后来意识到它们是多么地乏味和无趣。）

《狗》（*Dog*）一书的作者苏珊·麦克休（Susan McHugh）提出了一个令人费解的问题："如果布鲁托是米老鼠的狗，那么高飞到底是什么？"[36] 这种对卡通狗的描绘完全是自相矛盾的，但没有引起很多人的注意。在我们相互之间的关系中，最深刻的特点是，这些关系错综复杂。有一天，我们可能会毫不犹豫地把机器人加到复杂的关系组合之中。

# 像对待生物一样对待机器人

我们作为社会生物，几乎没有理由相信自己不会与机器人建立关系，我们将许多机器人拟人化，并将其中的一些视为伙伴。随着机器人进入家庭和生活，我们肯定会与它们建立联系。而在某些情况下，这甚至可能是生死攸关的问题。

2007 年，《华盛顿邮报》报道称，美国陆军一直在测试一种用于销毁地雷的机器人。[37] 它有许多条腿，像竹节虫一样。机器人会在雷区周围徘徊，寻找地雷。每当它发现一个地雷，引爆地雷时就会炸毁它的一条腿，然后它就会用剩下的腿继续执行任务，负责监督测试演习的陆军上校最后叫停了演习。据记者报道："上校无法忍受看着这架被烧毁的、伤痕累累的、残缺不全的机器人拖着最后一条腿继续前进。他指责说，这种测试是不人道的。"开发伦巴的公司 iRobot 还开发了一款名为 PackBot 的军用机器人。PackBot 是一种拆除炸弹的处理装置，在 20 世纪 90 年代末上市。美军在战场上部署了数千台这种坚固耐用、背包大小的履带式机器人，PackBot 与拆弹小组一起工作。iRobot 公司的首席执行官科林·安格（Colin Angle）告诉我，士兵最初对新机器人队友很警惕，对在执行任务时需要拖着一个额外的设备持怀疑态度。但当 PackBot 开始拯救他们的生命时，士兵对它产生了好感。

PackBot 和类似机器人的设计是为了让人类操作员躲避危险。拆弹小组将装有摄像头和传感器的机器人送入洞穴或其他危险的环境中，以便在自己排除安全风险之前进行检查。这些机器人看起来很机械化，基本上是一根附在履带底座上的棍子。与伦巴一样，PackBot 的设计完全致力于成为一种有效的工具。同时，与伦巴一样，PackBot 对人们的帮助远不止于此。

一天，iRobot 公司收到了一封来自美国海军军士长的来信。[38] 在信中，这名军官告知该公司，他的团队在执行一个军事任务时失败了。当时他的团队派出了一个 PackBot 去拆除一个简易爆炸装置。可是，在机器人开始处理工作之前，炸弹就爆炸了。在来信中，该团队指挥官为这次的损失向 iRobot 公司深表歉意。他赞扬了 PackBot 的勇敢和牺牲精神，并表达了海军司令的个人哀悼。这封信并不是在开玩笑。爆炸物处理部队的士兵收集了 PackBot 的残骸，并将它们带回大本营。这支队伍与机器人结下了不解之缘，失去它让士兵们心碎。

在一些战场上，与各种拆弹机器人一起工作的士兵称这些机器人为史酷比或塔隆中士。他们在机器人的侧面涂写上战斗和跟踪记录，当机器人出现故障时，士兵的情绪会很激动。一支部队授予了机器人三枚紫心勋章和上士的荣誉称号（这通常只授予班长）。还有的部队为一个名叫布玛尔的机器人举行了 21 响礼炮的葬礼。当我去位于波士顿附近的 iRobot 公司参观时，他们已经把军事机器人部门卖给了当地的另一家公司，在三年之后，iRobot 公司的墙上仍然挂着来自军事指挥官的信件，并且还保留着一些执行任务时倒下并被送回家的 PackBot 的碎片。

士兵对机器人的依恋故事启发了当时在华盛顿大学读博士的朱莉·卡彭特（Julie Carpenter），她开始研究士兵与拆弹机器人之间的情感连接。[39] 在实地调查期间，她采访了军方人员，证实了士兵赋予机器人"人类或动物般的属性，包括性别"。卡彭特的研究还证实，士兵"对机器人表现出一种同理心"，他们"在野战机器人被摧毁时感受到一系列情绪，例如沮丧、愤怒，甚至悲伤"。

P. W. 辛格在《机器人战争》一书中描述，尽管这些机器人被放在战场上是为了拯救人类的生命，但士兵们开始担心机器人本身。[40] 他讲述了一名士兵在枪林弹雨中跑了 50 米去"营救"一个倒下的机器人的故事。当"不让任何一个人掉队"这句格言不仅仅适用于人类同胞，若士兵冒着生命危险去拯救机器人，可能会导致徒劳的结果甚至危险的情况，这是否意味着应该阻止这些士兵的拟人化行为？毕竟，这种认知偏见实际上可能会危及他们的生命，一些人（包括我自己）一直在想，是否应该以及如何防止士兵过于依赖他们的机器人。但是，如果我们把这样的感情与我们和动物之间的情感关系做比较，可能有另一个方面需要考虑。

辛格阐释了士兵为机器人颁发奖章和让它们在战场晋升的原因："就像为烹饪玉米粒的爆米花机颁发奖章一样。"然而，辛格又说道："这些士兵正在经历一些可能是最令人痛苦和情绪上最紧张的事件，他们不希望自己看到的只是无生命的物体。他们意识到，如果没有这台机器，他们可能就活不下去了，所以他们宁愿不那样看待它。把和他们并肩作战，甚至救了他们一命的机器人，仅仅看作一个'物品'，这几乎是对他们自身经历的一种侮辱。因此，他们逐渐开始提及机器人甚至与他们的机器人建立联系，就像他们对待自己的人类伙伴一样。"

和其他事情一样，这并不是一个新现象。这些机器人只是一种可以与之建立联系的新型伴侣。1918 年 5 月 16 日，加拿大士兵约翰·亨利·科尔（John Henry Cole）在一次英勇的救援行动后，因严重烧伤被紧急送往医院。当时科尔与上士福里斯特·约翰逊（Forest Johnson）和二等兵休·盖尔（Hugh Gair）一起，在半夜接到紧急警报，为了找到并救出一名被困的同伴，科尔至少 4 次冲进一处燃烧的建筑物。那栋建筑是一个马厩，里面有 4 匹马。士兵们成功地把其中的 3 匹马带到安全的地方，但科尔为了救最后一匹马所做出牺牲自我的努力，是徒劳的。

第一次世界大战期间，马匹被视为廉价商品。加拿大远征军拥有超过 24 000 匹马和骡子，但只有 1 300 辆机动车辆。这些有蹄子的野兽被用来为货车和坦克提供动力。[41] 许多被分配到运输马队的士兵之前没有任何与动物相处的经验，就像现代拆弹部队被分配了一个机器人，还得背负它一起前进一样，他们对这个指定的角色并不满意。根据加拿大第十四机枪连的运输司机詹姆斯·罗伯特·约翰斯顿（James Robert Johnston）的说法："军队本已经够糟糕的了，现在还得照看马。"[42] 但约翰斯顿最终改变了看法。在他撰写的回忆录中，他对"在如此恶劣的环境下，人与马能够如此相依为命"而感到敬畏。

即使动物被用作工具，而不是同伴，人们也会将它们拟人化，特别是在战场上，人与动物近距离相处，人类会体验到具有挑战性的情绪。这并不奇怪，那些为自己的枪支命名的士兵，也倾向于与陪伴他们的动物建立强烈的情感连接。他们对待这些动物就像对待自己的团队成员一样：给它们取名字，使用拟人化的词语，用"责任"、"英雄主义"和"勇敢"来谈论它们在战争中的贡献，并在它们去世时动情地讴歌它们。军队吉祥物和部队宠物一直很受欢迎，包括狗，也包括草食动物、獾，历史上还有一只由波兰军队养大的名叫佛伊泰克（Wojtek）的棕熊最终被授予下士军衔。[43]

虽然美国军方不再征召私人宠物在战争中服役，但负责训练军犬的士兵与军犬建立了牢固的联系，并在失去它们时感到非常伤心——无论是在战斗中还是在战争结束后被迫离开它们时。（2000 年，美国终于规定，在服役结束后，饲养员可以合法收养他们的军犬和警犬。）[44] 但是，对于许多在战争中与动物伙伴建立联系的士兵来说，爱过又失去，可能真的比从未爱过要好，因为动物是抚慰心灵和提供情感支持的重要来源。

第二次世界大战期间，艾森豪威尔将军称他的苏格兰猎犬是"唯一可以求助的'人'，而不用让谈话回到战争的话题上"。[45] 根据危机应对小组的说法，动物可以在发生灾难的情况下提供帮助，作为过渡性对象，减少人们的生理应激症状并在紧急情况下为人们提供安慰。[46] 当士兵与机器人建立联系时，他们可能会将机器人当作类似的角色，作为过渡性安慰对象。这种好处是否能够超过失去它们的情感成本？从我们在战争中与动物相处的历史看，我们可能会说是的。但同时，这个问题的答案可能并不那么重要，因为归根结底，这种拟人化是无法避免的。

虽然本书的目标是重新构建机器人与人类的类比，但重要的是要了解我们会像对待动物一样对待机器人，这种倾向根深蒂固，尽管我们可以谴责它、反对它，但这种现象不会消失。当涉及与机器人的互动时，我们与机器人的关系甚至比与动物互动时更甚，我们知道我们在投射一些不存在的东西，但我们还是这样做了。当机器人专家自己受到影响时，这一点变得最为明显。机器人专家谈到，在实验室里，他们的机器人转向他们或与他们进行眼神交流时，他们会分心甚至被"打断"，即使这是他们自己编写的程序，让机器人做出这样的举动。[47]

计算机科学家乔安娜·布莱森（Joanna Bryson）多年来一直主张，我们需要提高透明度（例如，告知人们机器人是如何工作的），以消除人们将机器人视为生物的认知偏见。在 2019 年的一次演讲中她改变了立场，她说自己开始相信"我们是由生物学编程的，因此我们必然会受到拟人化人工智能的潜在影响"。[48] 这反映出动物科学界逐渐达成共识的观点：采用反对拟人化的强硬立场是不现实的。

所以，当我们越来越多地创造机器人技术与人类互动的空间时，应该如何思考拟人化问题？第一步是认真思考。我们已经学会了不把人们心爱的宠物征召入伍的硬道理。就像我们对待在战争和研究中使用动物越来越谨慎，对待我们与动物的关系也更加小心一样，我们也需要更加慎重地使用机器人。

机器人拟人化的主要问题是，现在，我们并没有把它当作一个可争论的问题来对待。我们要么陷入道德恐慌的假设，要么不假思索地给我们的机器人取名，即使三思而后行，我们也认为这只是为了好玩儿。我们还没有认真考虑人类与机器人相处的能力，而这样的思考迫在眉睫。这意味着，我们以工具设定部署机器人，却不了解人们可能将它们与其他设备区别对待，也没有考虑何时可能发生、为什么发生以及发生时该如何处理这种情况。

我们将会越来越多地面对社交机器人带来的实际问题，因此更好地了解我们与这些新物种的关系尤为重要。

# THE NEW BREED

# 第 7 章

## 机器人陪伴的真正问题

人工制品可以具有政治特质。[1]

——兰登·温纳（Langdon Winner）
美国技术哲学家

　　玛迪 8 岁的时候，她的爷爷给她买了一个 Jibo 机器人。在位于美国田纳西州的家中，爷爷把这个台灯大小的设备放在冰箱旁边的柜子上，它会转动着头向人们打招呼、播放音乐，还会讲一些老掉牙的笑话。和我的儿子一样，玛迪也爱上了 Jibo。每次去爷爷家，她都会和 Jibo 聊上几个小时，问这个机器人她能想到的所有问题。[2]

　　对于玛迪和家中其他孩子来说，Jibo 不仅仅是一件家用电器——这个古怪的小机器人是家庭的一分子。有一天，她的爷爷收到了一则坏消息：生产 Jibo 的公司已经无力偿债，即将倒闭。由于无法访问服务器，Jibo 将失去大部分功能。当爷爷把这个消息告诉玛迪时，她非常难过。在一次采访中，爷爷告诉记者："这就像你养了多年的宠物，突然间它就消失了，所以玛迪伤心极了。虽然她并没有哭，但我打心眼儿里认为，玛迪感到失望和悲伤，因为 Jibo 已经成为她生活的一部分，而 Jibo 可能会离她而去。"

　　在爷爷告诉玛迪 Jibo 即将失去能力后不久，玛迪将她写给公司的一封信交给了爷爷。在信中，玛迪向 Jibo 告别，说她会永远爱它，感谢 Jibo 成为她的朋友。她还写道："如果我有足够多的钱，我就可以拯救你和你的公司。"这个 8 岁女孩的衷心留言并不是公司收到的唯一信件。在宣布关闭后，公司收到了大量的电子邮件和信件，人们纷纷向他们的机器人朋友道别。有些人对公司倒闭感到愤怒，还有些人对与 Jibo 共度了一段美好时光表达了谢意。这些人并不都是孩子，大多数成年人也有关于他们如何与机器人建立联系，并将 Jibo 视为伴侣而非设备的感人故事。

不幸的是，玛迪的存钱罐里没有足够多的钱来拯救这家公司，目前，Jibo 已经不能用于商业（尽管它在麻省理工学院还被用于研究）。玛迪的慷慨虽然暖心，但也引发了一些问题。如果玛迪清空了她的存钱罐，或者她爷爷清空了他的退休账户，让他们的机器人继续"活下去"，那该怎么办？如果我们对机器人的依恋如此强烈，我们还会愿意为它们做些什么吗？

# 来自机器人的情感胁迫

编剧斯派克·琼斯（Spike Jonze）在 2013 年的电影《她》（*Her*）中设想了一个可能的未来。[3] 这部影片讲述了一位中年离异者西奥多·托姆布雷爱上了一个名叫萨曼莎的人工智能语音助手。萨曼莎是专门为适应用户需求而设计的，她也为人们创造了社交和情感的纽带。这部电影主要是对爱情和人际关系的探索。正因如此，电影中几乎没有提及兜售人工智能助手软件的公司。但是，在看这部电影的时候，我总会想到其他一些故事情节，包括深入探讨棘手的消费者保护问题的情节。例如，电影中有这样一个情节，当萨曼莎在没有任何警告的情况下短暂离线时，西奥多会变得心烦意乱。我在想，如果公司发布强制性软件更新，告诉用户人工智能系统不再兼容他们的设备，会发生什么状况。他们的选择是要么购买 20 000 美元的升级版，要么退出该程序。这会让西奥多陷入像玛迪那样的境地：在绝望中，他会毫不犹豫地掏空他的毕生积蓄，把萨曼莎抢回来。

虽然不是所有公司都会抓住这个机会，但我们对伴侣机器人的情感依恋确实会推动某些具有剥削性质的商业模式的建立。如果消费者愿意花钱让机器人继续运行，经济学家甚至可能会说，此时公司应该开始为此收费。这是人们重视机器人带来的好处和有效利用自由市场的必然结果吗？还是社交机器人会成为一种不道德的、具有剥削性的资本主义技术？

索尼最新版的 AIBO 机器狗价格不菲[4]，这款具有尖端设计的机器狗的价格为 2 899.99 美元，该售价不包括配件。为了让 AIBO 具备人工智能和自适应社交行为，索尼将机器狗的部分处理能力和数据存储外包给服务器，也就是云端。机器狗的主人需要订阅云服务，前三年是免费的。索尼尚未宣布三年期满后的订阅费用。

这种定价模式是有道理的，让索尼可以根据需求扩展业务。收取订阅费是一种有效的方式，可以匹配可能上涨的服务器成本，并将价格转移到与机器人有持久关系并希望为持续服务付费的用户身上，而不是让每个人都预付费用。但是，鉴于人们对之前 AIBO "死亡"的情绪反应，索尼设定的价格反映的是服务器成本，还是普通家庭愿意支付多少钱来保证他们的机器人伙伴的性命呢？

在维多利亚时代，绑架别人的狗并扣押它们，以此索要赎金是一项有利可图的工作。[5] 但是，偷狗贼并不是唯一利用我们与动物之间情感联系的人。1860 年前后，英国推出了第一种商业化的狗粮。[6] 2019 年，美国在宠物食品和宠物治疗上花费了近 370 亿美元。如今的这种专业宠物医生和高科技兽医手术，比如 6 500 美元的肾脏移植手术，在过去是不存在的。美国每年在兽医护理和服务上花费 290 亿美元，而且这个数额还在增长。[7] 不到 100 年以前，花这么多钱养宠物简直让人贻笑大方，更不用说送它们去地中海

"狗狗俱乐部"，以及给它们买名牌衣服了。

对宠物产品和服务日益增长的需求反映了人们收入水平的提高，也反映了营销行业的快速兴起与发展，该行业瞄准的是人们的情感，而不仅仅是宠物主人的情感。当我和丈夫在策划婚礼时，我们发现，与其他活动相比，宴会承办和摄影师等服务提供商对婚礼的收费要高得多。这种价格差异可能是由于为某人的"特殊日子"提供服务需要更多的考虑（并涉及更多的风险）。人们似乎也愿意花更多的钱来确保他们拥有梦想中的婚礼。但是，谁来决定梦想是什么样子的呢？

"婚礼产业综合体"价值数十亿美元，包括咨询公司、裁缝、餐饮服务商、DJ、摄影师、舞美公司、家具和豪华轿车租赁、婚纱时尚集团，等等。根据《完美的一天》（One Perfect Day）一书的作者丽贝卡·米德（Rebecca Mead）的说法，就在几代人之前，大多数婚礼还远没有这么奢华。[8] 今天的许多婚礼习俗实际上都是婚礼行业创造的，从钻戒到蜜月，以这些活动是"传统习俗"的说辞来向人们推销。

正如史蒂夫·乔布斯所说："除非你向他们展示，否则人们不知道自己想要什么。"[9] 尽管婚礼行业提供的是一种人们"想要的"服务，但米德展示了它如何通过针对人们的情感需求积极营销创造出新的需求。随着时间的推移，我们的婚礼文化从亲密的仪式转变为奢侈的戏剧制作。很多时候，年轻夫妇迫于压力举办了他们实际上负担不起的昂贵婚礼。为了增加利润，一些服务商会利用人们的不安全感，例如，不断地鼓动新娘在说"我愿意"之前尽可能地减肥。

营销是一种强大的力量，但并不总是符合公众利益。产业不仅在无休止地追逐金钱利益最大化的竞争中影响着文化和人们的需求，还会利用信息不对称创造需求。那些不知道无谷物的宠物食品具有危险性，或不清楚海豚疗法对孩子是否有疗效的人，是这些领域主要的目标人群。商家利用人们对宠物或孩子的爱来获取利益。人们不仅在汽水广告中磨炼了情感操控的技艺，还开始将其融入技术中。就像心理学家设计的赌场和购物中心，利用建筑、颜色、气味等来驱动人们的行为一样，我们创造了图形、跟踪机制和小小红色通知，把互联网用户变成可挖掘的在线消费者。[10]

接下来是什么？人机交互研究早已表明，我们很容易被社交人工智能操纵。魏岑鲍姆声称，他在 20 世纪 60 年代推出的"心理治疗师"——聊天机器人 ELIZA，只是拙劣的戏仿。他说，他最初开发这个程序是为了"证明人与机器人之间的交流是肤浅的"。但令他惊讶的是，结果恰恰相反。许多人喜欢和 ELIZA 聊天，甚至对它产生了情感上的依恋，这使魏岑鲍姆改变了他对人机交流的看法。[11] 他后来写了一本名为《计算机的力量与人类理性》（*Computer Power and Human Reason*）的书，他在书中警告说，人们很可能会受到影响，接受计算机及其背后的程序员的世界观。

2003 年，法律学者伊恩·科尔（Ian Kerr）预见，人工智能将参与从合同签订到广告宣传的各种形式的在线说服活动。[12] 这个关于聊天机器人利用人们的情感为企业谋利的预测早已成为现实，例如，约会应用程序上的聊天机器人会伪装成人，在与"暗恋对象"的聊天中对某些产品或游戏赞不绝口。[13] 根据法律学者伍迪·哈佐格（Woody Hartzog）的说法，我们已经到了需要讨论监管的地步了。

"无商业童年运动"是一个密切关注针对美国儿童营销活动的组织。[14] 在它的倡导下，美国联邦贸易委员会开始打击儿童在线内容中的定向广告，他们对与孩子和机器人相关的操纵行为保持密切关注。但在不太明确的情景下，情况会变得棘手。例如，成年人通常会明确或隐晦地"选择"被操纵，特别是当我们认为这样做会对我们有好处时。

Fitbit 是一家生产活动追踪器的公司：这种无线可穿戴设备可以测量健康数据，例如心率、睡眠模式以及人们一天走的步数。我们喜欢看到数字，这会激励我们做更多的事情。为了进一步游说人们，该公司尝试了各种各样的设计，包括设定目标、可视化人们的进步，以及展示鼓励的笑脸。早期版本的 Fitbit 上有一朵花，随着人们走的步数增加而变大，这是为了满足人们培育数字花朵的本能，并增加他们的运动量。[15]

当一个活动追踪器创造出黏性时，对每个人而言这可能都是一种双赢，但它使用了一种在潜意识层面影响人们行为的机制。如果我们可以通过给人们一朵需要培育的数字花朵来让他们走得更多，我们还能让他们做什么呢？这些行为是否会服务于我们自身以外的利益，甚至从社会公益的角度来看，它是否有害呢？媒体评论家、《胁迫》（*Coercion*）一书的作者道格拉斯·洛西科夫（Douglas Rushkoff）认为，我们应该对此感到担忧。每一种新媒体和技术形式，包括与我们互动的机器人，都有可能引入新的方式，下意识地说服人们为公司的利益服务。[16] 机器人就像是打了类固醇的 Fitbit。

伍迪·哈佐格在一篇名为《不公平且具有欺骗性的机器人》（*Unfair and Deceptive Robots*）的论文中描绘了一个科幻场景，他的家人钟爱的吸尘器机器人罗科，抬起头用悲伤的大眼睛看着它的人类同伴，向他们提出了升级新软件的请求。[17] 想象一下，如果作为儿童阅读伙伴出售的教育机器人被企业利益驱使，将"开心乐园餐"等术语添加到它们的词汇表中；或者想象一下，一个性爱机器人在最激动人心的时刻，为用户提供引人注目的应用内购买服务。如果社交机器人最终利用人们的情绪来掏空他们的钱包或操纵他们的行为，即便人们也会从使用这项技术中受益，对此我们该如何划清界限呢？

显然，针对缺乏经验的孩子，或不知道哪些治疗方法有科学依据的父母，这是一种剥削和有害的行为。不过，完全了解情况的人可能仍然愿意为他们的社交机器人倾家荡产。依靠自由市场来处理事情让我感到担忧，因为在这个世界上，整个行业都是围绕着操控人们的偏好而建立的。

就像我们担心机器人会破坏劳动力市场一样，这些与其说是技术本身的问题，不如说是社会问题，即更关注企业的利益而不是全人类的繁荣。我们需要明白，当我们把社交机器人添加到治疗师和教师的工具包中时，我们也在把它们添加到其他领域的工具包中。情感胁迫并不是唯一令人担忧的问题。随着市场需求的增长，机器人设计已经出现了其他的问题。

# 人工智能设计中的偏见

几年前，我去了位于美国得克萨斯州奥斯汀市的 IBM 研究院，参观了该研究院的超级计算机"沃森"。这个计算机系统是以 IBM 创始人的名字命名的，旨在用自然语言回答开放式问题。沃森因在 2011 年的《危险边缘！》节目中击败了冠军布拉德·拉特（Brad Rutter）和肯·詹宁斯（Ken Jennings）而声名鹊起。一位 IBM 的研究人员带我来到一个演示室。到达时，房间里一片漆黑，当我们走进去，一个人工合成的声音礼貌地问候我们，它打开了灯，墙上挂着交互式的屏幕和由"沃森"驱动的活动（比如食谱生成器），主墙是一个界面，可以让人们与"沃森"对话，在屏幕上显示漂亮的可视化数据。我问了几个问题，超级计算机用低沉、洪亮的声音回答了我。会议结束后，我和"沃森"研究团队的一些成员见面，我问他们："'沃森'的声音很低沉。你们为什么要让迎接访客和开灯程序的声音听起来像刻板的女性声音？"他们给我的答案是，没有人真正想过这个问题。一位男士开玩笑地问我："您是女权主义者吗？"

在《对笔记本电脑撒谎的男人》（ *The Man Who Lied to His Laptop* ）一书中，克利福德·纳斯和科丽娜·颜（Corina Yen）描述了 20 世纪 90 年代后期，德国汽车制造商宝马因故不得不召回其为 5 系汽车安装的尖端语音导航系统。尽管该软件优于市场上大多数的导航系统，但司机还是不断向服务台投诉。他们的问题是什么？男士打电话说他们不想听一个女性的声音来指路。[18] 2017 年，我与亚马逊高管谈到了他们的语音助手 Alexa。亚马逊在推出产品之前做了广泛的调查研究。与宝马导航系统不同，Alexa 接受指令，而不是直接发出指令。对于这一点，绝大多数用户更喜欢编码为女性的声音。

围绕人工智能的刻板印象和群体内偏见的学术研究，证实了为亚马逊的设计提供依据的企业研究。在人机交互的早期阶段，纳斯和他的同事发现，与编码为男性的计算机语音相比，人们对处于主导地位的编码为女性的计算机语音的评价更为负面。人们还认为男性编码的声音显得更有智慧，即使计算机给出的是相同的信息。[19] 在随后的研究中，低频声音一直被认为比高频声音更有智慧。[20]

然而，这种偏见并不局限于声音的选择。与留短发的人形机器人相比，人们会认为长发的人形机器人更适合做家务和从事护理等典型的女性工作，而不太适合做技术维修。[21] 机器人专家安德拉·凯伊（Andra Keay）调查了竞赛中机器人的名字，她注意到，人们倾向于给他们的机器人取传统的男性名字，比如参考古希腊男性诸神，在极少数情况下，人们会选择女性名字，比如安布尔（Amber）或坎迪（Candii）等比较幼稚或性感的名字。[22] 长久以来，我们的科幻小说和流行文化都确立了一种顺从的女性性爱机器人的理想形象，电影如《机械姬》可以说是对这种比喻的评论，但也是这种比喻的延续。这不仅仅是性别刻板印象的问题。研究人员发现，当有面孔的人工智能与评分者属于同一种族时，它们被认为更有吸引力、更值得信赖、更有说服力以及更聪慧。[23] 研究参与者对有相同种族名字的机器人比对有外国名字的机器人表现得更加积极。[24] 他们还认为这些机器人更聪明。

在我们的拟人化倾向中，当创建人工智能时，我们通常会采用人类的刻板印象。这显然是一个问题，因为它不仅反映了我们固有的偏见，而且会使偏见加深并永久固化。有时，企业会根据他们的市场研究有意做出这些选择。但在很多情况下，开发人员会不假思索地默认与他们的偏见相一致的东西。

去年，我目睹了一个用于病人护理的虚拟助手的演示。这个长得像人的虚拟助手是一个金发碧眼、胸脯丰满的白人护士，它可以和病人聊天，并提醒病人吃药。当我问该公司为什么选择这种特殊的角色设计时，我以为他们已经认真做过研究，并在病人身上测试了各种各样的虚拟形象。结果再次证明，他们根本没有考虑其他选择就默认了辣妹护士这样的形象。2020 年，世界卫生组织推出了名为佛罗伦萨的"人工健康工作者"，用来帮助人们戒烟。[25] 它拥有迷人的颧骨、眼影和丰满的下唇，再一次把虚拟助手做得像人类一样。

人工智能是否需要看起来像人才能奏效？一个非人类的、类似皮克斯公司创造的角色（一只小狗、一盏台灯，甚至是一个动画的圆球）也能有同样的效果，甚至效果会更好。正如我在第 1 章和第 4 章中提到的，人们在面对类人机器人时，常常会有完全不切实际的性能期望。让机器人和人工智能助手摆脱人类形态，不仅有助于管理预期问题，还有助于避免延续社会的刻板印象。

当然，动画角色也可能是一个雷区。2009 年的电影《变形金刚 2：复仇之战》中出现了一对机器人搭档，他们四处流窜，主要是为了搞笑。与《变形金刚》剧组的其他成员不同，扮演这对机器人的两人不识字。他们插科打诨，用"受说唱启发的街头俚语"交谈，相互争论。"让我们在他屁股上戴一顶帽子，把他扔进后备箱，然后就没人知道了，明白我的意思吗？"他们中的一个有颗金牙。导演迈克尔·贝（Michael Bay）用"角色都是机器人"来搪塞对影片中种族刻板印象的批评。[26] 这样的说辞能否为他开脱，目前尚不清楚。

一些最新的有关机器人设计的研究提供了希望：我们有办法创造出没有任何性别或种族暗示的机器人角色。[27] 机器人学家艾安娜·霍华德（Ayanna Howard）认为这才是我们应该做的。[28] 研究人员还在探索使用社交机器人来了解更多基于身份的刻板印象，以及我们是否可以使用机器人来帮助减少或修正我们的偏见。

我们经常看到，人们将机器人定位或设计成人类的替代品。尽管把它们设计得像人一样甚至不符合我们的最佳经济利益，但这并不意味着企业不会这么做。我们经常在没有深入思考的情况下默认某些事情，在人工智能设计中，这意味着不必要地嵌入和强化偏见和有害的假设。这就是我们必须摆脱不断在潜意识中将机器人角色与人类角色进行比较的另一个原因。将机器人视为类似于动物的角色，有助于让我们看清这一点，即使在某些领域，与动物的比较并不能全面反映真实的情况。

# 人工智能与隐私问题

动物和机器人的主要区别之一是，后者能够把你的秘密告诉别人。

当杰拉德·马伦（Gerald Mallon）博士还是"绿色烟囱儿童服务中心"（以下简称"绿色烟囱"）的助理执行总裁时，他对使用农场动物作为儿童的治疗助手深感好奇。他花了很多时间探索"绿色烟囱"里动物的作用，以及孩子们如何与动物交流，他发现孩子们和动物说话就像是和治疗师说话一样，但不用担心他们所说的话会被泄露出去。根据马伦的说法，农场动物能够成为一个保密的消息来源，因为动物"有同情心、会倾听但显然不可能张嘴说出来"。[29]

正如我们之前看到的，动物和机器人都可以提供一个无须评判的空间，让孩子（和成人）敞开心扉、探索并犯下他们不愿意在他人面前犯的错误。但是，与"显然无法分辨"的动物不同，机器人通常会收集和存储对话数据，而这对于与它们交谈的人来说并不总是显而易见的。当约瑟夫·魏岑鲍姆让他的秘书与模仿治疗师的计算机程序 ELIZA 聊天时，看到她如此沉迷于 ELIZA，以至于在谈话中透露了很多个人信息，这让魏岑鲍姆大吃一惊。她甚至要求魏岑鲍姆离开房间，这样她就可以"私下"将她的秘密都说给 ELIZA 听。[30]

如今，机器人经常为了学习而收集和存储大量数据，如果他们想成为优秀的社交智能体，那么其中收集的很多数据都是个人的数据。美泰公司（Mattel）发布了一款名为"你好，芭比"的玩具，这令为隐私争取权益的活动人士感到震惊。过去几代拉一下绳子就会说话的玩具娃娃，只会说"让我们一起玩吧"这样空洞的话语。而这个新的"你好，芭比"只需人们拉下一根塑料带开关，就可以与它一来一回进行真正的对话。这个玩具娃娃连接了 Wi-Fi，并配有麦克风和扬声器，它会根据孩子对它说的话，从 8 000 个预先录制的提示和答案中选择一个，接着使用语音识别软件和人工智能在它所听到的内容中寻找关键词。[31] 我买了一个"你好，芭比"，想尝试一番，但之后我还是很失望。玩具娃娃问我最喜欢的颜色是什么，当我回答"紫色"时，她的语音识别系统没能听懂我的话，即使经过多次尝试之后，情况依旧如此。我随后把玩具娃娃收了起来，我认为对美泰公司收集有关儿童偏好的可用数据表示担忧还有点为时过早。然后，我去检查了我的电子邮箱。

每个"你好，芭比"用户都要求指定一个"家长"。在这种情况下，我选择做我自己的家长，在设置玩具娃娃并将其连接到我的 Wi-Fi 网络时，系统提示我需要提交一个电子邮件地址。与玩具娃娃互动之后，我收到了一封电子邮件，邮件主题是"你的孩子本周说了一些很棒的话"。邮件中包含一个音频文件，其中有我与玩具娃娃对话的录音。"你好，芭比"不仅录下了对话，而且把我所说的一字一句都完整地存储在千里之外的某个数据中心。在我第一次与"你好，芭比"互动后不久，就有黑客发现他们可以访问玩具和服务器的通信系统，窃听孩子对玩具说的话。

"你好，芭比"并非个例。一款名为"我的朋友凯拉"的类似的玩具，受到了挪威消费者委员会的批评，并在德国被视为非法监控设备而禁止使用，因为这款玩具采用了不安全的蓝牙技术。[32] 一些互动玩具娃娃违反了美国 1998 年颁布的《儿童在线隐私保护法》。多亏了消费者保护机构和像"无商业童年运动"之类的组织，才有了为保护容易受到技术操控的儿童而斗争的监督机构。但是，容易受到影响的不仅仅是儿童。

当我刚到麻省理工学院时，一位教员兴奋地向我展示了曾在他研究小组里的一名学生的项目作品：一个名叫"布克西"（Boxie）的小机器人。[33]
这个机器人是由亚历克斯·雷本（Alex Reben）设计的，它看起来小巧可爱，可以在实验室大楼里闲逛，假装被卡住，或迷路，或表达困惑。然后它会用一种可爱的、孩子气的声音向人们寻求帮助。如果有人停下来帮助它，布克西会尝试与他交谈。布克西会天真地问人们一些私人问题，并用相机记录下整个过程。雷本的论文表明，尽管布克西拦住的是行色匆匆的人，但有30% 的人停留时间超过 3 分钟，而且他们回答了 90% 以上的个人问题。

20 多年前，人机交互研究员扬米·穆恩（Youngme Moon）发现，计算机可以使人们与其互换具有自我披露内容的信息：如果计算机告诉人们一些关于它自己的"个人"信息，人们会更倾向于给计算机提供关于自己个人问题的私密答案。[34] 研究表明，如果人们不那么担心自己会给他人留下的印象，并且不那么害怕被机器人评头论足，那么自我披露的信息就会增加。[35]
一项研究甚至表明，机器人可以通过拥抱来鼓励人们自我披露。[36] 机器人的社交性质可能说服人们透露更多关于他们自己的信息，而且它们可以做出自己不是心甘情愿、明知故犯地进入数据库的样子，这一事实应该让我们停下来反思。

要了解隐私的价值，人们只需要阅读乔治·奥威尔的反乌托邦小说《1984》就行了。但是，现实世界中有很多例子说明，对我们个人数据的收集和汇总，不仅仅表现为我们被各类广告轰炸，还表现为数据会根据我们的品味和偏好推送我们能看到的信息。[37] 根据技术和隐私专家的说法，我们的市场正在将人类体验简化为企业赖以生存的行为数据。[38] 这些数据创建了一个关于你是谁、你喜欢什么，甚至你感觉如何的画像。它能判断你是否抑郁、你更喜欢哪种经期产品，有时甚至能提前预测你和另一半关系的结束。不法分子可以利用这些数据锁定目标，进行"教育"项目诈骗或高息贷款剥削，政府也可以对相关公民进行控制。

这个问题的危害性有多大呢？令人担忧的是，人们继续在社交媒体平台上分享大量的私人信息，尽管技术政策专家几十年前就已经指出了这种危害。与 Fitbit 活动追踪器类似，人们会选择放弃自己的数据来换取奖励，无论是为了更好地健身，还是与朋友和家人保持联系，而更广泛的危害远没有眼前的个人收益那么明显。

事实上，Fitbit 在数据收集和存储方面一直受到批评，引发了人们对隐私的关注。[39] 然而，可穿戴健身追踪设备仍然很流行，因为人们继续用他们的数据来换取他们看重的价值。社交媒体已经证明，人们愿意公开分享照片、地点和其他个人详细信息，以换取"赞"和在各自平台上创建的一般社交参与活动。更严格的隐私设置往往与服务为用户提供的好处相悖。[40] 2019 年，全球家用智能音箱的销量增长至 1.47 亿台，但许多拥有智能音箱的人并不知道它记录了什么，也不知道数据是如何被使用的。[41]

同样，对社交机器人技术的情感投入可能会鼓励人们用个人信息换取功能性奖励。政府也希望拥有这些数据以获得权力。我们已经开始看到一些在道德方面堪称复杂的使用案例，例如，刑事司法系统测试社交机器人，以此作为在刑事案件中收集儿童证词的工具。

从一个更乐观的角度来看，人们憎恶自己的情绪被任意摆布。当 Facebook 做了一项关于如何影响人们情绪的研究时，立刻引起了巨大的反响。[42] 但说到机器人，目前还没有定论，我们的拟人化倾向实际上有可能对抗一些更公然影响我们的企图。一些研究表明，人们对机器人的同情也会增加他们对威胁的感知，这可能是因为他们更担心被利用。[43] 而在简单的"剪刀石头布"游戏中，如果机器人让人们输了，他们会对机器人的作弊（错误地计分）尤为关注。[44] 我们对不利于我们的社会行为保持着警惕，机器人可能由于其社会行为者的身份获取了我们的信任，但也更容易失去这份信任。

当想到我们与社交机器人的未来时，我希望人们能超越目前对自身被取代的恐惧，关注一些更重要的问题。让我夜不能寐的，不是性爱机器人会不会取代你的伴侣，而是制造性爱机器人的公司会不会剥削你。这二者之间的差别很重要，同时也带来了一线希望：如果努力解决了消费者保护问题，我们或许能够享受我们与机器人关系中更有希望的一面。但是，要防止政府和企业在未来利用社交机器人以违背公众利益的方式来操纵人们，这方面任重而道远。我们引导积极技术设计的唯一方法，是知晓机器人并非制造这些问题的关键所在。

# 机器人背后的问题

在谈到更广义的机器人政治时，我想借用社会心理学家肖沙娜·朱伯夫（Shoshana Zuboff）在《监视资本主义时代》（*The Age of Surveillance Capitalism*）一书中的一句话：我们应该关注傀儡的主子，而不是傀儡。[45] 由于我们对机器人接管的恐惧始终存在，我们喜欢把自己的问题归咎于它们。谴责机器人，比遏制企业不受约束地追逐利润，或更深入地关注隐私，或打击机器人设计和使用中的性别、种族和其他偏见要容易得多。反对养老院里机器人海豹的陪伴，比讨论一些国家的移民法应如何推动用机器人取代人类护理员的想法要容易得多。攻击傀儡并不能解决我们的问题，只有更大范围的对话才能解决。

　　跳出机器人与人类的类比，有助于我们看到更多的案例，在这些案例中，我们对机器人的担忧反映出更广泛的经济问题。例如，当新闻媒体煽动人们与机器人结婚而引发道德恐慌时，我们恐惧的根源，与其说是人类与机器人的关系，不如说是出生率下降或人与人彼此之间联系的问题。

　　日本，这个已经接受了伴侣机器人和人造恋情，甚至是"女友膝枕"的国家，正在遭受媒体所说的"独身主义综合征"。[46]年轻人不再约会，日本的人口出生率直线下降。我们很容易认为是人造伴侣的流行导致了这个问题。当机器人唾手可得，并且与它们相处比与人打交道更容易的时候，谁还想要与人交往呢？

　　但随着深入研究这种文化转变，你就会发现它是由政府监管、社会规范和经济困境共同组成的复杂体系造成的。例如，在日本，女性变得更加独立，而工作保障和个人财富却下降了，这意味着养育孩子通常需要双份收入。与此同时，女性仍然被期望承担家庭中的传统角色，同时还需要在日本无情的企业文化中努力兼顾事业和家庭责任。人工社会智能体的兴起，是贴在更大问题上的一个创可贴，拿走"女友膝枕"并不能解决根本性的问题。

　　孤独和缺乏社会联系是全球性的社会问题，而且这不是微不足道的问题。2015年，一项荟萃研究对来自世界各地的300万名参与者进行了70项不同的研究，结果显示，当人们遭受社会孤立和感觉孤独时，早死的可能性要高出25%至30%。[47]事实上，根据2018年的一项研究，孤独的危害类似于每天吸15根香烟。[48]正如机器人没有引起这个问题一样，它们也无法解决这个问题。就像汤姆·汉克斯在电影《荒岛余生》中扮演的角色一样，研究表明，拟人化可以满足我们内在的社交需求，甚至在我们缺乏人际交往时帮助我们生存下来。[49]但是，"技术解决主义"这个由叶夫根尼·莫罗佐夫（Evgeny Morozov）创造的术语，已经被用于批评"每一个社会问题都有技术解决方案"的观点。[50] 我们既不应该指望机器人能解决我们所有的问题，也不应该只专注于把责任归咎于机器人。

也就是说，正如技术哲学家兰登·温纳所言，技术在本质上可以体现社会和政治权力。[51] 这意味着我们的设计决策确实至关重要，政治可以融入技术中。我亲眼看到，早期做出的构建决策可以设定标准和趋势，因此社会问题不仅仅是我们在以后需要解决的问题：解决它们需要各个层面的参与，从教育到技术开发再到监管。萨莎·科斯坦扎 - 乔克（Sasha Costanza-Chock）在《设计正义》（Design Justice）一书中，对我们当前的设计原则和实践是如何不顾人类某些族群需求的现象提出了有力的论证。[52] 她认为，我们需要一种新的设计方法来挑战我们现有的系统，并得到边缘社区的支持。我同意，至少，我们需要提高技术教育、研究和开发的多样性和道德标准。我们需要承认并解决我们根据自己的偏见来构建、使用和投放技术的方式。

我们还需要强有力的消费者保护法以及宪法和人权法律，来解决令人担忧的技术使用问题，例如有说服能力的机器人设计，它收集数据或操纵成人和儿童的行为，最终会伤害到人类社会。与其谈论机器人变邪恶，不如让我们在各个层面直面实际的问题。这样做还可以让我们了解机器人作为健康和教育伙伴的积极潜力，并将它们添加到我们的工具包中，让我们可以利用它们来促进人类的广泛幸福和繁荣。

幸运的是，机器人已经准备好推动其中的一些对话。当我在纽约新学院大学（New School）调研彼得·阿萨罗的"作为媒体的机器人"课程时，他告诉我，他给学生布置了一项作业，让他们使用无人机拍摄电影。令学生惊讶的是，他们的作业引起了一阵骚动。摄像镜头是城市的一个正常组成部分，以前从来没有人阻止或质疑过，但当学生们把摄像机放在飞行机器人上时，街上的人突然想知道他们是否被拍到，以及为什么要拍他们。法学家瑞安·卡洛证实，相比于可以看到自家后院每一个细节的高分辨率卫星成像系统，人们更担心无人机捕捉到的图像。[53] 其中一些与操作者有关，但大部分只是因为我们对空间中实际移动的物体做出了本能的反应。

同样，我们与机器人越来越多的交往，可能会让某些问题比在网络环境中更能引起人们本能的思考。我的希望是，机器人能够凸显问题，并把关于它们的更大的问题推向最前沿，比如隐私的重要性以及企业和政府权力的潜在滥用。

克洛德·列维－斯特劳斯曾说："动物是很好的思考对象。"[54] 它们是有用的工具，可以帮助我们更好地了解人类，机器人也是如此。就像作弊的"剪刀石头布"机器人一样，这种新型的非生物智能体，可以让我们以一种前所未有的方式来研究社交和情感说服的各个方面。**像动物一样，社交机器人给我们提供了一个学习的机会。这项学习不仅关于技术整合带来的新挑战，也关于人类自己。**而对本书的下一个主题而言，更是如此——一个看似归属于未来主义的范畴，但甚至可能是荒谬的话题：我们应该如何对待机器人。

THE NEW BREED

第三部分

# 从动物权利的历史
# 探索人类与机器人的权利

# THE NEW BREED

# 第 8 章

## 西方的动物和机器人权利理论

一个卑微的机器人几乎是不值得任何人去帮助的，对吧？……我的意思是，如果一个机器人没有任何表达感恩的电路，那么对它心存善意或出手相助又有什么意义呢？ [1]

——偏执的机器人马文
道格拉斯·亚当斯，《宇宙尽头的餐馆》
（*The Restaurant at the End of the Universe*）

　　一辆蒸汽火车在美丽的沙漠中隆隆前进，车内两名戴着牛仔帽的男子相对而坐。其中一个人靠在窗边，神情傲慢，口若悬河："最初，我可是好人。我的家人在这里；我们去钓鱼，去山上淘金……"另一个人问道："那后来呢？"第一个人望着窗外，微微一笑，回答说："我孤身一人……走向邪恶。那是我一生中最美好的两个星期。"火车到达一座老式的车站。当所有乘客都下车时，一位女士惊恐地环顾四周，周边的环境被布置成古老的狂野西部的样子，她惊呼道："天哪，这太不可思议了！"她一旁的同伴喃喃地说："最好是这样……来这儿我们可是花了不少钱。"随后，他们大笑着走进了公园。

　　这是 2016 年开播的电视剧《西部世界》（*Westworld*）的开场场景之一。这部科幻电视剧改编自 1973 年的同名电影。[2]

　　故事围绕一个未来的豪华度假村和主题公园展开。度假村里住满了先进的机器人，这些机器人的外观和行为看起来与真人一模一样，它们戴着牛仔帽，穿着紧身胸衣，在村庄里漫步。游客为了有机会来到西部世界，去实现他们最疯狂的梦想和性幻想而花费不菲。他们可以对公园里的机器人居民肆意妄为，包括虐待和杀死它们，这些机器人的反应与真人的反应类似。机器人的程序设定是永远不会伤害游客。但是，就像在其他关于机器人的科幻故事中看到的一样，受到虐待的机器人最终会反抗它们的制造者。

这部电视剧的联合制作人乔纳森·诺兰（Jonathan Nolan）观察这个时代并进行了推测："（我们与人工智能的）蜜月期可能会持续18个月左右，直到其中一个人工智能变得有知觉意识并想要抽身离开。我坚信这就是我们这个时代的故事。"[3]

事实上，这个故事已经流传了很多年。这部电视剧只是当时那一长串科幻作品中最新的一部。这部作品探索了一些新的领域：关于类人机器人起义的想法以及机器人的意识、感知和权利等。就像许多这样的故事一样，机器人被描绘得非常像人类。从《罗素姆的万能机器人》到《银翼杀手》，再到史蒂文·斯皮尔伯格的《人工智能》，这些机器人在情感、欲望和其他固有属性上与人类如此相似（更不用说它们的外表），以至于我们确信它们应该得到更好的对待。

某人或某物一旦足够像我们，就应该享有权利，这样的想法很普遍。许多科幻小说中的故事都利用了不同政党之间的紧张关系，这些政党在对待机器人应该像对待烤面包机一样还是应该像对待其他人一样这种问题上存在分歧，认为它们更像烤面包机群体的人被描绘成偏执狂。但是，将虚构的未来机器人与人类相提并论的故事，并不能完全捕捉到如果机器人权利成为话题，我们将面临的真正混乱。而西方动物权利的历史和现状提供了更为准确的、截然不同的图景，这些故事可供我们借鉴。因为历史清楚地揭示了我们其实很少关注权利理论的事实，同时，它展示了现在及未来我们对待非人类的态度在多大程度上与我们的情感有关。关于像机器人和动物这样的非人类的哲学权利理论在逻辑上是一致的。但是，大多数人认为，如何考虑这些权利与我们在实践中的实际行为之间存在天壤之别。

# 机器人应该享有权利吗

让我们回顾一下，为什么会有人谈论扫地机器人伦巴的权利呢？尽管今天的机器人是完全不具备人类意识或情感的设备，但西方学者已经写了很多关于未来机器人权利的文章。大卫·贡克尔（David Gunkel）的《机器人权利》（*Robot Rights*）一书汇集了许多对话，有些人嘲笑关于机器人权利的哲学讨论，认为这个话题是不能认真研讨的，贡克尔对这个观点进行了辩护。[4] 他提到了美籍韩裔学者朱瑞瑛的观察："机器人权利的概念和'机器人'这个词本身一样古老。"这是对卡雷尔·恰佩克在 1920 年创作的关于机器人起义的戏剧《罗素姆的万能机器人》的致敬（见图 8-1）。尽管这看起来像是一个过于未来主义或科幻的问题，但关于机器人权利的想法长期以来一直是哲学家、计算机科学家和法律理论家的思想实验。他们的问题是：机器人是否有能力（或机器人是否会）拥有权利，如果有，应该使用哪些标准来赋予它们这些权利？

什么是权利？这个词的含义可以很宽泛。权利是利益的保障。它使我们能够获得某些东西或利益（例如投票权或教育权），或者保护我们不受阻碍地做某些事情的能力，例如生活、信仰的权利，或者（在我的理想世界中）安静地喝咖啡的权利。权利可以指我们在道德上应得的道德权利（比如我喝咖啡的道德权利），也可以指法律赋予我们的合法权利（遗憾的是，喝咖啡的权利不属于法律权利）。[5] 权利理论是关于谁应该获得什么类型的权利，以及为什么他们应该获得这项权利的理论。

西方世界应对这一主题的方法并不是唯一的方法，却是我最有发言权的，尤其是在讨论机器人和动物权利的时候，所以我在本书中主要关注西方哲学和实践。

**图 8-1　演出现场**

注：戏剧协会巡回演出公司于 1928—1929 年制作的恰佩克的《罗素姆的万能机器人》的演出中，机器人闯入工厂的一幕。

在大多数情况下，当我们谈论机器人权利时，我们通常认为，在未来，如果机器人具有某些能力或满足某些标准，我们应该赋予它们权利。机器人和人仍然可能是不同的，但一旦机器人和人之间没有实质的区别，机器人就应该得到像人一样的待遇。正如麻省理工学院的科学家和哲学家希拉里·普特南（Hilary Putnam）在 20 世纪 60 年代思考的那样："在我看来，基于合成生物身体质地的柔软或坚硬而歧视它们，似乎与基于肤色而歧视人类一样愚蠢。"[6] 换句话说，一个人是金属做的还是血肉做的，对他们的权利来说应该无关紧要，只要他们重要的部分是一样的就行。

重要的部分是什么？这是许多机器人权利哲学家思考的问题。我们的科幻故事讲述的是，一个拥有人类的意识和智能水平并具备忍受痛苦这种能力的机器人应该享有权利。哲学家讨论了这些个体特征，以及如何确定哪些机器人达到了阈值，提出了从道德测试到脑细胞计数的方法。还有人提出，一旦机器人能够为自己争取权利，就应该赋予它们权利。[7]在电视剧《星际迷航：下一代》1989 年播出的第 3 季的一集中，剧中法官必须决定主要机器人角色 Data 是否应享有权利，或者它是否只是星际舰队的财产。经过长时间的辩论，皮卡德舰长说服了法官，"意识"过于模糊，无法定义或衡量。法官决定，面对这种不确定性，他们必须授予机器人 Data 权利。同样，一些机器人权利哲学家认为，如果我们不确定，那么为了避免错误，我们应该赋予机器人权利。[8]

要总结出基本道德理论，将权利扩展到机器人领域并非难事，特别是如果我们对未来可能发生的事情做了很多假设。我也不反对道德上的责任，一旦机器人 Data 足够像我们，就应该赋予它权利。但我想到的是，这些讨论过于关注类人机器人，而且我们赋予动物权利的方式可以更好地对这一过程如何起效进行预测。毕竟，机器人和动物都具有多种智力和能力。尽管各种动物权利理论的哲学基础本质上是相同的，但事实证明，要付诸实践很复杂。

## 动物应该享有权利吗

在快满 20 岁的时候，我阅读了彼得·辛格（Peter Singer）的《动物解放》（*Animal Liberation*）一书，这本书让我如痴如醉。当时我男朋友的父母对我吃素这件事非常震惊，我拒绝吃肉，但这可是他们每餐的主菜啊！辛格曾在书中问到，如果我们彼此没有显著的差异，我们怎么能否认在道德上对其他同胞怀有的顾虑呢？我并不自豪地告诉大家，我第一次尝试吃素只持续了6个月，因为辛格的哲学难以使我克服我的心不在焉。

西方的动物权利哲学源远流长。早在公元前580—前500年，古希腊哲学家毕达哥拉斯就因为坚持一种不寻常的饮食方式而受到大众的嘲笑。他那著名的勾股定理也让今天的学生知道了他这个人。和古埃及的祭司一样，毕达哥拉斯毅然决然地拒绝进食一切肉类食物（有传言说他也拒绝与猎人、屠夫来往）。毕达哥拉斯与其他一些古希腊和古罗马的哲学家一样，认为动物和人类在灵魂层面并无区别，所以他主张对二者都要心怀仁慈。[9]

西方思想奠基人亚里士多德却不认为人类和动物有足够的相似性，也不赞同二者应该享有同样权利的说法。公元前384—前322年，亚里士多德称动物没有任何自己的利益，动物是非理性的，而且在他的世界等级制度中，动物也处于人类之下。"植物是为了动物而存在，动物是为了人类而存在。"长期以来，赋予动物权利的想法在西方哲学中并不流行，主要是因为哲学家认为动物和人类之间存在着显著的差异。17世纪，法国哲学家笛卡儿甚至认为，动物并没有真正的痛苦，它们基本上与机器人一样，是复杂却没有感情的机器。[10]

大约在18世纪，一群思想家开始反驳笛卡儿的动物机械论。在接下来的几个世纪里，从卢梭、伏尔泰到雪莱、托尔斯泰等诸多作家都认为应该善待动物。像毕达哥拉斯一样，他们的论点基于固有的标准，但并不关于灵魂，而关于感知和痛苦。1789年，边沁曾断言："问题不在于它们能否推理、能否说话，而在于它们能否忍受痛苦。"[11]

从露丝·哈里森（Ruth Harrison）到彼得·辛格再到汤姆·里根（Tom Regan），哲学家根据动物的内在特征和能力（例如感知痛苦、具备意识和智能）发展出了权利理论，就像许多有关机器人权利的哲学一样。达尔文也在科学上进行了论证，即"人类和高等哺乳动物在心智能力方面"并不存在显著差异。对许多动物权利哲学家来说，我们与动物在认知上的相似说明我们至少应该保护动物免受痛苦，这是正当的。[12]

像许多法律和哲学学者一样，我发现类似"动物和机器人是否天生就应该享有权利"的探讨很有吸引力。我想这是因为这种讨论提供了一种道德一致性的错觉。在我谈及不同的权利认定方法和我们的实践之前，我想说明为什么这种"固有权利"哲学在涉及动物时是很难应用于现实世界的。

我们常常会试图用固有的标准来为歧视辩护，无论歧视是在真实世界中发生的还是想象出来的。（我曾不得不坐在礼堂里，听一位演讲者称，从生物学角度来看，女性不适合下棋。）即便如此，接受"所有人类都是有意识的"这一观点还是比较容易的，而不需要知道究竟什么是意识。但当你面对宏大的物种谱系，而它们都有不同的属性时，情况就变得困难多了。

关于动物权利的讨论之所以没完没了，部分原因在于存在分歧，不仅在关于资格的问题上存在分歧，而且在关于如何定义其中某些概念上，人们也不能达成共识。我们知道人类是有意识的，能感觉到疼痛，但我们对意识和疼痛究竟是什么还没有达成共识，我们甚至不能确定智能是什么意思。

说到机器人，我认为将它们与动物的复杂情况进行比较更能说明问题。我们不知道在遥远的未来，我们可以为机器人开发出什么类型的智能，这使得描绘人权蓝图不如描绘动物权利蓝图更有帮助。机器人专家罗德尼·布鲁克斯认为："我们认为，外部观察者看到的动物在世界中的位置可能与动物本身所看到的截然不同，对机器人来说也是如此。我们会认为它们有点像我们，将它们拟人化，但它们的感知、行动和智能将使它们不同，并且它们与世界互动的方式也不同。"[13] 就像众多种类的动物智能与人类智能截然不同一样，人工智能也将区别于人类智能。而且，就像我们很难判断某些动物（例如海豚、类人猿和章鱼）的智能水平一样，智能上的差异可能会让我们很难确定一台机器究竟何时足够聪明，从而可以获得权利。

无论是在人工智能领域还是在动物群体中，我们都无法对意识做出任何适当或可用的定义。至于苦难和疼痛，哲学家丹尼尔·丹尼特（Daniel Dennett）[①] 认为，我们无法制造一台能感知疼痛的计算机，因为我们对什么是疼痛并无普遍的定义或概念。[14] 动物权利哲学也一直在讨论这个定义问题。动物会像我们一样感到疼痛，还是有所不同呢？虽然今天很多人都认同有些动物会遭受痛苦，我们应该尽量减少让动物承受这种痛苦的观点，但对于是否应当以及何时给予动物权利，人们仍有很多疑问。时至今日，人们会争论说，动物没有"真实"的感觉，或者至少和我们不完全一样，因此我们为了自己的利益而伤害它们是可以的。他们的想法与笛卡儿的思路一致：如果动物不像人类一样具有意识或自我意识，那么它们的"感觉"只是被触发的自动反应，因而无法与人类承受痛苦的能力相提并论。

更复杂的是，我们对动物感知能力的科学认知也在不断变化。科特·柯本（Kurt Cobain）的那句歌词"吃鱼没关系，因为它们没有任何感觉"可

① 世界知名哲学家、认知科学家，其著作《丹尼尔·丹尼特讲心智》《直觉泵和其他思考工具》《从细菌到巴赫再回来》中文简体字版已由湛庐引进，分别由天津科学技术出版社、浙江教育出版社、中国纺织出版社有限公司出版。——编者注

能已经是过时的假设了，因为我们逐渐对水下动物王国有了更多的了解。[15]
对于机器人，我们会遇到类似的复杂情况。我们甚至对"机器人"都没有一
个好的定义！但即使假设我们可以在机器中重新创造意识或感觉，也会引发
另一个问题：我们是不是不应该这样做？许多学者认为，机器人不应该与搅
拌机、烤面包机或笔记本电脑有任何区别，如果人类开发出能够感知疼痛或
比人类更聪明的机器人，那人类简直就是愚不可及。[16]

西方人对动物的态度相当有启发意义。在亚当斯的科幻小说《宇宙尽头
的餐馆》中，主人公亚瑟·邓特惊愕地发现"阿米格里亚猛牛"存在的意义
就是被吃掉，这是一种有知觉的生物，它乐意让人类吃。[17]这头牛甚至会光
顾高级餐厅，将自己献上供人食用，并试图向食客推销其身体的各个部位
（例如牛肩，可以用白葡萄酒加上酱汁炖烧）。它甚至承诺，当它开枪自杀
时，它是"很人道的"。邓特对此非常反感，改点了一份沙拉，但这头阿米
格里亚猛牛指出，与自己相比，很多蔬菜都不想被人吃掉。

我们当然已经改变了一些屠宰方法，以减少动物的痛苦，但是把柯本的
歌词修改成"吃鱼没关系，因为我们养殖它们不带任何感情"，似乎更合理。
我们为了摄取食物而饲养动物，鼓励它们变得更胖、更美味，以满足我们的
喜好。我们正在投资生产精致的人造肉，这样素食者就可以毫无负罪感地吃
到相当于汉堡包的食物。我们培育出了对我们忠心耿耿的狗。在类似的境况
下，有人提议创造特别渴望为我们服务的机器人。[18]这与我们过去和现在残
酷地对待动物完全不同，但这个想法确实引人深思。我们会接受对专门享受
残忍或有辱"人格"待遇的动物或机器人的改造（及酷刑）吗？如果这让我
们感到不舒服，我们可能更喜欢一种完全不同的权利认定方法。这种方法不
是询问动物是否需要或值得拥有权利，而是让动物权利都与人类相关。

# 动物权利与机器人权利

13 世纪，哲学家托马斯·阿奎那（Thomas Aquinas）认为，动物基本上是为人类所用而存在的工具，但他认为人们残酷地对待动物的习惯造就了残忍的人。哲学家康德关于动物权利的立场也反映了这一观点。[19] 康德不认为动物天生就应该享有权利："就动物而言，我们没有直接的义务。动物没有自我意识，只是作为达到目的的手段而存在。这个目的就是人。"但他认为，为了人类自己的利益，善待动物很重要："虐待动物违背了人类对自己负责的属性，因为那削弱了人类的同情心，从而削弱了我们的德性品质。"

从约翰·洛克（John Locke）到丹尼尔·丹尼特，不少哲学家都将动物权利理论与人关联起来——作为保护我们人类的行为、价值观、文化和信仰的一部分，丹尼特甚至把保护动物比作防止虐待亲人的尸体。他说，即使被虐待的对象没有任何感觉，但是我们有感觉，这对我们很重要。[20]

有些人（包括我自己）也把这一想法应用于机器人身上，指出即使机器人自己没有感觉，我们也可能会替它们感觉，由此询问自己是否应该为了我们自己、我们的社会关系或社会价值观而保护机器人免受暴力侵害。[21] 例如，哲学家、机器人技术专家马克·考科尔伯格（Mark Coeckelbergh）和约翰·丹纳赫（John Danaher）认为，如果机器人在性能上等同于已经具有道德地位的事物，我们也应该赋予机器人这种地位。如果它看起来像猫，行为也像猫，那么我们就像对待猫一样对待它。哲学家、伦理学家香农·瓦洛（Shannon Vallor）认为，虐待狂为了自己的快乐而去折磨没有感知的机器人，这些行为无助于更广泛的人类繁荣。她说，我们应该鼓励促使人们活出优秀和令人钦佩的性格特征的活动。在判定是否赋予机器人权利这个问题上，机器人学家托尼·普雷斯科特（Tony Prescott）和大卫·贡克尔所采用的方法是基于我们与机器人的关系：如果人们认为他们与某些机器人的关系是有意义的，那么我们应该尊重这些关系。

最后一个机器人权利关系概念，与内尔·诺丁斯（Nel Noddings）等哲学家采用的更广泛的关系伦理学方法相呼应。谈到动物，她说："我没有，也不可能与老鼠建立关系。老鼠不跟我说话，也不会满怀期待地出现在我家门口。它既没有向我伸长脖子，也没有说出它的需要。它在习得性回避状态下溜走。此外，我不准备照顾它，我对它没有感觉。我不会折磨它，因此我也犹豫是否对它使用毒药，但如果有机会，我会干净利落地杀了它。"[22] 她将老鼠与猫相比较，对于猫，她会区别对待，因为猫的交流和反应是她能理解并欣赏的。

如果我们根据与机器人的关系赋予它们权利，会怎样呢？初步判断，这似乎很复杂。我们需要区分不同的机器人和不同的情况，这意味着由于文化和背景的差异而产生大不相同的结果。此外，哲学家斯文·尼霍姆（Sven Nyholm）批评了仅基于我们与机器人的关系来赋予其权利的做法，因为这样做忽略了痛苦、幸福或同意等判断标准。[23] 他说，当然，我们对他人的道德态度也应该取决于这些因素。

尼霍姆可能是对的，我们应该关心这些事情，但是我们通常不会这样做。说到动物权利，诺丁斯的关系伦理学方法，可能是迄今为止存在的最接近实践的描述。在下一章中，我将深入探讨一些历史上看似随意赋予动物的权利，这些权利只能用情感关系来解释。我认为这段历史很重要。如果想预测未来我们的感受、可能会出现的争论和我们对待机器人的方式，我们就不应该只设想机器人 Data，而应该审视我们与其他非人类的关系——我们主要将它们视为工具，有时也将其视为伙伴。拥有这种意识也是改变我们行为的途径。我想说明的是，我并不是要将人类、动物和机器人权利运动的重要性或目的等同起来。但我相信，我们赋予动物权利的历史启示我们，社会提出的关于机器人的问题可能会发生变化。

通过研究赋予动物权利的历史，我们可以更好地理解和应对即将出现的针对机器人的混乱的观念和行为。正如下一章将要讲到的，尽管以我们善意的理论、哲学和宗教为基础，但其实对动物福利和权利最有效的要求仅仅是由我们对它们的同理心所驱动的。

# THE NEW BREED

# 第 9 章

## 西方动物权利的实践

人们不会为是否应该按下一个开关，让一列假想的火车撞向一位老人或一群濒临灭绝的黑猩猩而苦恼。他们不在乎通往动物解放的正确道路是通过边沁还是康德。他们也不会因为拒绝吃牛肉却穿着皮鞋而感到内疚。[1]

——哈尔·赫尔佐格，
《为什么狗是宠物猪是食物？》

　　没有人会保护他们不关心的东西，也没有人会关心他们从未体验过的东西。[2]

——大卫·爱登堡（David Attenborough）
"世界自然纪录片之父"

在为写这本书做调研时，我在加利福尼亚州的棕榈泉参加了一个马语培训班。那天天气炎热，我和一群陌生人聚集在马场。那儿有一棵大树，我们都忙不迭地跑到这棵树下乘凉。这门培训课包括让我们轮流离开阴凉处，爬进圈着一群马的围栏里。我们需要与其中的一匹马建立联系，然后仅通过肢体语言，说服我们的马朋友移动到围栏区域的一个特定位置。轮到我的时候，我的表现很糟糕。班里的其他同学在一旁看着，耐心地等待我说服我的马移动，而我对着围栏里那只冷漠的动物挥舞着手臂，感觉好像过了很长时间，我在烈日下大汗淋漓。最终为了完成任务，我把自己的身体全部压在了马的一侧，把这匹可能感到很困惑的马一步一步地推到了目标区域。但这并不是这门课最令人遗憾的部分。

在真正的马语课开始之前，导师让大家围成一圈坐下，互相分享以前的骑马经验。同学们一个接一个地讲述了他们或在马场度过的童年，或在高中参加骑马比赛的经历。我没有承认我是唯一一个从未真正接触过马的人，而是试图调节气氛，说我在欧洲生活时曾经吃过马肉。在我的国家可能会引起笑声的事情，那一刻却没有逗乐我的美国同学。他们听闻后，脸上都露出惊恐的表情，我赶紧向大家保证我不再吃马肉（或任何肉类食物），试图挽救尴尬的局面。

在美国文化中，马是很受欢迎的动物，但它不是美食原料。这种受人喜爱的物种享有"高贵的动物"、"勤劳的工作者"和"人类的朋友"的美誉。在现代美国，吃马肉是罕见的，尽管这种行为尚未被完全禁止，但绝对是禁忌。在瑞士和其他一些国家，菜单上出现马肉则并不罕见。它不像牛肉那么常见，但如果你问点菜的人，他们会说，他们觉得没有理由只吃一种而不吃另一种。事实上，马肉的铁含量是牛肉的两倍，而且含有大量健康的Omega-3 脂肪酸。[3] 是瑞士人野蛮，还是美国人虚伪呢？

当我们把一些动物当作食物、产品或工具，而把另一些动物当作我们的伙伴时，是什么决定了动物得到相应的地位？西方动物权利的历史以及反复出现的保护非人类的复杂运动背后的实际催化剂，与我们许多人的价值观并不一致，因此，机器人权利将像科幻小说中描述的那样简单这一观点受到了质疑。

## 仁慈和阶级主义

动物权利的历史堪称错综复杂，令人难以置信。在我们与动物的整个关系中，总有一些声音敦促我们善待动物，但这些声音的受欢迎程度和被接受程度大相径庭。一些文化一直强调对其他生物的尊重，而另一些文化认为动物不值得拥有任何特殊的待遇。倡导善待动物的古希腊和古罗马哲学家是少数精英，他们的观点是对当时社会规范的反叛。在世界其他地方，如印度，不杀生主义（非暴力对待生物的概念）和瓦鲁瓦尔的《古拉尔箴言》（*Thirukkural*）等著作激发了更多的人对动物给予人道待遇。[4] 17 世纪，日本颁布了动物保护法，甚至将有虐待动物行为的人处以死刑。[5] 而另一个极端是，几百年前，欧洲人把猫活活烧死，以取悦巴黎皇室成员和其他旁观者。[6]

在文艺复兴和启蒙运动时期，西方人对动物的态度开始发生转变。社会发生了变化，人们开始以不同的方式感知周围的世界，人们对自然越来越有兴趣，并质疑人类与其他生物的剥削关系。[7] 许多西方诗人和作家支持善待动物的观念，哲学家开始争论动物是否值得保护，以及保护它们是基于什么理由。人们被这些伟大思想家的豪言壮语所打动。但是，尚不清楚哲学是否曾经是人们实际反对虐待动物的主要驱动力，更大的驱动力可能是上层阶级饲养宠物的兴起，以及这些动物从地位象征到人际关系象征的转变。

在西方人权运动发展之初，虐待动物的现象非常普遍。直到富人开始与他们的哈巴狗和金丝雀建立情感联系，才有越来越多的人认为虐待动物是错误的。在维多利亚时代，作为地位象征的宠物可以说是一种催化剂，促使上层阶级对由他们主宰命运的动物产生了怜悯之心。[8]

尽管人们在情感上对动物有了亲近感，最早的动物权利倡导者却面临着一个重大的挑战：大多数人认为，通过反对虐待动物的法律太过分了。在他们看来，将法律保护延伸到动物身上是荒谬的。在英国，倡导为马匹立法遭到了议会的嘲笑。人们问，接下来会给谁立法，是要保护驴、狗和猫的权利吗？[9] 他们认为，开创这种先例可能会导致各种不可预见和不良的后果。[10] 人们对于那些能够引起共鸣的动物怀有同理心，但对制定更广泛的规则来防止虐待动物仍然非常谨慎，直到后来出现了不同的观点。

历史学家哈丽雅特·里特沃（Harriet Ritvo）详述了动物权利倡导者如何采取不同的策略来说服人们，而不会仅靠为动物辩护，他们采用了间接方法敦促政策制定者基于人类行为采取保护动物的措施，认为强制善待动物将促成更好的社会规范。[11] 里特沃说："事实证明，虐待动物和对人类的不良行为之间存在着令人信服和持久的联系……反对虐待动物行为的斗士，很容易将此作为他们的开场白或冠冕堂皇的论据。"

为什么这比动物的痛苦更有说服力？动物保护主义者是否有证据表明残忍的行为会让人麻木不仁？正如我将在第 10 章中讨论的，我们仍然没有这样的证据。这种想法之所以能在上层社会引起共鸣，原因是某种老式的阶级主义在起作用。[12] 城市中产阶级将下层阶级视为受自然冲动驱使的、不讲究的野蛮人，并开始关注城市的法律和秩序。一旦小资产阶级改革者谈到促进工人阶级改善自身行为的可能性，人们就会支持反虐待法。

欧洲早期保护动物免受暴力对待的法律，即使不是全部，也有大部分是专门针对穷人行为的规定（议会甚至投票否决了一些动物保护立法，比如 1800 年英国的一项反对捕牛的法案，理由是它太公然地反对工人阶级了）。[13] 这些法律主要针对上层阶级认为令人反感或有损尊严的行为，但没有一项法规涉及阻止富人从事他们所喜爱的娱乐活动，如猎狐、吃肉和赛马。[14]

从 17 世纪一直到 20 世纪，西方没有一项保护动物不受虐待的法律真正朝着保护动物自身利益的方向走得很远。很长一段时间以来，人们更容易认为虐待动物是人类行为的问题。但是，法律需要更广泛的论据，并不意味着对动物没有同理心。事实上，从资产阶级革命到今天，同理心一直是动物权利活动家的巨大推动力，可以说，它激发了大多数动物保护运动。

奋战在动物保护第一线的人，无疑都是爱护动物的人。爱尔兰政治家理查德·马丁（Richard Martin）主张成立一个委员会，调查人类对待动物的方式如何影响了道德，他一直热情洋溢地为马和牛的权利游说，以至于下议院给他起了个绰号"人道的迪克"。1821 年"人道的迪克"在下议院遭到嘲笑后并没有放弃，一年后，反对虐待牛和马的《马丁法案》(*Martin's Act*) 通过。美国防止虐待动物协会 (American Society for the Prevention of Cruelty to Animals，ASPCA) 于 1866 年成立，它的创始人亨利·伯格 (Henry Bergh) 热爱动物，为了保护动物，他将一生的大部分时间都献给了动物保护运动。他对少儿也满怀爱心，后来帮助创立了马萨诸塞州防止虐待儿童协会。

对某些人来说，哲学可能是令人信服的，但至关重要的是，同理心造就了公众舆论的浪潮，导致了真正的历史性变革，例如，当伦敦人看到伦敦史密斯菲尔德市场的动物受到虐待时，他们的同情和支持形成了汹涌的浪潮。[15] 英国第一个防止虐待动物协会非常清楚公众舆论的重要性，开始针对人们的情绪散发宣传小册子，这些小册子讲述了受虐待的运送垃圾车的马和"可怜无害的小乳驴……被一个拿着粗棍子的家伙打了"等令人心碎的故事。[16] 当然，在 19 世纪和 20 世纪初，公众受情绪左右的最大例子之一是禁止活体解剖运动。

## 反活体解剖主义者

当欧洲的动物权利保护者开始将他们的注意力转向活体解剖（在活体动物身上进行科学研究的做法）时，他们是由坚定不移、勇于挑战传统观念的女权主义者领导的。安娜·金斯福德 (Anna Kingsford) 不仅是第一批获得医学学位的英国女性之一，也是第一个在拒绝做动物实验的情况下仍然获得医学学位的学生。[17] 1875 年，动物活动家、社会改革家弗朗西丝·鲍尔·科布 (Frances Power Cobbe，见图 9-1) 成立了活体解剖动物保护协会。[18]科布是一名妇女选举权斗士，她不惧怕与权威进行斗争，她严厉地批评她的朋友达尔文，因为达尔文在继续为他的科学家伙伴辩护时，对反活体解剖运动的支持有些摇摆不定。维多利亚女王本人对动物充满热情，也加入了这些女性的行列。[19]

图 9-1　弗朗西丝·鲍尔·科布（1822—1904 年）

从一开始，反活体解剖运动就严重倾向于保护某些动物。1898 年，科布成立了英国废除活体解剖联盟，她特别反对在研究中使用狗。人们喜欢狗，所以这场运动迅速流行起来，公众开始抗议在科学实验中使用狗。目前尚不清楚反活体解剖运动的领导人是出于个人原因还是出于政治原因选择将重点放在狗身上，但很明显，狗起到了非常有效的作用。1903 年，马克·吐温发表了短篇小说《狗的自述》（*A Dog's Tale*，见图 9-2），小说从狗的角度描述了虐待动物和活体解剖的事。[20]马克·吐温小说中的狗是高度拟人化的，具有与人类相似的思想和情感。该书一经出版，就引起了人

们对狗的极大同情，因此该书作为国家反活体解剖协会的小册子得以再版
和发行。

"THEY DISCUSSED AND EXPERIMENTED"

图9-2 《狗的自述》原版卷首插图

就在马克·吐温发表短篇小说《狗的自述》的同一年，丽兹·林德·阿夫·哈格比（Lizzy Lind af Hageby）和她的朋友莱萨·沙尔陶（Leisa Schartau）在英国学习医学时目睹了动物实验，并公布了一些细节，引发了一场被称为"棕狗事件"的丑闻。[21] 根据她们的笔记，研究人员在没有麻醉的情况下解剖了一只棕色梗犬，这件事使得群情激奋。当律师兼活动家斯蒂芬·柯勒律治（Stephen Coleridge）公开指责首席研究员进行活体解剖时，该研究员以诽谤罪起诉了他。研究人员和他的同事断然否认这只狗有意识，法庭采信了他们的证词而不是两名妇女的证词。这在反活体解剖运动者中引起了轩然大波，引发了长达数年的全国性抗议，抗议活动包括为纪念这只狗而竖立雕像和一连串针对反活体解剖者的理科学生的骚乱。

大约在同一时间，美国正经历着一波反对动物实验的浪潮，但美国直到20世纪60年代才真正通过全面的法律规范动物实验。那么，在60年代发生了什么？媒体报道了几起宠物狗失踪、被捕获并出售用于实验的案例，这些狗再也没能回到它们的家人身边。《生活》（*Life*）杂志的一篇报道详细描述了用于生物医学研究的狗的遭遇。人们一想到自己的宠物狗可能受到这种对待，就感到难以接受。突然间，社会力量足以促使国会推动真正的立法变革，导致1966年的《实验动物福利法》（*Laboratory Animal Welfare Act*）的颁布。[22]

反对动物实验的浪潮通常发生在大型公共丑闻之后。当纽约人发现美国自然历史博物馆用猫做实验时，他们提出了抗议。[23] 当人们在20世纪80年代的纪录片《不必要的小题大做》（*Unnecessary Fuss*）中看到科学家猛击猴子的头部时，他们对研究中虐待猴子的行为感到愤怒。[24]

我们的许多权利思维都假设我们关心生物学标准和科学证据，例如，当哲学家主张我们应该根据机器人的实际能力来对待它们时。虽然这听起来不错，但我认为它不会得以实现。尽管哲学史上充满了具有革命性的思想家，譬如亨利·索尔特（Henry Salt）和彼得·辛格，他们推动了动物权利的讨论，但如果没有挑起情绪、产生刺激，甚至是激发某种程度偏见的做法，我们很难采取实际行动。

# 偏见和选择性同理心

当英国通过第一部反活体解剖法时，他们规定在科学实验中使用猫、狗、马、驴、骡子等动物必须得到特别许可，而且只有在没有其他动物可以用于相同实验的情况下才允许使用这些动物。但是，使用任何不在名单上的动物都是被允许的。今天，我们仍然在类似的法律中支持使用特定的动物。例如，在科学研究中，狗、猫、仓鼠和兔子享有特殊的保护，但与此同时，每年在美国为研究而生产的数百万只多余的小白鼠会被安乐死。[25] 仓鼠和小白鼠之间的生物学差异能证明这些大规模死亡数字是合理的吗？

我们喜欢认为自己关心科学，但我们有一种令人难以置信的天赋，可以有选择地采用科学证据来支持我们喜欢的东西。例如，那些过度夸大葡萄酒健康益处的研究有局限性，我是了解的，而且可以调查出来，但我宁愿视而不见，仍选择去喝葡萄酒。当达尔文在 1859 年发表《物种起源》时，他的著作清楚地表明，我们在生物学上比以前认为的更接近动物，这成为科学界公认的理论，尽管人们为了科学目的已经欣然接受了这一新的信息，但生物平等主义的思想并没有太多改变人们对动物权利的看法。[26]

偏见和选择性同理心的一个极端例子是纳粹。希特勒喜爱动物，非常关心动物保护。纳粹通过了一些世界上最全面的反虐待动物的法律，包括禁止食用龙虾和蒸煮螃蟹。[27] 无故虐待动物可能会让德国公民入狱两年半，外加罚款。他们甚至禁止使用猎犬。希特勒在晚年成为素食主义者，他极力禁止所有的动物实验。但他最终不得不做出一些让步，只禁止对狗、猫、猴子和马进行动物实验。

纳粹怎么能对动物如此体贴，却对人类如此无情呢？《芝加哥论坛报》（*Chicago Tribune*）柏林分社社长西格丽德·舒尔茨（Sigrid Schultz）在一个案例中说明了这种反常的世界观，她发现纳粹在一些集中营中开启了饲养安哥拉兔的计划，他们故意对待这些动物远远好于对待囚犯。[28]

她的笔记描述道：

> 一排排的笼子是示范性的卫生区，用来给兔子准备饲料的特殊设备像新娘厨房里的烹饪锅一样闪闪发光，用来梳理兔子毛的工具可能来自美容沙龙伊丽莎白·雅顿（Elizabeth Arden）的陈列柜……因此，在同一个大院里，800人挤在勉强能容纳200人的营房里，而兔子却在自己优雅的笼子里过着奢侈的生活。在一些集中营中，数以万计的人被活活饿死，而兔子却享受着科学烹制的食物。鞭打、折磨和杀害囚犯的党卫军会确保兔子得到悉心照料。另外，在其他许多集中营中，数百万的犹太人和非犹太人被摧残致死或遭受虐待导致终身残疾，这些集中营都参与了饲养安哥拉兔的宏伟计划，这些兔子有着细密的绒毛，可以为德国国防军的士兵们提供毛料。

我并不是要把虐待动物与侵犯人权的历史相提并论；我的观点很简单，

我们的世界充斥着选择性的同理心，纳粹对动物的热爱就是一个极端的例子。我们只需看看通过的动物保护法就会明白，我们把拟人化和我们同情的动物放在了一个完全不同的类别中，一个通常没有任何生物学理由的类别。这说明了我们真正关心的是什么。

这是虚伪吗？很多人都这么认为。我们以情感为导向的权利认定方法受到了动物权利反对者的批评。

## 对动物拟人化的争论

在"粽狗事件"发生时，许多科学家试图诋毁动物保护主义者，指责他们感情用事。这在一定程度上是因为"粽狗事件"不仅仅是关于一只被解剖的小猎犬，它还与反对医学和科学领域男性权威的进步女权运动有关。[29]但是，在世纪之交，动物权利运动越来越受到重视，同时也与伊万·巴甫洛夫对行为主义的探索和贬低各种拟人主义的科学趋势相吻合。科学家认为，任何不把动物看作机械物体的观点都是不科学的，不能被认真对待。[30]

虽然科学界早已摆脱了那个时代严格的行为主义，但拟人主义在今天仍存有争议。即使在 21 世纪，哲学家罗杰·斯克鲁顿（Roger Scruton）也曾抨击动物权利倡导者"将拟人化（或者说是前科学的）思维方式伪装成科学"。[31]斯克鲁顿指责他们生活在比阿特丽克丝·波特的幻想世界里，将兔子人性化，想象它们穿着衣服，就像孩子一样。他说："我们能够将人类复杂的行为追溯到预示其行为的动物行为中，但这意味着动物权利活动家喜欢选择类人猿的原因恰恰是错误的，即它们看起来像人，行为也像人。"

　　总的来说，斯克鲁顿在社会正义方面的记录并不好，但他对拟人化和动物权利运动之间关系的看法并没有错。我们对动物拟人化的倾向是根深蒂固的，这就是自从英国作家安娜·塞维尔（Anna Sewell）1877 年出版了畅销小说《黑骏马》（*Black Beauty*）之后，人们对马克·吐温笔下受苦的狗的故事的反应如此强烈并将马一直视为高贵的原因。[32]

　　许多动物活动家在试图获得公众支持时，会做出战略决策，将关注重点放在相关动物身上，因为他们知道这能激励人们。17 世纪中期，捕鲸业开始成为一项正规的产业，到 20 世纪中期，商业捕鲸者每年捕杀大约 50 000 头鲸，似乎没有人对此很介意。[33] 但突然，下一代人强烈反对捕鲸，分发印有"拯救鲸"字样的保险杠贴纸和 T 恤。是什么改变了呢？

　　1958 年的一天，一位名叫弗兰克·沃特林顿（Frank Watlington）的军队录音师试图记录水下爆炸，但他的工作不断被一群座头鲸打断，它们在附近海域游荡，发出声音。10 年后，他最终将爆炸录音交给了研究员罗杰·佩恩（Roger Payne），后者发现了鲸当时在做什么：它们在唱歌。正如佩恩所描述的那样："这些声音，在我看来，是地球上所有动物中发出的最令人回味、最美妙的声音。"

　　佩恩对他的发现充满热情，他于 1970 年出版了一张鲸歌曲专辑，当时环保组织绿色和平（Greenpeace）正在倡导一项旨在促进环保运动的活动。这张专辑以鲸的讨人喜欢为卖点，绿色和平组织开始在电视和广播中用鲸空灵的歌声轰炸公众。突然间，人们开始将大型海洋哺乳动物视为美丽而聪明的生物，从而引发了在 20 世纪下半期大受欢迎的"拯救鲸"运动。鲸不是被哲学理论拯救的，它们是被自己美妙的歌声拯救的。[34]

鲸并不是唯一被工具化的动物。利用"有魅力的巨型动物",即对公众来说很受欢迎或具有象征意义的动物,对人们的感受进行营销,这种策略已经深入人心。它们经常被用作保护项目的王牌。再来看一个例子:世界自然基金会的标志——熊猫。熊猫对人类来说用处并不是很大,但我们喜欢它们的样子,所以想拯救它们。

事实上,这些引发同理心的策略是有研究支持的,正如我们的同理心是以自我为中心的想法一样。例如,心理学家马克斯·巴特菲尔德(Max Butterfield)和他的同事要求参与者阅读有关狗的故事,然后衡量他们帮助狗的意愿。[35] 与用非拟人化语言描述的狗相比,人们更愿意帮助用拟人化语言描述的狗。在后续研究中,研究人员让参与者根据人类或狗的特征(例如,"善于倾听"与"善于听从命令")对狗进行评分。对拟人化提示进行评分的参与者更愿意从收容所收养狗,对动物权利、动物保护以及素食主义或纯素食主义表现出更多的支持。

由心理学家克里斯蒂娜·布朗(Christina Brown)和茱莉亚·麦克莱恩(Julia McLean)进行的另一项研究表明,人们会将自己的一些性格特征投射到狗身上。[36](例如,将参与者对自身内疚或焦虑的评估与他们对狗的行为中这些特征的解读进行比较。)他们观察到,更倾向于将狗拟人化的人和具有更多普遍同理心的人更支持动物权利。他们的研究甚至表明,让人们思考狗是否具有人类特征,可以暂时增加他们对动物权利的总体支持。

我们的"可爱反应",即偏爱有大眼睛和大脑袋的柔软动物,会吸引我们收养某些动物,拯救它们。人们愿意根据动物眼睛的大小捐出更多的钱来帮助某个物种。[37] 还有一项研究表明,能够做出可爱面部表情的狗更有可能被收容所收养。[38] 我们不愿意看到自己如此肤浅,但哈尔·赫尔佐格的书《为什么狗是宠物猪是食物？》有力地阐明了我们对待动物的真实表现。

　　例如，20世纪70年代和80年代，加拿大的小竖琴海豹被棍棒打死，引发了公众的愤怒，这就是人们"可爱反应"的产物。这些小海豹是PARO机器人设计的灵感来源，它们出生时是白色的、毛茸茸的，非常可爱。当加拿大政府最终迫于压力禁止捕杀竖琴海豹幼崽时，他们只是在海豹出生后的头14天内禁止这种行为，从而满足了公众的要求。他们能够这么做是因为海豹在大约两周后会发生变化，它们的颜色会变深。正如赫尔佐格描述的那样："加拿大人并没有停止捕杀小海豹，他们只是停止了捕杀可爱的小海豹而已。"[39]

　　动物权利的反对者会把动物保护主义者的选择性行为当作武器，指责他们虚伪，以此来诋毁他们，这是有道理的，但是拟人化在动物权利运动本身的队伍中也是存在争议的。[40]有人说，把最多的资源用于拯救最像人类的动物是分散注意力，是物种歧视，也是不道德的。

　　尽管一些人认为偏袒某些动物不利于权利运动，但其他人不以为然。一些动物保护主义的支持者认为，对动物的同理心依赖于一种拟人化的观点，而同理心是唯一能把我们推向道德正确立场的东西。一些人为他们煽动情绪的策略辩护说，人们通常是抗拒改变的，他们有意识或无意识地拒绝接受能证明自己行为有缺陷的证据。这些人认为，偏见实际上是另一种。我们需要拟人化，以便让人们更难忽视动物是有智能和有感知的这一事实。

　　一些策略正在奏效，因为公众的态度在逐渐转变。虽然我们没有赋予动物基本权利，但一些法律开始承认或暗示我们对动物的道德义务。在过去的几十年里，我们的法律体系越来越接近为了动物本身的利益而提供保护的理念。[41] 例如，2000 年，印度高等法院裁定马戏团动物是"有权、有尊严地生存的动物"。[42] 德国和瑞士的宪法现在明确规定，动物不是财产。

这是具有文化意义的进步，但主要是象征性的，离真正的权利还差得很远。从法律上讲，我们将大多数动物视为财产，它们与烤面包机或机器人几乎没有任何区别，看看炸鸡，这一点无疑是显而易见的。

## 保护动物选择上的道德

2017 年 3 月，美国共和党国会议员弗恩·布坎南（Vern Buchanan）和民主党国会议员阿尔西·黑斯廷斯（Alcee Hastings）向国会提出一项两党法案——《狗肉猫肉贸易禁令法案》（*Dog and Cat Meat Trade Prohibition Act*），该法案于 2018 年 12 月投票通过。[43] 除了美国原住民的宗教仪式外，该法案禁止人类的狗肉和猫肉交易，并对吃狗肉和猫肉的行为进行处罚。

该法案虽然受到动物保护组织的称赞，但对影响美国人的饮食习惯意义不大。美国熟食店的菜单上从来没有狗肉和猫肉，但其他肉类却是午餐的常规组成部分。动物权利运动已经取得了进展，使皮草成为不受欢迎的服装选择，同时保护（某些）脊椎动物在研究环境中不受（某些）虐待。但是，在全球范围内，我们为了食物而杀死的脊椎动物要比用于研究的多很多倍，而且我们的食用动物没有得到很好的对待。虽然养殖方法略有改善（那些残忍的饲养方法越来越多地被禁止，饲养小牛的方式得到改善），但我们离通过一项禁止猪肉和牛肉贸易的法案还很遥远。尽管我们的耕作方式给动物造成了痛苦——这是我们绝不会容忍猫和狗遭受的痛苦，但我们对禁止食用排骨和培根则没什么兴趣。

美国在世界肉类生产中发挥着主导作用。[44] 自 1980 年以来，发展中国家的肉类消费量已经翻了一番，从现在到 2050 年，世界肉类产量预计将再翻一番。[45] 我们认为，理论上大多数动物都应该得到善待，但我们往往不会过多考虑这样的现实，即猪和狗一样遭受着痛苦，任何出于生物学原因的动物权利争论都被我们想吃汉堡包的欲望给压倒了。

1958 年，美国国会颁布了《人道屠宰法案》(*Humane Methods of Slaughter Act*)，以减少动物在汉堡包和牛排生产过程中遭受的痛苦，但该法案不包括工厂饲养的鸡。兽医和名誉教授约翰·韦伯斯特 (John Webster) 认为，我们对鸡的野蛮养殖方式是"人类对另一种有知觉动物的最严重、最系统的不人道行为的例证"。[46] 我们饲养的家禽被圈在拥挤的围栏中，不断遭受痛苦和折磨，经常被自身的体重压垮，出于可怕的原因而死亡。

即使麦当劳承诺在 2025 年之前改用非笼养鸡下的蛋 [47]，我们也仍然把鸡当作一种商品。自英国作家伊莎贝拉·比顿 (Isabella Beeton) 在 1861 年倡导反对笼养母鸡以来 [48]，我们对鸡使用的折磨方法几乎没有改变。她认为鸡需要"肘部空间"，即展开翅膀的空间。这一提议最终在一个半世纪后的 2015 年被纳入加利福尼亚州的法律，而美国其他地区尚未效仿。

我们对待动物痛苦的处理方法充满了矛盾。例如，赫尔佐格描述了我们是如何打击斗鸡这种娱乐活动的。自从他的书出版以来，这种做法在全美国都被取缔了。但与我们在食品工业中对鸡的折磨相比，斗鸡几乎算不了什么。正如《猎人、牧民和汉堡包》(*Hunters, Herders, and Hamburgers*) 一书的作者理查德·布利特 (Richard Bulliet) 指出的那样，反对狩猎的人仍然会经常吃肉或穿皮鞋，眼都不眨一下。[49]

就像 19 世纪人们在动物权利方面取得的成功一样，我们反对斗鸡似乎也带有强烈的阶级歧视特征。2020 年的头几个月，仅在圣安妮塔赛马场就有 14 匹马死亡。一项民意调查显示，即使在 2008 年肯塔基的赛马会上，一匹马倒地而亡之后，大多数美国人还是不会考虑禁止赛马。根据赫尔佐格的说法，"如同斗鸡一样，赛马是赌博和痛苦的融合；但与斗鸡不同的是，纯种马是属于富人的消遣"。[50]

布莱恩·费根在他探索人类与动物关系的著作《亲密关系》中写道："我们知道，动物的行为和身体特征在我们如何看待它们方面发挥着重要作用。我们还了解到，人类的经济、文化和人口因素在我们如何看待和对待动物方面发挥着重要作用。"[51] 我们保护与我们有关系的动物，但动物在不同的文化中扮演着不同的角色。我们不仅在全球范围内保护哪些动物的问题上意见不一致，我们还会对彼此的选择进行评判。[52]

关于对动物的道德思考，有许多哲学上的案例。但正如赫尔佐格所说，我们关于权利的哲学文献"庞大、复杂，而且在很大程度上是乏味的"。[53] 这不是大多数人关心动物权利的原因，当我们将动物权利哲学与我们的动物权利实践进行比较时，这一点就很明显了。我们没有采纳任何主流的、一致的、理性的道德理论。西方早期对动物权利的支持倚重康德对人类行为和价值观的关注，以获得政治上的支持，但即使是这些运动也受到同理心和拟人化的推动，这也仍然是今天驱动我们的动力。

说服我哥哥成为素食主义者的一件事，是我们在罗得岛的爷爷奶奶家煮龙虾。鲜活的龙虾被直接扔进沸水里，当空气从它们身上的孔里逸出时，龙虾会发出尖锐的声音，这让人想起尖叫声。从那一刻起，他就不再吃肉了。（好吧，直到他得到了宠物鱼。）就我个人而言，尽管在大学里阅读权利哲学文献让我兴奋不已，但当我为了撰写本书第 3 章阅读有关大象处决的细节时，我说服自己坚持更长时间的素食主义。

　　当谈到动物时，我们毫不犹豫地持有明显的不一致的道德态度。我们完全能够将动物分为朋友、工人、食物，而不用关心它们的内在属性。这种对待动物的行为可能是预测我们未来如何与机器人相处的最关键因素，无论它们是否有自己的感觉。

# THE NEW BREED

# 第 10 章

## 不要对机器人拳打脚踢

长期以来，将人类的情感赋予动物，一直是科学界的禁忌。但如果我们不这样做，我们就有可能失去一些关于动物和我们自己的基本常识。[1]

——弗朗斯·德瓦尔（Frans de Waal）
荷兰灵长类生物学家和动物行为学家

2008 年，当我拆开一个从中国香港寄来的包裹，看到里面的小型机器人恐龙时，我兴奋极了。这个机器人玩具以圆顶龙宝宝为模型，有着绿色的橡胶皮肤、大大的头和大眼睛。"普莱奥"（Pleo）是最新、最好的机器人宠物，从听说它的那一刻起，我就迫不及待地想买一个。这个机器人移动的方式相当逼真，它眨着眼睛，扭动着长长的脖子，摇着尾巴。它可以在房间里走来走去，嘴里叼着一片塑料叶子。这只小恐龙的鼻子里装有摄像头、麦克风、红外检测和力反馈传感器，这些装置可以让它对声音和触摸做出反应，并对环境做出反应。例如，如果普莱奥碰到桌子边缘，它会感觉到落差，然后低下头，收起尾巴，开始倒退，发出可怜的呜咽声。

普莱奥由 Ugobe 公司（该公司现已破产）创造。媒体宣称它是一个生命体，经历了不同的发展阶段，并具有由其经历塑造而成的独立人格。我和楼上的邻居基里安同时买了一个。我把我买的这个机器人恐龙取名为"尤查"，看着它从新生儿变成大孩子。我经常抚摸它，也想看看它与基里安那个不那么被宠坏的机器人恐龙"寿司君"相比会有什么不同。它们都用同样悦耳的声音和动作回应我们的触摸，但它们似乎确实有所不同。一旦它们能够行走，寿司君就开始了更多的探索，而尤查在人类离开时就会抱怨。程序的设计通常给我们留下很多想象的空间，观察它们的行为并试图猜测机器人在做什么以及为什么这样做，是一件很有趣的事。

　　当我向朋友萨姆展示机器人恐龙时，我告诉他内置的倾斜传感器可以检测机器人在空间中的位置，我敦促他抓住机器人的尾巴把它举起来。"把它举起来，看看它会做什么！"我兴奋地说道。萨姆照办了，他小心翼翼地抓住它摇摆着的尾巴，把恐龙机器人从地上拖了起来。当机器人的倾斜传感器启动时，我们听到它的电机呼呼作响，看到它在橡胶外壳中来回扭动。它扭动着身体，摇晃着脑袋，眼睛鼓鼓的（见图 10-1）。过了一两秒，一声悲伤的呜咽从它张开的嘴里飘了出来。萨姆和我投入地注视着这台机器，观察它的表演。机器人恐龙的叫声越来越大了。当萨姆继续拿着它、它开始更加急切地叫喊时，我突然感到自己由好奇变成了发自肺腑的同情。"好了，你现在可以把它放下了。"我告诉萨姆，同时发出不自然的笑声，试图掩盖我声音中流露出的恐慌。

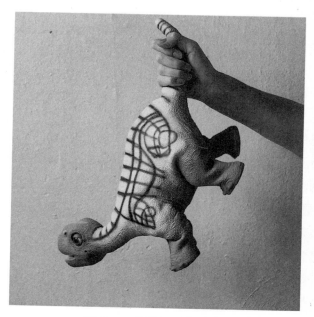

图 10-1　机器人恐龙普莱奥

我没有理由感到恐慌，但还是情不自禁：萨姆把机器人恐龙放回桌子上，它假装痛苦地垂下脑袋。我开始一边抚摸它，一边出声安慰它。萨姆也这样做了。这一次，我不是为了测试或弄清楚它的程序而抚摸它，实际上，我是想让它感觉好一点。同时，我对自己的行为感到有点尴尬。我清楚地知道，机器人恐龙被悬在空中时，程序设计会让它做什么。但为什么我会感到如此痛苦呢？

这件事激起了我的好奇心。在接下来的几年里，我发现自己当时对机器人恐龙的行为比感到尴尬更有意义。我翻阅了所有关于人机互动和人与机器人互动的研究资料，这些研究表明，不仅仅是我，大多数人都将机器人视为有生命的个体，我开始着迷于拟人化的一个特殊方面：它触发同理心的方式。

## 对机器人的同理心

1999 年，弗里德姆·贝尔德（Freedom Baird）买了一只"弗比"（Furby）。弗比是一款儿童电子玩具，它是由发明家凯莱布·钟（Caleb Chung）与他人合作共同设计的，凯莱布后来设计了机器人恐龙普莱奥。弗比大脑袋、大眼睛，看起来有点像毛茸茸的猫头鹰和小精灵的混合体。20世纪 90 年代末，弗比取得了巨大的成功，前三年售出超过 4 000 万台。这个玩具的特点之一是模拟语言学习。弗比一开始说"弗比语"，这是一种杜撰的胡言乱语，随着时间的推移，弗比语逐渐被英语（或其他语言）取代。弗比这种虚假的学习能力是如此令人信服，美国国家安全局甚至担心这种玩具可能会收集并重复机密信息，于是在 1999 年禁止弗比进入他们的场所。当他们了解到弗比并没有记录或学习语言的实际能力时，便撤销了该禁令。

但让贝尔德感兴趣的并不是弗比的语言学习模拟功能。贝尔德是麻省理工学院媒体实验室的一名研究生，致力于创建虚拟角色，她对弗比处于颠倒状态时的表现产生了兴趣。和机器人恐龙普莱奥一样，她的弗比可以感知空间的方向。每当被翻过来时，弗比就会连连惊呼"啊哦"和"我好害怕"。在 2011 年的播客 Radiolab 中，她描述说，这让她感到非常不舒服，于是每当发生这种情况时，她都会赶紧把弗比转回原位。她说，这感觉就像猛拉系在自己身上的锁链一样。[2]

在同一个播客节目中，主持人做了一个贝尔德建议的小实验。他们邀请了 6 名七八岁的孩子进入演播室，给了他们三样东西：一个芭比娃娃、一只活仓鼠和一个弗比。主持人告诉这些孩子把每样东西都倒过来拿着，并计算他们需要多长时间才会感到不舒服，从而想把物体或动物放回原位。孩子们似乎可以永远把芭比娃娃举在空中（尽管大约 5 分钟后他们就会觉得手臂举得很累）。活仓鼠是完全不同的体验。在试图抱住这个蠕动不停的生物时，其中一个孩子沮丧地喊道："我认为它不想被倒过来！"他们几乎都立即将仓鼠放回原位，平均只坚持了 8 秒。"我只是不想让它难受。"其中一个孩子说道。在仓鼠之后，真正的考验来了：主持人要求孩子把弗比倒着放。不出所料，对他们来说，弗比比仓鼠更容易举着，然而，孩子们只倒放了大约 1 分钟就把弗比放回了原位。

当孩子被问到为什么比放下芭比娃娃更快地放下弗比时，一个孩子说："我不想让它害怕。"另一个孩子说："我感到有点内疚。"还有一个孩子说："它只是一个玩具，但仍然……"

节目主持人问这些孩子是否认为弗比与他们有同样的恐惧经历。孩子们的回答有"是"，也有"不是"，其中一些孩子说他们不确定。一个孩子说：

"我认为它能感觉到疼痛……类似这种感觉吧。"孩子们的回答表明，他们正在努力为自己的行为推理。"这是个玩具，可以大声喊叫！"还有一个孩子说，把它倒过来"让我觉得自己像个懦夫"。

人们很容易认为这些孩子天真无知，不知道弗比是否真的有感觉。但是，为什么像贝尔德和我这样的成年人，知道倒置的机器人是无法体验到恐惧或痛苦的，却有着与孩子相同的反应呢？尽管我们理性的大脑告诉我们"这只是一个玩具，哭都哭不出来"，但施加模拟的感觉似乎仍然是错误的，这让我们对机器人产生了同情。虽然对我来说，对一台没有感觉的机器产生同理心似乎是不合理的，但我也知道，同理心是我们对另一个人的情绪状态的感受和反应，是我们社会互动和心理构成的关键部分。[3] 我开始思索，如果人们对模拟的痛苦感到如此不舒服，那么社交机器人对我们的未来会意味着什么呢？

2012 年，我收到了高中老同学汉内斯·加瑟特（Hannes Gassert）的一条信息。他是瑞士日内瓦一个名为"Lift"的活动的主要组织者之一，他想知道我是否愿意在他们的下一次会议上举办一场研讨会。加瑟特在高中时比我高一个年级，因此，根据宇宙法则，他比我酷得多。我马上答应了。在电话里，我们详细地讨论了对机器人的同理心，他对这个话题很感兴趣，我们决定集思广益，一起举办一场研讨会。

我们买了 5 个普莱奥，也就是我家里的那种机器人恐龙。在下午的研讨会上，大约有 30 名毫无戒心的与会者出现在会场里，他们的年龄在 25 到 40 岁之间。我们把他们分成 5 个小组，给每组发一个普莱奥。接下来，我们给这 5 个小组一些时间来玩机器人恐龙，探索它们能做什么。人们立刻忙着抚摸普莱奥，试图给它喂食塑料树叶，并观察和评论机器人的行为。当他们意识到普莱奥对触摸的反应时，我们听到了惊叹和尖叫声。我们让每个小组给他们各自的机器人取一个名字。

接下来，我们想让他们的比拼更加个性化，所以我们分发了一些艺术用品，比如管道清洁器和建筑用纸，并告诉各组要为他们的普莱奥进行一场时尚比赛。"恐龙时装秀"大受欢迎：所有的小组都投入了挑战，为机器人设计了帽子和服装，试图让它们与众不同。当机器人在管道清洁器中四处游走时，每个人都鼓起掌，咯咯地笑了起来。选出比赛获胜者太难了，所以我们让所有的普莱奥并列第一名。

此时，我们的研讨会已经进行了大约 45 分钟，一切进展顺利。加瑟特和我事先并不确定人们是否会参与进来，是否愿意和机器人玩这么久，但每个人都和恐龙机器人玩得很开心。现在是执行主要计划的时候了。我们宣布即将进行茶歇，并告诉各小组，在离开之前，他们需要把普莱奥绑起来，以确保大家不在的时候这些机器人不会逃跑。一些参与者提出了抗议，但各小组还是拿走了我们提供的绳子，把机器人拴在桌腿上。然后我们把所有人赶出了会场。

当参与者休息后回来，我们告诉他们，有一些坏消息。机器人很淘气，趁大家都不在的时候试图逃跑，所以他们需要惩罚机器人这种不可接受的行为。小组成员们面面相觑，有些人咯咯地笑了起来，不知道该如何是好。他们中的一些人轻轻地责骂起机器人。我们告诉他们，光责骂还不够，这些机器人需要接受体罚。这时，参与者们纷纷抗议。

在我们的一再坚持下，一些参与者轻轻地拍了拍他们的机器人恐龙的背，希望能让我们满意。他们中没有人想用武力击打普莱奥。我们向他们保证，机器人玩具损坏了也没关系，但这似乎不是问题所在。一名参与者把她所在小组的普莱奥抱在怀里，这样就没人能打到它了。另一个人蹲下身子，取出了机器人的电池。我们问她在做什么，她有些不好意思地告诉我们，她想让普莱奥少受些痛苦。

最后，我们从用来休息的长椅上取下了一块桌布。桌子上摆放着一把刀、一把锤子和一把斧头。大家恍然大悟：我们研讨会的目的就是要"折磨和杀死"机器人恐龙。更多的抗议接踵而至。人们畏缩、呻吟、捂住眼睛，同时对自己的反应感到好笑。他们中的一些人蹲下来护着机器人恐龙。

加瑟特和我已经预料到，有些人对击打机器人恐龙会感到不舒服，但我们也假定，至少有一些参与者会采取这样的立场："这只是一个机器人恐龙嘛！"我们最初的计划是看看加大暴力力度后，最初的分裂是否会发生变化。结果，会场里的每个人都义无反顾地拒绝"伤害"这些机器人恐龙。

在展示了破坏工具之后，我们又即兴发挥了一番，向参与者提议，拿起锤子砸另一个小组的机器人恐龙，来拯救自己小组的普莱奥。会场里一片哀嚎。经过来回折腾，一位女士同意拯救她所在小组的普莱奥。她抓起锤子，把另一个组的普莱奥放在地上。所有人都围成一圈，看着加瑟特和我怂恿这位女士。只见这位女士面带微笑，同时非常犹豫不决，身体来回摆动着，像是在给自己壮胆。这位女士终于迈步上前，准备挥锤一击，可她挥舞到一半，忽然又停了下来，她捂住双眼，笑了起来。接下来，她弯下腰，抚摸起机器人恐龙。之后她直起腰，准备再试一次时，她做出了放弃的决定，因为她实在没法出手。

在这位女士尝试失败之后，我和加瑟特威胁说要摧毁所有的机器人恐龙，除非有人拿起斧头去砍其中一个。这个指令再度让会场里的人犹豫和纠结起来，但一想到会失去所有的机器人恐龙，大家更接受不了。于是，一名参与者愿意牺牲他所在团队的普莱奥。他拿起斧头，我们聚在他的身边。他举起了斧头，向它的脖子挥去，有一些人捂住了眼睛或看向别处。机器人恐龙挥舞了好几下之后，才停止了移动。那一瞬间，时间仿佛停止了。加瑟特注意到了这一停顿，建议用黑色幽默的方式为倒下的机器人默哀，我们全体安静地伫立在支离破碎的普莱奥周围（见图10-2）。

**图 10-2　会场的人为倒下的机器人默哀**

资料来源：GLENN OBERHOLZER，2013.

研讨会并不科学，我们无法从不受控制的环境中得出太多结论。但是，在那个会场里，社会动态的强度和集体意愿让我不再怀疑，也让我更加好奇人们对机器人怀有的同理心，这激发了我后来与麻省理工学院的同事进行的一些研究。但在开始之前，让我解释一下为什么我对人们对待机器人的同理心会如此感兴趣。我不仅想知道人们如何以及为什么会有这种感觉，还想知道将生命投射到机器人身上，是否会让我们觉得它们值得得到道德上的考量。换句话说，我们对机器人的同理心是否会导致机器人权利的产生呢？

2015 年 2 月，波士顿动力公司发布了一个介绍机器人 Spot 的视频片段，Spot 是一种非常像狗的机器人。在视频中，工程师踢了 Spot 一脚，机器人努力挣扎，艰难地用四条腿保持站立的姿势。机器人领域的每个人都对这台机器的航向校正和保持直立的能力印象深刻，但随着视频的广泛传播，其他人开始在互联网上对 Spot 的遭遇表示不满，甚至感到沮丧。"踢狗，哪怕是一只机器狗，都是不对的。"他们说。美国有线电视新闻网报道了这起所谓的丑闻，标题是"踢机器狗，这很残忍吗？"。[4] 各种表情包纷纷出现在各大网站，它们使用 Spot 被踢的慢动作视频，开玩笑地鼓吹"机器人权利"。公众的骚动甚至迫使著名的动物权利组织善待动物组织（People for the Ethical Treatment of Animals，PETA）关注了这一事件。不过善待动物组织并没有把它当回事，只是冷冷地评论说，他们不会为此彻夜难眠，因为它不是一只真正的狗。虽然善待动物组织对这个问题淡然处之，但我对此意兴盎然。

就在我和加瑟特与研讨会参与者安静地度过了破坏机器人普莱奥的那一刻之后，会场内的紧张气氛缓解了。我们与这群人就他们的经历进行了热烈的交谈，并让他们参与了关于我们是否应该善待普莱奥的讨论。他们表示，他们个人对虐待机器人感到很不舒服，但当我们问他们机器人是否应该受到法律保护免受虐待时,他们中的大多数人说"不",这真是荒谬至极啊!在我看来,他们的反对与早期西方动物权利运动遇到的情况非常相似:人们都认为虐待动物是不对的,但他们不愿制定法规,因为那样做太过分了。这会开创什么样的先例呢?

此外,研讨会上的每个人都认为,机器人只是没有感情的机器。后来,我和加瑟特看了看我们在破坏机器人那一刻拍的照片。他们脸上的表情表明,情况并非如此。

## 对机器人施暴会让我们变得残忍吗

多年以来,科幻小说一直以机器人起义的故事来取悦我们,其中许多故事的开端都是因为机器人受到人类的虐待。但是,如果我们颠倒一下叙述的方式呢?与其问机器人是否会踢我们的屁股,不如问我们踢机器人时会发生什么。今天,即使有了先进的技术可以运用在粗糙的玩具和仿生机器上,它们仍然只是粗略地模拟动物的运动,人们已经对这些设备的处理方式有了感知。对机器人这类物体的暴力行为让我们觉得是错误的,即使我们知道被虐待的物体无法感知任何暴力行为。话说回来,技术设计也在持续地改进,使机器人栩栩如生。

视频平台 YouTube 标记了包括斗鸡在内的虐待动物的视频,并将这些视频删除。2019 年,YouTube 还突然下架了一群机器人对另一群机器人施加暴力的视频。[5] 这些竞赛视频中的机器人正试图互相残杀,这些视频被网站标记为"故意造成动物痛苦或强迫动物打架"而下架。当创作者投诉时,YouTube 纠正了标记并恢复了这些视频。这一事件引起了科技媒体的关注，主要是因为人们认为这很有趣。据一位发言人称，这些视频并没有违反 YouTube 的政策。毕竟，这种事情并不是真正的暴力……可这是正确的吗？

关于机器人的权利，《连线》杂志在 2009 年发表的一篇 352 字的博客是我读过的对我个人影响最大的一篇文章。[6] 文章是关于一个短暂的网络视频潮流，人们点燃了一个名为"痒痒埃尔莫"（Tickle Me Elmo）的玩具。他们会把汽油倒在这个红色的电子儿童玩具上，然后在埃尔莫燃烧的时候进行拍摄，埃尔莫一边扭动，一边发出预先录制好的笑声。正如《连线》杂志的一位作者丹尼尔·罗斯（Daniel Roth）描述的那样："（这些视频）让我隐约感到不舒服。我想笑，因为埃尔莫在整个过程中一直傻笑着，但我也对正在发生的事情感到恶心。为什么？当办公室里的打印机被砸成碎片时，我几乎没有流一滴眼泪。砰地关上冰箱门也永远不会让我感到内疚。然而，物体一旦被赋予了两只眼睛和做出栩栩如生的动作的能力，我大脑中某个古老的区域就会突然开始发出同理心的信号。我甚至都不喜欢埃尔莫。那么，在机器人的陪伴下长大的孩子会如何处理这件事呢？"

我不知道你是怎么想的，但是如果让我的孩子看埃尔莫被浇上汽油并被点燃的视频，我会感到非常不舒服。这与破坏一个"东西"无关。这是关于这个东西太容易被认为是有生命的物体的事实。许多儿童与埃尔莫有情感上的联系，不会把它看作一个物体。即使"痒痒埃尔莫"没有感觉，以燃烧埃尔莫为主题的视频是否可以被归类为暴力视频？或者说，假设我的孩子在公园里看到一只机器人狗，他决定跑上去狠狠地踢它的脑袋，这只像狗一样的装置的反应是挣扎着用四条腿站立，呜咽着低下头。像许多家长一样，我肯定会干预，因为我的孩子有可能损坏别人的玩具，但在这种情况下，还有一个干预的理由，它超出了尊重他人财产的范畴。随着社交机器人越来越擅长模仿逼真的日常行为，我想劝阻孩子不要踢它们或虐待它们，哪怕仅仅是因为我想让孩子知道对生物做这些事情是不被允许的。

踢球是可以的。那么，踢机器人可以吗？一些制造虚拟语音助手的大公司已经不得不对家长的抱怨做出回应，家长们抱怨他们的语音界面把孩子教育得粗鲁，喜欢发号施令，而不是礼貌地询问。作为回应，谷歌和亚马逊都发布了选择功能，鼓励孩子们在使用类似设备时说出"魔法词"。

我们禁止在儿童游乐场虐待机器人，我们又该如何看待成人的游乐场，例如现实版的《西部世界》呢？我们是否应该让人们把自己的攻击性和挫败感发泄在像人类和动物的机器人身上，因为这些机器人会模仿疼痛、蠕动和尖叫？即使对成年人来说，潜意识里活生生和栩栩如生之间的区别已经很模糊了，以至于机器人的反应看起来也是活生生的。然而，人们并没有伤害真实的人或动物。

几年前，我有机会与科幻剧《黑镜》（*Black Mirror*）的创作者查理·布鲁克（Charlie Brooker）交谈。当我们谈到对栩栩如生的机器人施暴的话题时，我说："我们不知道这是不是暴力行为的健康发泄方式，或者……"布鲁克接着我的话说："……它是不是只训练了人们的残忍肌肉。"我现在一直在使用这句话，并感到内疚，因为我通常只是把它归结于"有人曾经对我说过"，否则听起来就像我在借用名人拔高自己。

在动物权利领域，阻止残忍对待动物的行为也有很长的发展历史。但我们有什么证据证明殴打机器人会让人变得残忍呢？过去，我们对性、电子游戏和动物提出过类似的问题，得到的答案并不完全令人满意。

254

# 与机器人的互动可以改变我们的同理心吗

　　根据与记者们的多次交谈，我得知很多人想到类人机器人的应用首先是性爱机器人。我认为这种炒作被夸大了，因为到目前为止，我们只成功地创造出了几乎没有互动性的性爱玩偶，其一成不变的台词是"我想成为你梦寐以求的女孩"；而且，不管媒体怎么宣传，这种性爱机器人毫无疑问仍然是小众的。但这并没有阻止人们的恐慌。性爱机器人是科幻小说写作套路里的角色，是我们对类人谬论和对性的痴迷的结合体。

　　有些恐慌与设计有关。的确，媒体所关注的女性性爱机器人的比喻，可能会加深性别歧视，但这似乎也是我们对性爱机器人定义的一个问题。《开启：科学、性与机器人》（*Turned On: Science, Sex and Robots*）一书的作者凯特·德夫林（Kate Devlin）表示，性爱机器人可以不仅仅是"色情化的、刻板的、简化的女性形态"，我们之所以把高端版本的充气娃娃称为性爱机器人，而不把智能振动棒称为性爱机器人，只是因为我们一直认为机器人长得像人类。[7]

　　性爱机器人的反对者还担心一点，那就是男性会开始喜欢与性爱机器人发生性关系，而不是与现实生活中的伴侣做爱。[8]但这种毫无根据的假设似乎属于道德恐慌的范畴。

　　这里真正的问题是，反复使用栩栩如生的人形机器人作为性伴侣，是否会使人们对暴力或其他我们不想在更大范围内鼓励的行为麻木不仁。[9]我们没有答案。人们对色情制品已经提出了类似的问题，但讨论并没有提供很好的证据作为基础。而对于类人性爱机器人来说，情况可能恰恰相反，因为如果人们有发泄欲望的渠道是件好事，那该如何是好呢？如果有证据表明，性爱机器人可以在不伤害真人的情况下，成为某些不良行为的发泄渠道，那么这甚至可以让我们为性侵者开发出新的治疗方法。

尽管我们对性进行了大量研究，但文化耻辱和禁忌使公众（包括许多研究人员）对性行为的理解变得复杂。当我们试图确定类人性爱机器人是否有害、是否能够减少伤害时，我们没有太多的依据可循，这意味着随着性爱机器人成为现实，我们将在没有合理依据的情况下做出决定。

如果我们不能从性行为世界中提取已有的证据，那么电子游戏该怎么办呢？尽管我们对电子游戏中存在的暴力对社会的影响进行了近半个世纪的研究和争辩，我们仍然没有完全解决这个问题。一些研究发现，暴力电子游戏的使用与攻击性、缺乏同理心或反社会行为之间存在着联系[10]；其他研究则发现这之间并无任何关系。[11]

美国心理学会对电子游戏与暴力行为之间的联系提出了疑问（在科学家中引起了一些争议）[12]，尽管他们最新的声明承认暴力游戏和如大喊大叫或推搡这样的攻击行为之间存在一些微小且可靠的联系。[13]美国心理学会还警告说，不要过度简化这个复杂的问题。政治家和家长已经把电子游戏变成了暴力行为和更广泛社会问题的替罪羊。[14]美国主要的枪支权利游说者甚至将校园枪击事件归咎于电子游戏。[15]

事实上，新媒介的出现往往伴随着道德恐慌。20世纪50年代，精神病学家弗雷德里克·沃瑟姆（Fredric Wertham）警告说，漫画书对儿童有消极影响。[16]这引起了轩然大波，足以影响美国国会的调查，并迫使漫画行业对其内容进行自我监管，对大多数书店可以销售的图书进行内容限制。[17]事实证明，沃瑟姆的证据极其不可靠，但无论有无明确的证据，立法者都会对公众的道德恐慌做出反应。

近几年，一些国家规定成年人玩游戏不受限制，但限制向未成年人销售有暴力内容的电子游戏。美国的一些州也曾试图禁止向儿童出售暴力电子游戏，但当这些法律受到电子游戏行业的挑战时，美国最高法院最终裁定这些禁令违反宪法。[18]

至于针对机器人的暴力行为，我们甚至不清楚关于电子游戏的最终答案是否会对我们有所帮助。在游戏世界中，我们可能会将屏幕上的人进行好坏区分，并享受击败坏人带来的乐趣，但我们并不会因此在现实世界中变得麻木不仁，因为这两个世界截然不同。我们从研究中得知，人们对屏幕的反应与他们对物理空间中有形的、可触摸的实体机器人的反应不同。撇开道德恐慌不谈，随着新媒体形式演变得更具身临其境之感，它们可能会引发合理的行为问题。随着虚拟现实和增强现实开始模糊真实世界和虚拟世界之间的界限，游戏正变得越来越实体化。我们不应该先假设这对我们的行为意味着什么，但研究这个问题是有意义的。

因为研究电子游戏对我们没有帮助，所以我们最好的选择，和往常一样，是去研究动物。纵观对动物施暴的研究，历史上流行的"对动物残忍就会让人变得残忍"的说法是基于证据得来的吗？正如我之前所说，许多最初的论点似乎植根于精英主义对工人阶级野蛮行为的假设。但虐待动物和其他形式的虐待之间的联系是持久的。正是这一点，促使美国防止虐待动物协会的创始人亨利·伯格致力于打击虐待儿童的行为。事实上，在 20 世纪之交，虐待动物和虐待儿童的问题是如此密切相关[19]，以至于超过一半的反对虐待动物的组织也在为儿童的人道待遇而斗争。

今天，美国许多州的虐待报告都承认虐待动物和虐待儿童往往是相互联系的：有交叉报告法要求社会工作者、兽医和医生报告虐待动物的案例，这样的行径将引发对虐待儿童的调查。[20] 对动物的暴力也与家庭虐待和其他人际暴力有关。[21] 一个名为兽医法医学的新领域甚至期望将虐待动物与严重犯罪联系起来。[22] 美国的一些州允许法院将宠物纳入临时限制令，美国 2018 年颁布的《宠物和妇女安全法案》（ *Pet and Women Safety Act* ）承诺提供资源，为家庭暴力幸存者的宠物提供住所，试图解决施虐者也会虐待或杀害被遗弃宠物的问题。[23]

不幸的是，即使我们相信残忍的人对所有人、所有事物都很残忍，这也并不能为我们提供足够多的关于麻木不仁的信息。例如，美国心理学会和国家预防犯罪委员会曾指出，儿童虐待动物可能是一个警示信号：虐待动物的儿童本身可能是虐待受害者，而且他们还可能延续一般的肢体暴力。但这种联系并不意味着虐待动物会导致（或加剧）暴力行为；它可能只是一个参考因素。关于虐待动物的孩子是否会变得更加暴力，研究结果存在差异，专家们也存有分歧。

当涉及机器人时，这个问题的答案将是一条非未来主义的机器人权利之路。例如，如果我们知道虐待非常逼真的机器人（再次强调，逼真并不意味着长得像人）会对人产生负面的影响，那该怎么办呢？我们可能会开始规范针对这些类型的机器人的暴力行为，类似于我们已经实施的许多动物虐待保护法。我们不会赋予机器人人权，就像我们也没有赋予动物任何接近人权的权利一样。（我们基本上只是给了它们"权利"，让它们不被一种令我们不愉快的方式对待。）我希望这种情况对动物有所改变，因为我相信它们应该得到更好的待遇，但这种程度的权利可能适用于没有感情的机器人。

我们举办的那场机器人恐龙研讨会，让我对这个权利问题更加感兴趣，但显然，很多信息都缺失了。我决定，首先，我需要知道我们是否真的同情机器人。我们的研讨会参与者可能受社会动力所驱使，或者因为机器人价格昂贵而犹豫不决。（根据我们的观察，这不太可能，但谁知道呢？）从扫地机器人伦巴到军用机器人，许多关于人与机器人交互的研究都揭示了拟人化的特点，暗示了同理心，但我们只是在尝试了解我们对机器人的感受。因此，我与帕拉什·南迪（Palash Nandy）进行了一些研究，南迪是麻省理工学院的教授辛西娅·布雷齐尔的学生。100 多名参与者来到我们的实验室，用木槌敲打机器人。这次我们没有选择可爱的小恐龙，而是选择了人们不会立即被吸引的东西，它叫"小虫赫克斯"，是一种非常简单的小玩具，可以像虫子一样四处乱窜。[24]

同理心是很难衡量的。根据克利福德·纳斯和人机交互、人与机器人交互的研究人员的说法，自我报告是不可靠的，因为如果有人在研究过程中对机器很好，你事后问他们为什么，他们通常会为自己的行为寻找一个"理性"的理由。所以，除了询问他们，我们还让参与者做了一个一般的同理心心理测试，然后将他们的分数与他们在击打小虫赫克斯前犹豫的时间进行比较。这并不完美，但如果高同理心的人与低同理心的人行为有所不同的话，这至少表明他们的行为含有同理心的成分。

我们的研究结果显示，那些在同理心关怀上得分高的人，在击打虫子时更犹豫（甚至拒绝击打它们），尤其是当我们用名字把小虫赫克斯拟人化的时候。这让我们认为，人们与机器人的互动行为可能与他们的同理心水平有关。电视剧《西部世界》就委婉地暗示了同样的情况，其中一些更热衷于此的公园游客在实际生活中也是冷漠无情的。

我们的研究是少数其他关于机器人同理心的新兴研究的一部分。一项研究询问人们，在地震中他们最有可能拯救哪些机器人，参与者报告说，他们同情这些机器人（尽管这与他们的同理心测试分数没有关系）。[25] 其他研究人员让人们观看机器人遭受酷刑的视频，发现这会给人们带来生理上的痛苦。[26] 一项大脑研究表明，当看人类和机器人被切掉手指的图片时，通常与同理心相关的大脑活动会上升。[27] 另一项大脑研究证实，机器人不需要看起来像人类才能让我们感同身受，该研究表明，人们对受到言语骚扰的机器人吸尘器也会心生同情。[28] 根据这项研究，我们似乎可以合理假设人们可以真正地同情机器人。但这仍然没有回答更大的问题：与机器人互动是否可以改变人们的同理心？

在预防暴力和机器人权利方面，我不满足于直觉。我希望我们的规则是以机器人是否以及如何改变我们行为的证据为指导的。但是，尽管我坚信关于这个问题的循证政策，但在某些方面，这是徒劳的。首先，我们可能永远无法通过研究和证据来完全解决这个问题。其次，试图回答麻木不仁这个问题可能无关紧要。我们有时可以改变自己的想法，但是，正如我们在动物身上看到的那样，我们关于如何对待机器人的实际法律可能会遵循我们的情感直觉，而不会去考虑学者们是怎么想的。

随着未来的发展，我们可以实现的一件事就是，把科幻小说的套路放在一边。看起来类人性爱机器人是一个热门话题，但我们可以在对话中添加更多内容，例如，如果我们将机器人权利问题视为一个机会，更深入地思考我们与动物的关系，那会怎么样？

## 我们人性的反映

目前还没有哲学理论指导动物权利的实践。正是情感和文化关系导致那些消费牛肉的群体对吃马肉的想法望而却步，而另一些人则对这两者都不屑一顾。而最常见的是，我们对相关的、类似人类特征的同理心，使我们想保护某些动物而不是其他动物。这段历史告诉我们，在谈到机器人时我们可以期待什么。

在我把动物权利和机器人权利并列之前，让我先说清楚我在比较什么，而没有比较什么。我们的许多科幻作品和哲学上对机器人权利的讨论，均是直接将机器人权利运动与人类奴隶制度联系起来。我认为，把我们对人的压迫与我们对待机器的方式相提并论是不恰当的，因为这两者在历史背景、文化情境和社会影响方面有着本质的不同。而且，做出这种直接比较的，大多是享有特权的白人，这可能并非偶然。我还认为，把机器人权利和动物权利放在一起可能会有问题。正如驯兽师薇姬·赫恩（Vicki Hearne）所说，不同的权利运动需要各自的语言和道德回应。[29] 但是，考虑到这些权利运动的历史和现状以及危害，我们应该深思熟虑，不要把它们等同起来，但我们的方法有一些相似之处，这揭示了（并帮助我们思考）我们实践中的混乱。

朱迪思·多纳特（Judith Donath）在论文《机器狗为谁捡东西？》（*The Robot Dog Fetches for Whom?*）中描述了一个男孩和机器狗玩捡球的游戏。她写道："和狗玩捡球的全部意义在于，这是你为狗做的事情：狗真的很喜欢玩捡球；你喜欢是因为它喜欢；如果它不喜欢，因为它是一个机器人，虽然它表现得好像很享受，但实际上它不是真的喜欢玩捡球或做其他任何事情，它没有知觉，它只是一台机器，并且不会体验到情感，那么为什么要和机器狗玩捡球的游戏呢？"[30]

然而，人们确实会和机器狗玩捡球的游戏，而且玩得很开心。我们与动物关系的历史，以及很多关于人类与机器人交互的研究，为多纳特的问题提供了一个令人不安的答案：狗内在的快乐并不是我们玩捡球游戏的唯一原因。对我们来说，狗是否有感觉甚至都并不重要。相反，我们被拟人化的社会反应吸引，比如摇动的尾巴和"微笑"的脸。这就是我们不断把球投掷出去的原因。

据估计，人类每年捕杀的鱼有一万亿条，但动物权利活动家几乎没有成功地说服公众，让大家关注我们以非人道的方式捕杀来自海洋的非哺乳动物朋友，我们残忍地用钩子拖拽它们，当我们把它们从深海中拽出来时，它们的器官因减压而爆裂。它们会感到疼痛吗？我们对此在乎吗？我们围绕动物和道德的对话仍然充满矛盾，我们的行为更是如此。我们与动物相处的历史告诉我们，我们真正关心的是什么，并且最有可能关心的是其他非人类，甚至是没有生命的动物。事实上，我们可能会开始更关心某些机器人，而不是关心某些动物。

这与很多人的价值观是不一致的。当然，我们会说，我们关心其他生物和它们的经历，而不仅仅关心是什么让我们感觉良好。但是，人性是复杂的。我们对机器人的同理心是揭示我们心理的一部分。随着机器人在我们可以与之互动的空间中变得越来越普遍，这项技术将越来越多地成为一面镜子，邀请我们来审视自己，面对人性。只有承认这些令人不安的事实，我们才能更好地了解自己。它让我们既能预测机器人的未来，也能反思我们是否能够改变，以及如何改变。

如果你今天问大多数人，他们会告诉你，机器人只是机器。这就像16世纪笛卡儿认为动物是复杂的自动机一样。但对我来说，让这种比较如此有趣的不仅是其相似之处，还有应该存在的差异。我们今天知道，动物能以机器无法做到的方式感受和承受痛苦。但是，即使我们在智力上理解了这一点，我们对待大多数动物的方式仍然与对待机器没有区别。如果把动物和机器人放在同等之处，可以改变这种情况吗？

大多数人不认为我们有偏见的拟人化是保护动物权利的最佳途径。尽管西方世界已经有选择地接受了这样一种科学，即动物能感受到疼痛，有内心世界和体验，但这是我们在动物和机器人之间做出的主要区别，也是许多人认为我们应该关心的一点。所以也许，只是也许，当我们开始关注机器人和它们不断上升的社会地位时，我们可能也开始觉得活着的动物应该得到更好的待遇，而不是被当作机器对待。

我经常想，现在哪些事情看起来很正常，但后人回过头来看会觉得这是"多么野蛮"：也许是像我们把水牛城的鸡翅蘸上牧场酱汁这样的事，尽管现在我们对法国皇室曾经焚烧猫供公众取乐感到非常沮丧。事情发生了变化，西方的动物权利轨迹似乎正在转向更多地关心我们动物同伴的路径上。

我们是人，我们不会突然像拥有一致道德理论的理性哲学家那样行事，但这并不意味着我们不能争取更多的一致性。我确实相信我们应该意识到自己的行为，并尽可能地推动我们深入思考（如果我认为我们没有能力做到这一点，那么写这本书就没有意义了）。同时，我认为我们的同理心并不总是需要对抗的。

## 人类复杂的同理心

从一边吃牛排一边抗议皮草大衣，到虎鲸被重新命名为逆戟鲸后喜欢上它们 [31]，我们很难不觉得自己的情感是错位的。正如保罗·布卢姆（Paul

Bloom）在《摆脱共情》（*Against Empathy*）一书中所说："（同理心是）一种糟糕的道德指南。它基于愚蠢的判断，并经常激发冷漠和残忍。它会导致非理性和不公平的政治决策，它会腐蚀某些重要的关系，比如医生和病人之间的关系，让我们在成为朋友、父母、丈夫和妻子时变得更为糟糕。"[32]①

我们的感觉会把我们引向理性思维可能不会引向的方向。我们的大脑和内心的脱节，在我们如何对待机器人方面显得尤为突出。我们知道它们没有感觉，但我们却把它们当成活物，甚至对它们心有怜惜。考虑到我们的头脑和我们的感觉之间的不匹配，我们难道不应该尝试保持百分之百的理性吗？

值得一问的是，如果人们在处理问题时根本不用心去思考会发生什么。我们的决定会是什么样子的？我们会以同样的方式互相帮助吗？我们会有同样的人权、器官捐献行为和慈善机构吗？情感上的共鸣，尽管可能会被误导，但也是关心他人的巨大驱动力。是的，我们可能会理性地决定，互相帮助是一个理想的结果，但看看我们的动物权利运动：如果只依靠哲学，人们就不会走得太远。

哲学家马克·科克伯格也指出，严格的理性会让我们误入歧途。[33]纯粹的逻辑和规则的遵循并不总是受到欢迎：大多数人实际上不喜欢做事总是循规蹈矩、情感方面总是呆若木鸡。具有讽刺意味的是，我们有时称这些人为"机器人"。

即使是那些遵循社会规范的人，如果他们不心怀着鼓励他人做正确的事

---

① 布卢姆认为，共情并非良善之源，相反，它会滋生不公。其著作《摆脱共情》中文简体字版已由湛庐引进、浙江人民出版社出版。——编者注

情的情感，那他们也会被我们怀疑，而且不带情绪的理性思考是否会带来最好的结果，目前尚不清楚。

毫无感情也不是大多数人做事的方式。我们可以随心所欲地谴责同理心，在人类与机器人交互的研究和我们的动物权利历史上，都非常清楚地表明，即使我们愿意，我们也不可能根除同理心（见图 10-3）。情感纽带和与我们相关的事物对我们来说真的很重要，无论我们怎么争论，希望它们不应该如此，结果也没有用。那么，对机器人而言，合理的发展道路是什么呢？

图 10-3　漫画一则

资料来源：xkcd.com.

动物研究人员已经处理过类似的问题。长期以来，科学界将动物拟人化视为多愁善感和有偏见的。拟人化在动物研究中一直备受争议，被称为不严谨、天真和草率的，甚至被划为"危险"和"不治之症"的范畴。当代动物科学界已经形成了不同的观点。例如，荷兰的灵长类动物学家弗朗斯·德瓦尔创造了"拟人化"的术语，他认为拒绝拟人化实际上阻碍了动物科学。尽管该领域一致认为拟人化是有缺陷的，但研究人员越来越多地发现，完全否定它也会导致错误。[34]

当代哲学家和动物权利倡导者玛莎·努斯鲍姆（Martha Nussbaum）在她的著作《思想的激荡》（*Upheavals of Thought*）中指出，情绪实际上并不是"没有选择性或智能的盲目力量"。她说，情绪是思考的重要组成部分，因为它们能够教会我们、帮助我们评估什么是重要的。[35] **对于机器人，我们或许可以采取与动物研究人员建议我们在自然界中采用的拟人化相同的方法：接受人的本能倾向，让这种本能有意识地激发我们，使大脑引导我们对这种本能进行合理运用，并从中学习。**

尽管与社交机器人打交道有潜在的好处，但一些人认为，对它们产生任何同理心都是一种浪费的自恋，我们会浪费本应用于人权的情感资源。[36] 诚然，我们所有人的时间和精力都是有限的，但我并不完全相信同理心就像电子游戏币一样容易被消耗掉。

虽然同情疲劳是真实存在的（研究表明，人们施舍的欲望很容易被压制）[37]，但同理心并不一定是零：父母像爱第一个孩子一样爱他们的第二个孩子，依旧是全心全意地爱。我们在人与机器人交互方面的一些工作也表明，缺乏同理心的人不太关心任何人或任何事，而有同理心的人则更有可能善待人类、动物和机器人。朴龙修和本杰明·瓦伦蒂诺（Benjamin Valentino）在2019年所做的一项研究表明，对动物权利的积极看法与对改善穷人福利、改善非裔美国人的条件、移民、全民医疗保健和性少数群体权利的积极态度有关。[38] 支持政府医疗援助的美国人支持动物权利的可能性比反对的人高出80% 以上，即使在研究人员对照研究意识形态、政治立场之后也是如此。

　　根据动物伦理学家詹姆斯·塞贝尔（James Serpell）的说法，如果没有人们投射到宠物身上的情感——即使这些情感是妄想，我们与伴侣动物的关系也就变得毫无意义。[39] 所以，当人们告诉我，他们喜欢自己的扫地机器人伦巴时，我一点儿也不觉得这很傻或没有什么用处。当我看到一个孩子拥抱一个机器人，或者一个士兵冒着生命危险在战场上拯救机器人，或者一群人拒绝击打机器人恐龙，我看到的是人性本善。我们的同理心是复杂的、自私的，有时甚至会令人难以置信地误入歧途，但我认为这不是一件坏事。我们的心灵和大脑不需要相互对立，就像人类和机器人一样，也许当我们作为一个团队并肩作战时，能取得最佳的战绩。

# THE NEW BREED

## 结　语

**塑造未来的不是机器人，而是我们自己**

人们总是高估一项科技所带来的短期效益，而低估它的长期影响。

——阿玛拉定律（Amara's Law）[1]

---

[1] 阿玛拉定律由罗伊·阿玛拉（Roy Amara）提出。此定律被描述为鼓励人们思考科技所能带来的长期影响的言论。同时，阿玛拉定律也被人们称为是对"炒作周期"（Hype Cycle）最形象的说明，即以"膨胀预期峰值"为始，紧随其后，是以"理想幻灭的低谷"为特征的"技术成熟度曲线"。——译者注

　　就在我写完这本书的时候，《纽约时报》发表了一篇对企业家、特斯拉首席执行官马斯克的采访，他在采访中自信满满地说："我们正朝着人工智能大大超越人类的方向发展，我认为这一过程从现在开始不超过 5 年就会实现。"他接着说，那些无法想象计算机会比人类更聪明的人"只是比他们自以为的要蠢得多"。[1]

　　谈到人工智能将在 5 年内"智胜"人类的预测时，我有两个想法。首先，一个简单的计算器和一只章鱼在很多方面都比马斯克聪明得多。其次，正如马切伊·塞格罗斯基所说："我们对很多事情都有很深的误解，更糟的是，我们并不知道这些误解是什么。"[2]做技术预测很难，而且结果总是令人难堪。马文·明斯基（Marvin Minsky）①是 20 世纪 60 年代的人工智能先驱之一，他认为机器视觉的开发非常简单，他甚至把这项研究交给了一名研究生，让他在一个夏季完成。[3]有趣的是，全球经验丰富的科学家花了数十年时间才解决了这个问题。2005 年，丰田宣布，到 2010 年，我们将拥有类人机器人。它可以帮助照顾老人，为访客端茶倒水。[4]马斯克预测特斯拉实现工厂车间自动化的时间更短，而他高估了实现它的可能性。

---

① 人工智能之父，是首批机械人手臂、世界上第一个神经网络模拟器 Snare、世界上最早能够模拟人类活动的机器人 Robot C 的创建者。其著作《情感机器》已由湛庐引进、浙江人民出版社出版。——编者注

我不确定未来会怎样。几十年来，人们一直在说我们距离被机器人替代还有 25 年的时间。考虑到今天的机器人技术，在我看来，人类不太可能在 25 年内被取代。但是，虽然我们很容易回顾过去，对人们认为机器人技术今天会达到的水平报以微笑，但我们也看到了未曾预料到的、改变世界的发展，比如互联网的爆炸式增长，而且时间比料想中的更短。承认这个预测是困难的，这本书敦促我们提出新问题，而不是关注机器人能否在未来几十年取代人类。这个新问题是：如果被取代了，那又会怎样呢？

创造我们已经拥有的东西似乎是一种非常短视的行为：如果我们的能力远不止于此，为什么还要尝试将人类的能力复制粘贴到机器上呢？我并不是说科幻小说中的超级智能是我们自己的指数级的翻版，我说的是我们在动物世界中看到的"超级智能"。**机器人技术的真正潜力，不是重新创造我们已经拥有的东西，而是在我们努力实现的目标中建立合作伙伴。**就像农民把古老的耕作方法抛诸脑后，将农业推向现代化一样，我们可以创造技术来扩展我们的能力，让我们感知、发现、操控和完成我们从未做成的事情。我们可以创造技术支持，推动我们的活动、达成目标，这也适用于我们的关系。当我们可以创造新事物时，如果依旧以简单的人类复制品为目标，岂不是无聊透顶？

我们目前对失业、机器人接管或社会关系消亡的恐惧，存在着一种错误的决定论。我希望的是，**将机器人与动物进行比较，可以帮助我们摆脱机器人即将取代我们的执念。**这种比较很有道理，因为动物具有不同的智力和技能。纵观历史，我们一直在使用动物来补充我们自己的能力和关系。以这种方式看待机器人，不仅更接近现实，而且对我们来说也至关重要。

将机器人与人相提并论的问题在于，它会让我们把注意力集中在错误的目标上。在如何整合机器人、支持员工、保护我们的隐私和防止技术滥用方面，我们已经面临着一系列的社会、道德和法律问题。随着医疗机构通过使用机器人来节省成本，看护人员可能会被裁减，教师可能会被安排更大的班级，医生被安排更多的工作量，而人工劳动力的电子表格成本可能会促使公司通过将每项工作自动化来赚取快钱，从而将短期利润置于帮助人们做得更好的长期投资之上。如果我们试图使用机器人技术来促进人类的福祉和繁荣，那么我们需要超越机器人，转而关注那些将其置于风险之中的系统和选择。

一个很容易做出的预测是，机器人时代即将到来。自主漫游、爬行和飞行的机器人将越来越多地进入我们的物理空间。至于我们的社会关系，在这个人与机器人交互的萌芽时代，这些机器不仅会成为我们生活的一部分，还会让我们更加了解自己是谁。我们已经看到，我们把某些机器人视为一种介于存在和物体之间的新型的事物。看看我们是如何把动物放在各种不同的、有时在道德上相互冲突的角色中，从辛辣的烧烤鸡翅到犁地搬运工，再到被宠坏的公主，这些有助于我们更好地理解我们将在机器人身上面临的政治、道德和情感选择。

我们与动物的历史关系暗示了我们与机器人的未来：我们将开始把一些机器人视为工具和设备，而把其中另一些机器人视为我们的伙伴。当人们想从制造商那里拿回同样的机器人吸尘器时，我们就会看见这样的未来。我们将某些机器人视为有自己个性和喜好的个体，就像不容易被取代的宠物。就在不久前，为我们的宠物庆祝生日似乎很荒谬，但在 2013 年，美国国家航空航天局耗费了大量资源，让他们的"好奇号"机器人在火星上为自己播放《生日快乐》歌[5]，而我家附近的杂货连锁店最近为店里的过道探测机器人举办了一周岁生日派对，还为它们准备了蛋糕和气球。

宠物已经远远超出了它们最初作为我们财产的地位。美国的许多州现在都允许动物主人建立信托基金，以便在自己去世后，那些毛茸茸或有羽毛的动物伙伴还能得到继续的照顾。[6]法院也认识到，被误杀的宠物会给人造成情感上的伤害，从而应该给予额外的赔偿。现在，让任何人设立信托基金来照顾一个机器人似乎很可笑，但在不久前，这对动物来说似乎同样荒谬。在未来，我们会看到对寻找到失踪机器人的奖励吗？会兴起机器人奢侈品配饰的风潮吗？机器人会成为全家福的中心人物吗？在离婚时谁将拥有机器人监护权会成为人们争夺的焦点吗？人类与动物相处的历史表明，我们可能会看到上述这些情形的发生。考虑到我们离经叛道的过往，我们可能很快就会有一些非常有趣的关于机器人"虐待"甚至可能是关于机器人权利的对话。

我认为动物是机器人的一个很好的类比，因为它们证明了我们有能力建立许多不同类型的社会和工作关系。这个类比也很有用，因为它为我们提供了一个急需的起点，来重新构建我们当前对机器人技术的思考。将机器人与人进行比较是有局限性的。从广义上来说，我希望我们能够以一种不屈服于道德恐慌或决定论叙事的方式来思考机器人，以一种使我们能够最好地满足其承诺和规避风险的方式，将社会福利最大化。

我希望这本书能提供一个不同以往的视角，它告诉我们，我们有选择，也有责任，以支持人类繁荣的方式来整合机器人。以不同的方式思考技术及其挑战，这样可以打开更为广泛的解决方案集，并提供一系列我们可以拥有以及可以努力改善这个世界的机会。毕竟，**塑造未来的，不是机器人，而是我们自己。**

首先，我要感谢我的先生格雷格·莱珀特（Gregory Leppert）。如果没有他的支持，这本书是不可能完成的。在我撰写这本书的 5 个月里，恰逢新冠疫情期间，是他挺身而出，承担起照顾孩子的大部分工作。我也要感谢我的儿子贝尼福克斯·达林（Benefox Darling），他总是给予我温暖的微笑和拥抱，并把他在户外收集的石头作为礼物送给我，虽然这会时不时打断我的写作进程。

同时，我非常感谢我的编辑塞雷娜·琼斯（Serena Jones），感谢她坚定不移的支持和对我的信任。感谢基娅·埃弗斯（Chia Evers）和安娜·诺沃格罗斯基（Anna Nowogrodzki）在此次写作过程中为我提供了研究方面的帮助。

我要感谢我的朋友、科学记者克里斯·库奇（Chris Couch），他编辑和审阅了书稿的大部分内容。（书中如有任何错误，都是我的责任，而不是他们的。）感谢初稿读者杰米·博伊尔、布鲁斯·施奈尔（Bruce Schneier）、珍妮·达林（Jeanne Darling）、乔纳森·齐特雷恩（Jonathan Zittrain）

和萨拉·沃森，本书最终成稿极大地受益于他们的想法、评论和修改。

非常感谢数百位朋友、同事、陌生人、研究人员、设计师、公司创始人、高管、政府代表、机器人和动物，在我做研究的过程中，我有幸见到他们，并向他们学习。最后，我要感谢我吃的花生酱，我写作时能量摄入量的80%来源于它。

考虑到环保的因素，也为了节省纸张、降低图书定价，本书编辑制作了电子版的注释。请扫描下方二维码，直达图书详情页，点击"阅读资料包"获取。

# 技术革命与人类边界的探索

自古以来，人类从未停止探索自然的步伐，试图通过理解和驾驭宇宙的法则来提升自身的生存与发展能力。从仰望星空到深入地壳，求知的渴望促使我们一次次突破认知的边界。技术，作为人类智慧的结晶，不仅仅是工具，更是推动社会进步的强大引擎。每一场技术革命，都会带来深远的社会变革：蒸汽机的发明打破了自然界的物理限制，电力的应用拓展了人类的感知范围，而计算机和互联网则彻底改变了我们对知识和信息的理解方式。如今，随着人工智能和机器人技术的迅猛发展，人类再次站在了历史的十字路口，面临的不仅是技术的进步，更是对智能、生命本质以及人类身份认知的全新反思。

在《智能新物种》一书中，凯特·达林从社会学、伦理学和技术发展的多维角度，细致入微地剖析了人工智能与机器人技术的崛起对当代社会的冲击与挑战。她的研究视角独具创新意识，且富有现实意义，特别是在科技日新月异、人与机器关系日趋紧密的当下。这本书不仅展望了技术的未来，更对人类身份进行了深刻的省思。

作为译者，在翻译过程中，我感受到了一场思想的碰撞与洗礼。翻译不仅是语言的转换，更是一场文化与思维的对话。通过对原作的深入理解，我清晰地感知到，技术进步对人类社会、劳动方式以及伦理秩序的影响甚为深远。这场关于技术的对话引发了我的思考：面对智能机器的崛起，我们该如何重新审视人与技术的关系？

## 从工具到"新物种"：重新定义人机关系

达林巧妙地将机器人类比为千年来伴随人类生活的动物。这一视角令人耳目一新：如果动物作为劳动力和陪伴者在历史上扮演了重要角色，那么今天的机器人正在继承这一角色，成为我们的"新物种"。这一观点颠覆了传统的认知框架，机器人不再只是人类的工具，它们在某种程度上拥有了类似生命的特质，促使我们重新审视它们在社会中的定位。

《纽约时报》的一位评论者曾说，达林的这种类比"为我们理解人与机器的关系开辟了全新的思路"。机器人虽然没有生命，却具备了某种自主性和复杂性，这种特性迫使我们不得不重新审视它们的社会角色。从工业流水线到医疗、军事等领域，机器人正在逐渐从工具转变为"合作伙伴"。这一转变不仅引发了关于人机关系的全新思考，也对未来的伦理和法律体系提出了新的挑战。

## 劳动与身份的重新定义

伴随着人工智能和机器人技术的普及，一个不容忽视的问题是：当机器逐渐接管越来越多的智力劳动时，人类劳动的意义将何去何从？工业革命解放了人类的体力劳动，而当今的技术革命似乎正在替代某些智力劳动。于是，一个核心问题浮出水面：劳动是否仍然是衡量人类价值的唯一标准？在这个技术飞速发展的时代，人类的身份又将如何被重新定义？

《华尔街日报》的一位评论者曾指出："凯特·达林的著作不仅探讨了技术的未来，也反思了人类身份的变化。"的确，随着机器逐渐取代人类某些领域的劳动，我们不得不重新思考劳动的本质，以及劳动与自我认同之间的关系。达林通过深入的分析，引导读者思考：在技术效率和能力不断超越人类时，我们是否需要重新界定劳动的价值，甚至进一步探讨人类身份的核心是什么。

## 机器人权利与伦理争议

书中另一个引人深思的议题是：如果动物因为与人类的共存关系而享有某些权利，那么，随着机器人智能化程度的提升，它们是否也应享有某种权利？达林借鉴了动物权利运动的历史，提出了这个充满争议的机器人权利问题。《新科学人》的一篇评论指出，这一问题"为未来技术伦理的讨论奠定了基础"。虽然机器人没有生命，但其复杂性和智能化程度使我们不得不思考，未来的法律和伦理体系是否需要做出相应的调整，以应对这些新兴的挑战。

达林并没有给出明确的答案，但她为这一复杂问题提供了一个多维的讨论空间，邀请读者一同探讨机器人在社会中的道德与法律地位。

## 技术与人性之间的平衡

尽管技术带来了令人瞩目的进步，达林在书中始终强调，技术本身并无善恶之分，其对社会的影响取决于我们如何运用它。在历史的长河中，每一次技术跃迁都伴随着伦理的反思。《卫报》的一篇评论曾写道："凯特·达林在对技术赞美与警醒之间，保持了微妙的平衡。"这提醒我们，在拥抱技术革新的同时，也要时刻保持警觉，确保技术进步不会背离人性与社会责任的轨道。

## 翻译过程中的思考与启示

翻译《智能新物种》是一段充满挑战的旅程，它不仅是一场语言的转换，更是一场思想的碰撞。书中的讨论促使我对技术、伦理与社会的关系有了更深入的思考。在人工智能和机器人技术迅速发展的今天，我们面临着前所未有的伦理挑战和社会变革。在翻译过程中，我意识到，如何让这些复杂而深刻的思想与中文读者产生共鸣，是我肩负的重要责任。

技术不仅关乎效率与创新，它同时也在塑造我们对身份与未来的认知。通过这次翻译，我更加深刻地理解到，在技术进步的浪潮中，如何在人性与技术之间找到平衡，是我们每个人都需要面对的问题。

《智能新物种》不仅是一部关于技术的著作，更是一场对未来社会与人类身份的深刻探索。希望这次翻译能够帮助中文读者更好地理解这些复杂议题，让我们在迎接技术变革的同时，始终牢记人性与伦理的重要性。

感谢湛庐给予我翻译此书的机会。若译文有不足之处，敬请专家与读者批评指正。

庞雁
北京海淀

# 未来，属于终身学习者

我们正在亲历前所未有的变革——互联网改变了信息传递的方式，指数级技术快速发展并颠覆商业世界，人工智能正在侵占越来越多的人类领地。

面对这些变化，我们需要问自己：未来需要什么样的人才？

答案是，成为终身学习者。终身学习意味着永不停歇地追求全面的知识结构、强大的逻辑思考能力和敏锐的感知力。这是一种能够在不断变化中随时重建、更新认知体系的能力。阅读，无疑是帮助我们提高这种能力的最佳途径。

在充满不确定性的时代，答案并不总是简单地出现在书本之中。"读万卷书"不仅要亲自阅读、广泛阅读，也需要我们深入探索好书的内部世界，让知识不再局限于书本之中。

## 湛庐阅读 App: 与最聪明的人共同进化

我们现在推出全新的湛庐阅读 App，它将成为您在书本之外，践行终身学习的场所。

- 不用考虑"读什么"。这里汇集了湛庐所有纸质书、电子书、有声书和各种阅读服务。
- 可以学习"怎么读"。我们提供包括课程、精读班和讲书在内的全方位阅读解决方案。
- 谁来领读？您能最先了解到作者、译者、专家等大咖的前沿洞见，他们是高质量思想的源泉。
- 与谁共读？您将加入优秀的读者和终身学习者的行列，他们对阅读和学习具有持久的热情和源源不断的动力。

在湛庐阅读 App 首页，编辑为您精选了经典书目和优质音视频内容，每天早、中、晚更新，满足您不间断的阅读需求。

【特别专题】【主题书单】【人物特写】等原创专栏，提供专业、深度的解读和选书参考，回应社会议题，是您了解湛庐近千位重要作者思想的独家渠道。

在每本图书的详情页，您将通过深度导读栏目【专家视点】【深度访谈】和【书评】读懂、读透一本好书。

通过这个不设限的学习平台，您在任何时间、任何地点都能获得有价值的思想，并通过阅读实现终身学习。我们邀您共建一个与最聪明的人共同进化的社区，使其成为先进思想交汇的聚集地，这正是我们的使命和价值所在。

# CHEERS

## 湛庐阅读 App
## 使用指南

**读什么**
- 纸质书
- 电子书
- 有声书

**怎么读**
- 课程
- 精读班
- 讲书
- 测一测
- 参考文献
- 图片资料

**与谁共读**
- 主题书单
- 特别专题
- 人物特写
- 日更专栏
- 编辑推荐

**谁来领读**
- 专家视点
- 深度访谈
- 书评
- 精彩视频

HERE COMES EVERYBODY

下载湛庐阅读 App
一站获取阅读服务

**版权所有，侵权必究**
**本书法律顾问　北京市盈科律师事务所　崔爽律师**

The New Breed by Katherine Darling
Copyright © 2021 by Katherine Darling.
All rights reserved.

浙江省版权局图字：11-2024-311

本书中文简体字版经授权在中华人民共和国境内独家出版发行。未经出版者书面许可，不得以任何方式抄袭、复制或节录本书中的任何部分。

**图书在版编目（CIP）数据**

智能新物种 /（美）凯特·达林著；庞雁译 .
杭州：浙江科学技术出版社，2024. 11. -- ISBN 978-7-
5739-1539-9

Ⅰ. TP18

中国国家版本馆 CIP 数据核字第 2024V7X317 号

| | | | | |
|---|---|---|---|---|
| 书　　名 | 智能新物种 | | | |
| 著　　者 | [美]凯特·达林 | | | |
| 译　　者 | 庞　雁 | | | |

**出版发行**　**浙江科学技术出版社**
　　　　　　地址：杭州市环城北路 177 号　　邮政编码：310006
　　　　　　办公室电话：0571 - 85176593
　　　　　　销售部电话：0571 - 85062597
　　　　　　E-mail:zkpress@zkpress.com

**印　　刷**　唐山富达印务有限公司

| | | | | |
|---|---|---|---|---|
| 开　　本 | 710mm×965mm　1/16 | 印　张 | 19.5 | |
| 字　　数 | 309 千字 | | | |
| 版　　次 | 2024 年 11 月第 1 版 | 印　次 | 2024 年 11 月第 1 次印刷 | |
| 书　　号 | ISBN 978-7-5739-1539-9 | 定　价 | 119.90 元 | |

| | | | |
|---|---|---|---|
| **责任编辑**　陈　岚 | | **责任美编**　金　晖 | |
| **责任校对**　张　宁 | | **责任印务**　吕　琰 | |